21世纪高等学校信息安全专业规划教材

密码学原理及应用技术

（第2版）

张 健 任洪娥 陈 宇 编著

清华大学出版社
北 京

内容简介

密码学技术是网络安全和信息安全中的关键技术，其主要目标是实现保密性、完整性和不可否认性。本书介绍了密码算法及其在诸多方面的应用，内容包括分组密码体制、公钥密码体制、序列密码体制等算法以及密码学在网络安全、电子邮件、电子商务和图像加密中的应用等。全书语言简练，通俗易懂，重点突出。

本书是作者在多年教学和科研工作基础上形成的，可以作为高等学校计算机、通信工程、信息安全等专业的本科生和硕士生教材，也可以供从事相关领域的研究人员及工程技术人员参考。

图书在版编目(CIP)数据

密码学原理及应用技术/张健，任洪娥，陈宇编著.--2版.--北京：清华大学出版社，2014(2022.3重印)
21世纪高等学校信息安全专业规划教材
ISBN 978-7-302-35245-7

Ⅰ.①密… Ⅱ.①张… ②任… ③陈… Ⅲ.①密码－理论－高等学校－教材 Ⅳ.①TN918.1

中国版本图书馆CIP数据核字(2014)第014273号

责任编辑：郑寅堃 薛 阳
封面设计：杨 兮
责任校对：焦丽丽
责任印制：沈 露

出版发行：清华大学出版社
网 址：http://www.tup.com.cn，http://www.wqbook.com
地 址：北京清华大学学研大厦A座 **邮 编**：100084
社 总 机：010-83470000 **邮 购**：010-83470235
投稿与读者服务：010-62776969，c-service@tup.tsinghua.edu.cn
质量反馈：010-62772015，zhiliang@tup.tsinghua.edu.cn
课件下载：http://www.tup.com.cn，010-62795954
印 装 者：北京建宏印刷有限公司
经 销：全国新华书店
开 本：185mm×260mm **印 张**：12.75 **字 数**：309千字
版 次：2011年7月第1版 2014年5月第2版 **印 次**：2022年3月第6次印刷
印 数：3201～3500
定 价：29.00元

产品编号：056916-02

出版说明

由于网络应用越来越普及，信息化的社会已经呈现出越来越广阔的前景，可以肯定地说，在未来的社会中电子支付、电子银行、电子政务以及多方面的网络信息服务将深入到人类生活的方方面面。同时，随之面临的信息安全问题也日益突出，非法访问、信息窃取、甚至信息犯罪等恶意行为导致信息的严重不安全。信息安全问题已由原来的军事国防领域扩展到了整个社会，因此社会各界对信息安全人才有强烈的需求。

信息安全本科专业是2000年以来结合我国特色开设的新的本科专业，是计算机、通信、数学等领域的交叉学科，主要研究确保信息安全的科学和技术。自专业创办以来，各个高校在课程设置和教材研究上一直处于探索阶段。但各高校由于本身专业设置上来自于不同的学科，如计算机、通信和数学等，在课程设置上也没有统一的指导规范，在课程内容、深浅程度和课程衔接上，存在模糊不清、内容重叠、知识覆盖不全面等现象。因此，根据信息安全类专业知识体系所覆盖的知识点，系统地研究目前信息安全专业教学所涉及的核心技术的原理、实践及其应用，合理规划信息安全专业的核心课程，在此基础上提出适合我国信息安全专业教学和人才培养的核心课程的内容框架和知识体系，并在此基础上设计新的教学模式和教学方法，对进一步提高国内信息安全专业的教学水平和质量具有重要的意义。

为了进一步提高国内信息安全专业课程的教学水平和质量，培养适应社会经济发展需要的、兼具研究能力和工程能力的高质量专业技术人才。在教育部相关教学指导委员会专家的指导和建议下，清华大学出版社与国内多所重点大学共同对我国信息安全人才培养的课程框架和知识体系，以及实践教学内容进行了深入的研究，并在该基础上形成了“信息安全人才需求与专业知识体系、课程体系的研究”等研究报告。

本系列教材是在课程体系的研究基础上总结、完善而成，力求充分体现科学性、先进性、工程性，突出专业核心课程的教材，兼顾具有专业教学特点的相关基础课程教材，探索具有发展潜力的选修课程教材，满足高校多层次教学的需要。

本系列教材在规划过程中体现了如下一些基本组织原则和特点。

(1) 反映信息安全学科的发展和专业教育的改革，适应社会对信息安全人才的培养需求，教材内容坚持基本理论的扎实和清晰，反映基本理论和原理的综合应用，在其基础上强调工程实践环节，并及时反映教学体系的调整和教学内容的更新。

(2) 反映教学需要，促进教学发展。教材要适应多样化的教学需要，正确把握教学内容和课程体系的改革方向，在选择教材内容和编写体系时注意体现素质教育、创新能力与实践能力的培养,为学生知识、能力、素质协调发展创造条件。

(3) 实施精品战略,突出重点。规划教材建设把重点放在专业核心(基础)课程的教材建设上;特别注意选择并安排一部分原来基础比较好的优秀教材或讲义修订再版,逐步形成精品教材;提倡并鼓励编写体现工程型和应用型的专业教学内容和课程体系改革成果的教材。

(4) 支持一纲多本,合理配套。专业核心课和相关基础课的教材要配套,同一门课程可以有多本具有各自内容特点的教材。处理好教材统一性与多样化,基本教材与辅助教材、教学参考书,文字教材与软件教材的关系,实现教材系列资源的配套。

(5) 依靠专家,择优落实。在制定教材规划时依靠各课程专家在调查研究本课程教材建设现状的基础上提出规划选题。在落实主编人选时,要引入竞争机制,通过申报、评审确定主编。书稿完成后认真实行审稿程序,确保出书质量。

繁荣教材出版事业,提高教材质量的关键是教师。建立一支高水平的、以老带新的教材编写队伍才能保证教材的编写质量,希望有志于教材建设的教师能够加入到我们的编写队伍中来。

21世纪高等学校信息安全专业规划教材

联系人:魏江江 weijj@tup.tsinghua.edu.cn

前　言

随着通信和计算机技术的快速发展以及经济全球化应用的推动,互联网表现出了极大的使用方便性和信息传递的快捷性,这使得人们对信息网络的依赖程度越来越大。人们在传递信息的同时,信息的安全性自然成为所关心的重要问题。

密码学作为实现网络信息安全的核心技术,在保障网络信息安全的应用中具有重要意义。

作者根据多年教学经验和科研经验,在学习和总结国内外相关文献的基础上,完成了本书的撰写工作。

本书对第 1 版中的错误之处进行了修订,同时增加了对密码算法的安全分析,在很多的细节部分进行了完善。本书的特色是用通俗易懂的语言,对密码学的基本概念和基本原理进行准确阐述,并配合适当的例题进行深入研究。同时力图反映出密码学应用方面的一些新进展,包括密码学在网络、电子邮件、电子商务以及图像加密上的应用。

全书共分为 13 章,第 1 章至第 8 章的主要内容是密码学的基本原理及其算法;第 9 章至第 13 章是密码学在其他领域的应用。

第 1 章主要介绍密码学的基本概念及发展历史;第 2 章对古典密码的相关理论做了介绍;第 3 章详细介绍了密码学所用到的数字基础知识;第 4 章对经典的分组加密体制 DES 做了详细的分析,同时介绍了目前的加密标准 AES;第 5 章对非对称密码体制 RSA 和椭圆密码体制做了细致的分析;第 6 章介绍了序列密码的相关内容;第 7 章介绍了数字签名的原理及基本算法;第 8 章对密钥的安全管理做了分析。

第 9 章是密码学在网络安全及无线网络中的应用;第 10 章是密码学在图像加密中的应用;第 11 章是密码学在智能 IC 卡上的应用;第 12 章是密码学在电子邮件上的应用;第 13 章是密码学在电子商务上的应用。

本书第 1～3 章由任洪娥编写,第 8、第 9 章由陈宇编写,张健负责其余章节的编写和全书的统稿。

为配合本课程的教学需要,本教材为教师配有习题参考答案,可发 E-mail (ZhengYK@tup.tsinghua.edu.cn)联系索取。

作者要特别感谢参考文献中所列各位作者,是他们的独到见解为本书提供了宝贵的资料及丰富的写作源泉。限于作者的水平和学识,书中难免存在疏漏和错误之处,诚望读者不吝赐教,以便修正,让更多读者受益。

最后,谨向每一位关心和支持本书编写工作的各方面人士表示感谢!

作　者

2013年10月

目　　录

第1章 密码学概述

随着计算机网络的不断发展,全球信息化已成为人类发展的大趋势。但由于计算机网络具有联结形式多样性、终端分布不均匀性和网络的开放性、互联性等特征,致使网络易受黑客、怪客、恶意软件和其他攻击,所以网络上信息的安全和保密是一个至关重要的问题。对于军用的自动化指挥网络和银行等传输敏感数据的计算机网络系统而言,其信息的安全和保密尤为重要。在众多安全方法中,密码学是非常重要的一个保密措施。

1.1 密码学与网络信息安全

1.1.1 网络信息安全

网络必须有足够强的安全措施,否则网络将是个无用、甚至会危及国家安全的网络。无论是在局域网还是在广域网中,都存在着自然和人为等诸多因素的脆弱性和潜在威胁。故此,网络的安全措施应能全方位地针对各种不同的威胁和脆弱性,这样才能确保网络信息的保密性、完整性和可用性。

1. 网络安全的含义

网络安全就是网络上的信息安全,涉及的领域很广。网络安全是指网络系统的硬件、软件及其系统中的数据受到保护,不因为偶然的或者恶意的原因而遭到破坏、更改、泄露,系统连续可靠正常地运行,网络服务不中断,包括以下含义。

(1) 网络运行系统安全;

(2) 网络上系统信息的安全;

(3) 网络上信息传播的安全,即信息传播后果的安全;

(4) 网络上信息内容的安全。

网络安全具有以下5个要素。

(1) 可用性,授权实体有权访问数据;

(2) 机密性,信息不暴露给未授权实体或进程;

(3) 完整性,保证数据不被未授权修改;

(4) 可控性,控制授权范围内的信息流及操作方式;

(5) 可审查性,对出现的安全问题提供依据与手段。

网络安全的内容如下。

(1) 物理安全;

(2) 网络安全;

(3) 传输安全;

(4) 应用安全;

(5) 用户安全。

2. 网络信息面临的威胁

计算机网络所面临的威胁大体可分为两种。一是对网络中信息的威胁；二是对网络中设备的威胁。影响计算机网络的因素很多，有些因素可能是有意的，也可能是无意的；可能是人为的，也可能是非人为的；可能是外来黑客对网络系统资源的非法使用。归结起来，针对网络安全的威胁主要有三个方面。

(1) 人为的无意失误。如操作员安全配置不当造成的安全漏洞，用户安全意识不强，用户口令选择不慎，用户将自己的账号随意转借他人或与别人共享等都会给网络安全带来威胁。

(2) 人为的恶意攻击。这是计算机网络所面临的最大威胁，敌手的攻击和计算机犯罪就属于这一类。此类攻击又可以分为以下两种。一种是主动攻击，它以各种方式有选择地破坏信息的有效性和完整性；另一类是被动攻击，它是在不影响网络正常工作的情况下，进行截获、窃取、破译以获得重要机密信息。这两种攻击均可对计算机网络造成极大的危害，并导致机密数据的泄露。

(3) 网络软件的漏洞和"后门"。网络软件不可能是百分之百无缺陷和无漏洞的，然而，这些漏洞和缺陷恰恰是黑客进行攻击的首选目标，曾经出现过黑客攻入网络内部的事件，这些事件大部分就是因为安全措施不完善所招致的苦果。另外，软件的"后门"都是软件公司的设计编程人员为了自便而设置的，一般不为外人所知，但一旦"后门"打开，其造成的后果将不堪设想。

3. 主要攻击与威胁手段

(1) DoS。使目标系统或网络无法提供正常服务。DoS(Denial of Service)，也就是"拒绝服务"的意思。最基本的DoS攻击就是利用合理的服务请求来占用过多的服务资源，从而使合法用户无法得到服务，如图1-1所示。基本过程是：首先攻击者向服务器发送众多的带有虚假地址的请求，服务器发送回复信息后等待回传信息，由于地址是伪造的，所以服务器一直等不到回传的消息，分配给这次请求的资源就始终不能被释放。在这种反复发送伪地址请求的情况下，服务器资源最终会被耗尽。

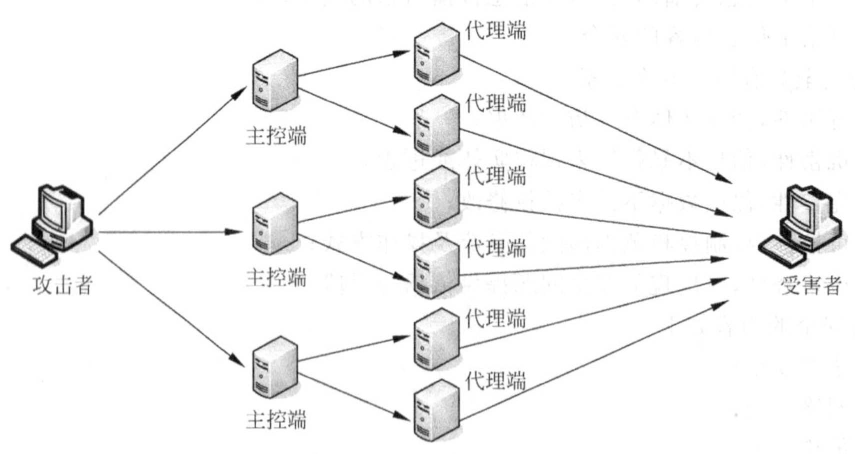

图1-1 DoS攻击

(2) 扫描探测。系统弱点探察。

(3) 口令攻击。弱口令。

(4) 获取权限,提升权限。猜/crack root 口令、缓冲区溢出、利用 NT 注册表、访问和利用高权限控制台、利用启动文件、利用系统或应用 Bugs。

(5) 插入恶意代码。病毒、特洛伊木马(BO)、后门、恶意 Applet。

(6) 网络破坏。主页篡改、文件删除、毁坏 OS、格式化磁盘。

(7) 数据窃取。敏感数据拷贝、监听敏感数据传输——共享媒介/服务器监听/远程监听 RMON。

(8) 伪造、浪费与滥用资源。

(9) 篡改审计数据。删除、修改、权限改变、使审计进程失效。

(10) 安全基础攻击。防火墙、路由、账户修改,文件权限修改。

1.1.2　密码学在网络信息安全中的作用

在现实世界中,安全是一个相当简单的概念。例如,房子门窗上要安装足够坚固的抗变形材料以阻止窃贼的闯入;安装报警器是阻止入侵者破门而入的进一步措施;当有人想从他人的银行账户骗取钱款时,出纳员会要求其出示相关身份证明也是为了保证存款安全;签署商业合同时,需要双方在合同上签名以产生法律效力也是保证合同的实施安全。

在数字世界中,安全以类似的方式工作着。机密性就像大门上的锁,它可以阻止非法者闯入用户的文件夹读取用户的敏感数据或盗取钱财。数据完整性提供了一种当某些内容被修改时,可以使用户得知的机制,相当于报警器。这些思想是密码技术在保护信息安全方面所起作用的具体体现。

密码是一门古老的技术,但自密码技术诞生直至第二次世界大战结束,对于公众而言,密码技术始终处于一种未知的保密状态,常与军事、机要、间谍等工作联系在一起,让人在感到神秘之余,又有几分畏惧。信息技术的迅速发展改变了这一切,随着计算机和通信技术的迅猛发展,大量的敏感信息常通过公共通信设施或计算机网络进行交换,特别是 Internet 的广泛应用、电子商务和电子政务的迅速发展,越来越多的个人信息需要严格保密,如银行账号、个人隐私等。正是这种对信息的机密性和真实性的需求,密码学才逐渐揭去了神秘的面纱,走进公众的日常生活中。

密码技术是实现网络信息安全的核心技术,是保护数据最重要的工具之一。通过加密变换,将可读的文件变换成不可理解的乱码,从而起到保护信息和数据的作用,它直接支持机密性、完整性和非否认性。

今天,在计算机被广泛应用的信息时代,由于计算机网络技术的迅速发展,大量信息以数字形式存放在计算机系统里,信息的传输则通过公共信道。这些计算机系统和公共信道在不设防的情况下是很脆弱的,容易受到攻击和破坏,信息的失窃不容易被发现,而后果可能是极其严重的。如何保护信息的安全成为许多人感兴趣的迫切话题,作为网络安全基础理论之一的密码学引起了人们的极大关注,吸引着越来越多的科技人员投入到密码学领域的研究之中。

密码学尽管在网络信息安全具有举足轻重的作用,但密码学绝不是确保网络信息安全的唯一工具,它也不能解决所有的安全问题。同时,密码编码与密码分析是一对矛盾的关系,它们在发展中始终处于一种动态平衡。

1.2 密码学的基本概念

密码学(cryptology)是研究密码系统或通信安全的一门科学。它主要包括两个分支,即密码编码学和密码分析学。密码编码学的主要目的是寻求保证消息保密性或认证性的方法。密码分析学的主要目的是研究加密消息的破译或消息的伪造。

采用密码技术可以隐蔽和保护需要保密的消息,使未授权者不能提取信息,这其中包含如下一些基本概念。

明文。被隐蔽的消息称做明文(plaintext)。

密文。隐蔽后的消息称做密文(ciphertext)或密报(cryptogram)。

加密。将明文变换成密文的过程称做加密(encryption)。

解密。由密文恢复出原明文的过程称做解密(decryption)。

密码员。对明文进行加密操作的人员称做密码员或加密员(cryptographer)。

加密算法。密码员在对明文进行加密时,采用的一组规则称做加密算法(Encryption Algorithm)。

接收者。传送消息的预定对象称做接收者(receiver)。

解密算法。接收者在对密文进行解密时,采用的一组规则称做解密算法(Decryption Algorithm)。

加密密钥和解密密钥。加密算法和解密算法的操作通常是在一组密钥(key)的控制下进行的,分别称为加密密钥(Encryption Key)和解密密钥(Decryption Key)。

密码体制分类。根据密钥的特点将密码体制分为对称和非对称密码体制(Symmetric Cryptosystem and Asymmetric Cryptosystem)两种。

对称密码体制又称单钥(one-key) 或私钥(Private Key)或传统(classical)密码体制。非对称密码体制又称双钥(two-key) 或公钥(Public Key)密码体制。

在私钥密码体制中,加密密钥和解密密钥是一样的或者彼此之间是容易相互确定的。在私钥密码体制中,按加密方式又将私钥密码体制分为流密码(Stream Cipher)和分组密码(Block Cipher)两种。

在流密码中将明文消息按字符逐位地进行加密。在分组密码中将明文消息分组(每组含有多个字符),逐组地进行加密。

在公钥密码体制中,加密密钥和解密密钥不同,从一个难于推出另一个,可将加密能力和解密能力分开。

截收者。在消息传输和处理系统中,除了合法的接收者外,还有非授权者。他们通过各种办法,如搭线窃听、电磁窃听、声音窃听等来窃取机密信息,称其为截收者(eavesdropper)。

密码分析。虽然不知道系统所用的密钥,但通过分析可能从截获的密文推断出原来的明文,这一过程称做密码分析(cryptanalysis)。从事这一工作的人称做密码分析员或密码分析者(cryptanalyst)。

被动攻击。对一个密码系统采取截获密文进行分析,这类攻击称做被动攻击(Passive

Attack)。

主动攻击。非法入侵者(tamper)主动向系统窜扰,采用删除、更改、增添、重放、伪造等手段向系统注入假消息,以达到损人利己的目的,这类攻击称做主动攻击(Active Attack)。

Kerckholf 假设。通常假定密码分析者或敌手知道所使用的密码系统,这个假设称做 Kerckholf 假设。

当然如果密码分析者或敌手不知道所使用的密码系统,那么破译密码是更难的,但不应该把密码系统的安全性建立在敌手不知道所使用的密码系统这个前提下。因此,在设计一个密码系统时,目的是在 Kerckholf 假设下达到安全性。

根据密码分析者破译时已具备的前提条件,通常人们将攻击类型分为 4 种。唯密文攻击(Ciphertext-only Attack)、已知明文攻击(Known Plaintext Attack)、选择明文攻击(Chosen Plaintext Attack)、选择密文攻击(Chosen Ciphertext Atack)。

唯密文攻击。密码分析者有一个或更多的用同一密钥加密的密文,通过对这些截获的密文进行分析得出明文或密钥。

已知明文攻击。除待解的密文外,密码分析者有一些明文和用同一个密钥加密这些明文所对应的密文。

选择明文攻击。密码分析者可以得到所需要的任何明文所对应的密文,这些明文与待解的密文是用同一密钥加密得来的。

选择密文攻击。密码分析者可得到所需要的任何密文所对应的明文,解密这些密文所使用的密钥与解密待解密文的密钥是一样的。

上述 4 种攻击类型的强度按序递增,如果一个密码系统能抵抗选择明文攻击,那么它当然能够抵抗唯密文攻击和已知明文攻击。

在了解密码学的基本概念之后,可以很容易地理解通信保密系统,如图 1-2 所示。

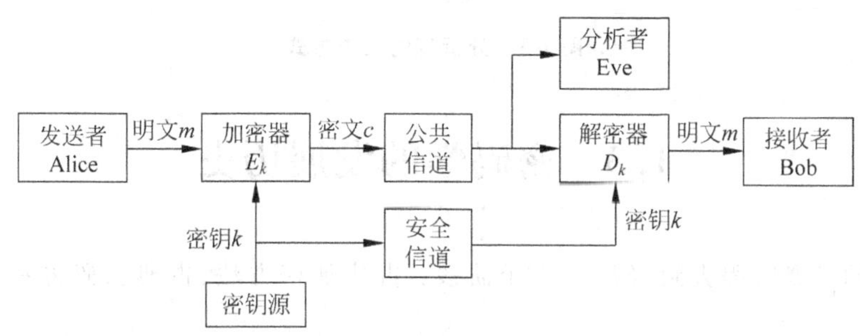

图 1-2　通信保密系统

通信中的参与者包括以下几种。

发送者(Alice)。在双方交互中合法的信息发送实体。

接收者(Bob)。在双方交互中合法的信息接收实体。

分析者(Eve)。破坏通信接收和发送双方正常安全通信的其他实体。

信道。从一个实体向另一个实体传递信息的通路。

安全信道。分析者没有能力对其上的信息进行阅读、删除、修改、添加的信道。

公共信道。分析者可以任意对其上的信息进行阅读、删除、修改、添加的信道。

分析者的目的包括:

解读公共信道上的密文消息(被动)。

确定密钥以解读所有用该密钥加密的密文消息(被动)。

变更密文消息以使接收者(Bob)认为变更消息来自发送者(Alice)(主动)。

冒充密文消息发送者(Alice)与接收者(Bob)通信,以使接收者(Bob)相信消息来自真实的发送者(Alice)(主动)。

分析者常采用的方法包括中断、截获、篡改和伪造,如图1-3所示。

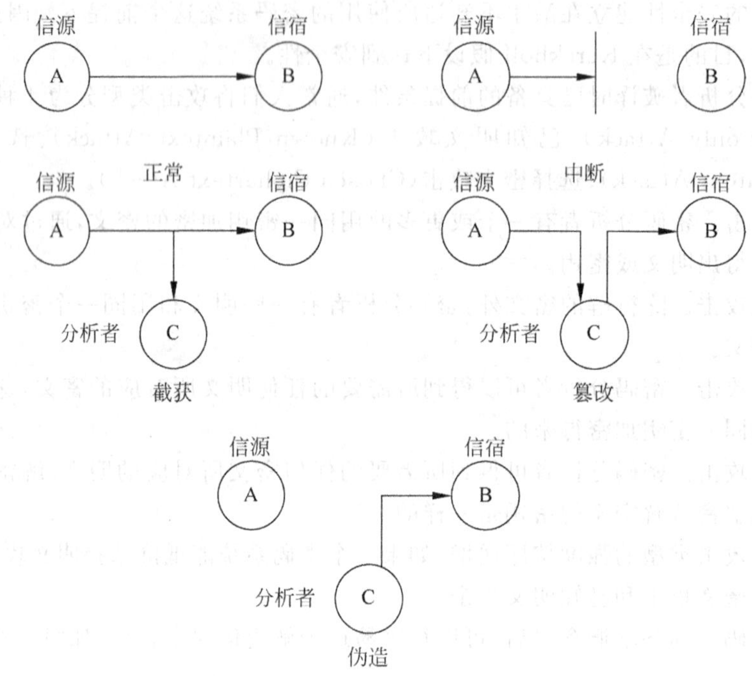

图1-3 分析者的攻击方式

1.3 密码学的发展历史

密码学的发展历程大致经历了三个阶段:古代加密方法、古典密码方法和近代密码方法。

公元前5世纪,古希腊斯巴达出现原始的密码器,用一条带子缠绕在一根木棍上,沿木棍纵轴方向写好明文,解下来的带子上就只有杂乱无章的密文字母。解密者只需找到相同直径的木棍,再把带子缠上去,沿木棍纵轴方向即可读出有意义的明文。这就是最早的换位密码术。

公元前1世纪,著名的恺撒(Caesar)密码被用于高卢战争中,这是一种简单易行的单字母替代密码。

公元9世纪,阿拉伯的密码学家阿尔·金迪,同时还是天文学家、哲学家、化学家和音乐理论家。他提出频度分析方法,通过分析计算密文字符出现的频率来破译密码。

公元16世纪中期,意大利的数学家卡尔达诺(G. Cardano,1501—1576)发明了卡尔达诺漏格板,覆盖在密文上,可从漏格中读出明文,这是较早的一种分置式密码。

公元 16 世纪晚期,英国的菲利普斯(Philips)利用频度分析法成功破解苏格兰女王玛丽的密码信,信中策划暗杀英国女王伊丽莎白,这次解密将玛丽送上了断头台。

几乎在同一时期,法国外交官维热纳尔提出著名的维热纳尔方阵密表和维热纳尔密码(Vigenerecypher),这是一种多表加密的替代密码,可使阿尔·金迪和菲利普斯的频度分析法失效。

公元 1863 年,普鲁士少校卡西斯基(Kasiski)首次从关键词的长度着手将它破解。英国的巴贝奇(Charles Babbage)通过仔细分析编码字母的结构也将维热纳尔密码破解。

这是发生在第一次世界大战时的事情,它在世界情报学历史上占有重要地位,它使得美国举国震怒,结束中立,最终加入到对德作战的行列。

第一次世界大战期间,1917 年 1 月 17 日,英军截获了一份以德国最高外交密码 0075 加密的电报。这个令人无法想象的密码系统由 1 万个词和词组组成,与 1000 个数字码群对应。密电来自德国外交部长阿瑟·齐麦曼,传送给德国驻华盛顿大使约翰·冯·贝伦朵尔夫,然后继续传给德国驻墨西哥大使亨尼希·冯·艾克哈尔特。电文将在那里解密,最后要交给墨西哥总统瓦律斯提阿诺·加汉扎。密件从柏林经美国海底电缆送到了华盛顿。英军在那里将其截获并意识到了它的重要性。英国密码破译专家开始全力以赴进行破译,然而,面对这个未曾被破译的新外交密码系统,专家们绞尽脑汁仍一筹莫展。

令英国密码破译专家意想不到的机遇降临了。接到密件的德国驻华盛顿大使约翰·冯·贝伦朵尔夫在他的华盛顿办公室里犯下了致命的错误。他们在将电报用新的 0075 密件本译出后,却又用老的密件本将电报加密后传送到墨西哥城。大使没有意识到,他已经犯下了一个密码使用者所能犯的最愚蠢的、最可悲的错误。

没过多久,已经破译了老密码的英方便从德国大使的糊涂操作中获得了新旧密码的比较版本。英国的解码人员开始了艰苦的工作。将密件在旧密码中译出,用纸笔建构模型。随着齐麦曼的密件逐渐清晰,电报内容浮现出来,其重要性令人吃惊。

当时的情况是,尽管 1915 年美国的远洋客轮"露斯塔尼亚"号被德军击沉,但只要德国此后对其潜艇的攻击行动加以限制,美国仍将一直保持中立。齐麦曼的电文概括了德国要在 1917 年 2 月 1 日重新开始无限制海战以抑制英国的企图。为了让美国无暇他顾,齐麦曼建议墨西哥入侵美国,宣布得克萨斯州、新墨西哥州和亚利桑那州重新归其所有。德国还要墨西哥说服日本进攻美国,德国将提供军事和资金援助。

英国海军部急于将破译的情报通知美国,但同时又不能让德国知道其密码已被破译。于是,英国的一个特工成功地渗入了墨西哥电报局,得到了送往墨西哥总统的解了密的文件拷贝。这样,秘密就可能是由墨西哥方泄露的,它以此为掩护将情报透露给了美国。

美国愤怒了。每个美国人都被激怒了。原先只是东海岸的人在关心战局的进展,现在整个美国都开始担心墨西哥的举动。电文破译后 6 个星期,美国总统伍德罗·威尔逊宣布美国对德宣战。此时,站在他背后的是一个团结起来的愤怒的国家。齐麦曼的电文使整个美国相信德国是国家的敌人。这次破译由此也被称为密码学历史上最伟大的密码破译。

1918 年,美国数学家吉尔伯特·维那姆发明一次性便笺密码,它是一种理论上绝对无法破译的加密系统,被誉为密码编码学的圣杯。但产生和分发大量随机密钥的困难使它的实际应用受到很大限制,从另一方面来说安全性也更加无法保证。

在美国 Hebern 发明转轮密码机的同时,欧洲的工程师们,如荷兰的 Hugo Koch、德国的 Arthur Scherbius 都独立地提出了转轮机的概念。Arthur Scherbius 于 1919 年设计出了历史上最著名的密码机——德国的 Enigma 机,在第二次世界大战期间,Enigma 曾作为德国陆、海、空三军最高级密码机,在相当长的时间内扮演者重要角色。Enigma 机如图 1-4 所示。

图 1-4　Enigma 机

Enigma 机看起来是一个装满了复杂而精致元件的盒子。不过要是把它打开来,就可以看到它可以被分解成相当简单的三个部分:键盘、转子和显示器。

从图 1-4 的 Enigma 机照片上,看见水平面板的下面部分就是键盘,一共有 26 个键,键盘排列接近现在使用的计算机键盘。为了使消息尽量地短和更难以破译,空格和标点符号都被省略。实物照片中,键盘上方就是显示器,它由标识了同样字母的 26 个小灯组成,当键盘上的某个键被按下时,和此字母被加密后的密文相对应的小灯就在显示器上亮起来。在显示器的上方是三个转子,它们的主要部分隐藏在面板之下。

键盘、转子和显示器由电线相连。完整的转子及转子的分解如图 1-5 所示。转子本身也集成了 6 条线路(在实物中是 26 条),把键盘的信号对应到显示器不同的小灯上去。在示意图中可以看到,如果按下 a 键,那么灯 B 就会亮,这意味着 a 被加密成了 B。同样地看到,b 被加密成了 A,c 被加密成了 D,d 被加密成了 F,e 被加密成了 E,f 被加密成了 C。于是如果在键盘上依次输入 cafe(咖啡),显示器上就会依次显示 DBCE。这是最简单的加密方法之一,把每一个字母都按一一对应的方法替换为另一个字母,这样的加密方式是“简单替换密码”。

图 1-5　左部是完整的转子,右部是转子的分解

简单替换密码在历史上很早就出现了。著名的“恺撒法”就是一种简单替换法,它把每个字母和它在字母表中后若干个位置中的那个字母相对应。比如说取后三个位置,那么字母的一一对应就如下所示。

明码字母表　abcdefghijklmnopqrstuvwxyz

密码字母表　DEFGHIJKLMNOPQRSTUVWXYZABC

于是就可以从明文得到密文。

(veni, vidi, vici,"我来,我见,我征服"是儒勒·恺撒征服本都王法那西斯后向罗马元老院宣告的名言。)

明文: veni, vidi, vici

密文: YHAL, YLGL, YLFL

很明显,这种简单的方法只有 26 种可能性,不足以实际应用。一般上是规定一个比较随意的一一对应关系,比如

明码字母表: abcdefghijklmnopqrstuvwxyz

密码字母表: JQKLZNDOWECPAHRBSMYITUGVXF

甚至可以自己定义一个密码字母图形而不采用拉丁字母。但是用这种方法所得到的密文还是相当容易被破解的。在公元 9 世纪,阿拉伯的密码破译专家就已经娴熟地掌握了用统计字母出现频率的方法来击破简单替换密码。破解的原理很简单,在每种拼音文字语言中,每个字母出现的频率并不相同,比如说在英语中,e 出现的次数就要大大高于其他字母。所以如果取得了足够多的密文,通过统计每个字母出现的频率,就可以猜出密码中的一个字母对应于明码中的哪个字母(当然还要通过揣摩上下文等基本密码破译手段)。柯南·道尔在他著名的福尔摩斯探案集《跳舞的人》中详细叙述了福尔摩斯使用频率统计法破译跳舞人形密码的过程。

所以如果转子的作用仅仅是把一个字母换成另一个字母,那就没有太大的应用价值了。所谓的"转子",它会转动!这就是 Enigma 最重要的设计。当键盘上一个键被按下时,相应的密文在显示器上显示,然后转子的方向就自动地转动一个字母的位置。

事实上 Enigma 里有三个转子(第二次世界大战后期德国海军用 Enigma 甚至有 4 个转子)。想象一下要用 Enigma 发送一条消息。发信人首先要调节三个转子的方向,使它们处于 17 576 个方向中的一个(事实上转子的初始方向就是密钥,这是收发双方必须预先约定好的),然后依次输入明文,并把闪亮的字母依次记下来,然后就可以把加密后的消息用类似电报的方式发送出去。当收信方收到电文后,使用一台相同的 Enigma,按照原来的约定,把转子的方向调整到和发信方相同的初始方向上,然后依次输入收到的密文,并把闪亮的字母依次记下来,就得到了明文。于是加密和解密的过程就是完全一样的,这都是反射器起的作用。反射器如图 1-6 所示。

图 1-6　安装在 Enigma 中的反射器和三个转子

于是转子的初始方向决定了整个密文的加密方式。如果通信当中有敌人监听，他会收到完整的密文，但是由于不知道三个转子的初始方向，他就不得不一个个方向地试验来找到这个密钥。问题在于 17 576 个初始方向这个数目并不是太大。只要试图破译密文的人把转子调整到某一方向，然后输入密文开始的一段，看看输出是否是有意义的信息。如果不是，那就再试转子的下一个初始方向。如果试一个方向大约要一分钟，二十四小时日夜工作，那么在大约两星期里就可以找遍转子所有可能的初始方向。如果对手用许多台机器同时破译，那么所需要的时间就会大大缩短。这种保密程度是不太足够的。

当然还可以再多加转子，但是看见每加一个转子初始方向的可能性只是乘以了 26。尤其是，增加转子会增加 Enigma 的体积和成本。然而这种加密机器必须是要便于携带的（事实上它最终的尺寸是 34cm×28cm×15cm），而不是一个具有十几个转子的庞然大物。在 Enigma 的设计当中，机器的三个转子是可以拆卸下来互相交换的，这样一来初始方向的可能性就变成了原来的 6 倍。假设三个转子的编号为 1、2、3，那么它们可以被放成 123-132-213-231-312-321 6 种不同位置，当然现在收发消息的双方除了要预先约定转子自身的初始方向外，还要约定好这 6 种排列中使用哪一种。

其次，键盘和第一转子之间还设计了一个连接板。这块连接板允许使用者用一根连线把某个字母和另一个字母连接起来，这样这个字母的信号在进入转子之前就会转变为另一个字母的信号。这种连线最多可以有 6 根（后期的 Enigma 具有更多的连线），这样就可以使 6 对字母的信号互换，其他没有插上连线的字母保持不变。在上面的 Enigma 实物图里，看见这个连接板处于键盘的下方。当然连接板上的连线状况也是收发信息的双方需要预先约定的。

于是转子自身的初始方向，转子之间的相互位置，以及连接板连线的状况就组成了所有可能的密钥，让我们来算一算一共到底有多少种。

三个转子不同的方向组成了 26×26×26＝17 576 种不同的可能性；

三个转子间不同的相对位置为 6 种可能性；

连接板上两两交换 6 对字母的可能性数目非常巨大，有 100 391 791 500 种；

于是一共有 17 576×6×100 391 791 500，大约为 10^{16}，即一亿亿种可能性。

只要约定好上面所说的密钥，收发双方利用 Enigma 就可以十分容易地进行加密和解密。但是如果不知道密钥，在这巨大的可能性面前，一一尝试来试图找出密钥是完全没有可能的。看见连接板对可能性的增加贡献最大，那么为什么要那么麻烦地设计转子之类的东西呢？原因在于连接板本身其实就是一个简单替换密码系统，在整个加密过程中，连接是固定的，所以单使用它是十分容易用频率分析法来破译的。转子系统虽然提供的可能性不多，但是在加密过程中它们不停地转动，使整个系统变成了复式替换系统，频率分析法对它再也无能为力，与此同时，连接板却使得可能性数目大大增加，使得暴力破译法（即一个一个尝试所有可能性的方法）望而却步。

第二次世界大战中，在破译德国著名的 Enigma 机过程中，原本是以语言学家和人文学者为主的解码团队中加入了数学家和科学家。计算机及人工智能的先驱亚伦·图灵（Alan Mathison Turing）就是在这个时候加入解码队伍的，发明了一套更高明的解码方法，并成功解密，使德国的许多重大军事行动对盟军都不成为秘密。与此同时，美国人破译了被称为“紫密”的日本“九七式”密码机密码，并成功炸死了偷袭珍珠港的元凶——日本舰队总司令山本五十六。

在近代密码学历史上，1975 年 1 月 15 日，对计算机系统和网络进行加密的数据加密标准（Data Encryption Standard，DES）由美国国家标准局颁布为国家标准，这是密码术历史上一个具有里程碑意义的事件。

1976 年，当时在美国斯坦福大学的迪菲（Diffie）和赫尔曼（Hellman）两人提出了公开密钥密码的新思想（论文 *New Direction in Cryptography*），把密钥分为加密的公钥和解密的私钥，这是密码学的一场革命。

1977 年，美国的里维斯特（Ronald Rivest）、沙米尔（Adi Shamir）和阿德勒曼（Len Adleman）提出第一个较完善的公钥密码体制——RSA 体制，这是一种建立在大数因子分解基础上的算法。

1985 年，英国牛津大学物理学家戴维·多伊奇（David Deutsch）提出量子计算机的初步设想，这种计算机可在 30s 内完成传统计算机要花上 100 亿年才能完成的大数因子分解，从而破解 RSA 运用这个大数产生公钥来加密的信息。同一年，美国的贝内特（Bennet）根据他关于量子密码术的协议，在实验室第一次实现了量子密码加密信息的通信。尽管通信距离只有 30cm，但它证明了量子密码术的实用性。

1.4　密码学的应用范围

密码技术不仅用于对网上传送数据的加解密，也用于认证（认证信息的加解密）、数字签名、完整性以及 SSL（安全套接字）、SET（安全电子交易）、S/MIME（安全电子邮件）等安全通信标准和 IPSec 中，因此是网络安全的基础，其具体应用如下。

1. 用加密来保护信息

利用密码变换将明文变换成只有合法者才能恢复的密文，这是密码最基本的功能。信息的加密保护包括传输信息和存储信息两方面，相比较而言，后者解决起来难度更大。

2. 采用数字证书来进行身份鉴别

数字证书就是网络通信中标志通信各方身份信息的一系列数据，是网络正常运行所必需的。过去常采用通行字，但安全性差，现在一般采用交互式询问回答，在询问和回答过程中采用密码加密。特别是采用密码技术带 CPU 的智能卡，安全性好。在电子商务系统中，所有参与活动的实体都需要用数字证书来表明自己的身份。数字证书从某种角度上说就是“电子身份证”。

3. 数字指纹

在数字签名中有重要作用的“报文摘要”算法，即生成报文“数字指纹”的方法，近年来备受关注，构成了现代密码学的一个重要侧面。

4. 采用密码技术对发送信息进行验证

为防止传输和存储的消息被有意或无意地篡改，采用密码技术对消息进行运算生成消息验证码（MAC），附在消息之后发出或与信息一起存储，对信息进行认证。它在票据防伪中具有重要应用（如税务的金税系统和银行的支付密码器）。

5. 利用数字签名来完成最终协议

在信息时代,电子数据的收发使过去所依赖的个人特征都将被数字代替,数字签名的作用有两点,一是因为自己的签名难以否认,从而确认了文件已签署这一事实;二是因为签名不易仿冒,从而确定了文件是真的这一事实。

习　　题

1. 简述密码学和信息安全的关系。
2. 密码学发展的三个阶段和主要特点是什么?
3. 密码编码学和密码分析学的关系和区别是什么?
4. 密码学的应用范围都有哪些?

第2章 古典密码

古典密码是密码学发展的一个阶段,也是近代密码学产生的渊源。尽管古典密码比较简单,用手工或者简单机械就可实现加密、解密过程,但研究古典密码的原理,有助于理解、构造和分析近代密码。在计算机出现前,密码学由基于字符的密码算法构成,主要是字符之间互相代替或者是互相换位,好的密码算法通常结合这两种方法。虽然现在密码算法相对复杂,但基本原理是一致的。重要的变化是古典密码对字母进行变换,而现代密码是对比特流进行变换,实际上这只是字母表长度上的改变,从 26 个元素变为 2 个元素,加密的本质与古典密码是相同的,即代替密码和换位密码。

2.1 代替密码

代替,就是明文中的字母由其他字母、数字或符号所取代的一种方法,具体的代替方案称为密钥。代替分为单表代替密码和多表代替密码。

2.1.1 单表代替密码

公元前 51 年初,深冬。高卢,毕布拉克德(现法国境内伯夫雷山),恺撒的营帐。深夜,罗马共和国高卢行省长恺撒,正在一张羊皮上写着什么。他的身影被跳动的灯火映在帐篷上,高大而摇曳。他的脸略嫌狭长,但棱角分明,专注的神色中透着与生俱来的自负。他在写他的"随记",也就是后来流传于世的《高卢战记》。戎马生涯的恺撒本没有余暇来写什么随记,但是过去的几年中,与他在高卢的显赫战绩相比,政治上的事态发展可不那么如意。罗马执政官克拉苏斯在同帕尔提亚人(在今土库曼斯坦南部和伊朗东北部)的作战中被俘。熔化了的台液灌进了他的喉咙……这个当年残酷镇压斯巴达克斯起义的刽子手,如今和他嗜如生命的黄金铸在了一起,这对恺撒来说是一件好事,但更是一件坏事——罗马"三巨头"之间的平衡被打破了,活着的两巨头,他和庞培,不得不面临决斗。恺撒从来没有看得起过克拉苏斯。

这个只会献媚的小人死不足惜,但庞培绝不能小看,不然的话,恺撒当年也不会把自己的女儿尤丽娅嫁给庞培。要知道,庞培比恺撒还要大 8 岁。现在,尤丽娅已经去世,他们之间除了你死我活已无任何瓜葛。庞培以罗马唯一执政官的地位优势,正在元老院里向他发动强大的政治攻势……他必须宣传自己,他必须向元老院陈述自己的功绩,但同时又必须表现出一种谦逊、客观的态度,不能带有任何自吹自擂的痕迹。为此,他在这部随记中,处处用第三人称称呼自己,通篇都用异常平静、简洁的笔调叙说战事的经过。

这时他正写到卷五,说的是公元前 54 年,他的爱将西塞罗突然遭到维尔纳人的围攻,情况紧急,"于是,他以极大的报酬说服了一个高卢骑兵,送一封信去给西塞罗。送去的信是用希腊文写的,免得它被敌人截住后得知我军的计划……"写到这时,他停了一下,似在考虑更好的措词。一丝狡猾的微笑从脸上掠过,他继续写了下去……时间无情地飞驰,转眼就过了近两千年,恺撒的《高卢战记》以其翔实的叙事、清纯的文风,成为研究罗马历史、拉丁文学和军事史不可或缺的学术资料。

1979年,中国商务印书馆将《高卢战记》译成中文,作为"汉译世界学术名著丛书"中的一种出版,译者任炳湘先生打开这本书,翻到第124页,看到了上面引述的那桩派人送信给西塞罗的事。然而,治学严谨的译者在这里发现了问题,他注道:言下之意,似乎高卢人不懂希腊语,即便书信被截去,也不会泄露自己的计划。但在本书卷25节中曾说到在厄尔维几人营中发现用希腊文写的统计数字,又说高卢人无论公私文件都用希腊文书写,似乎有矛盾。对此,译者的推测是:也许上面两节指的是高卢人用希腊字母书写自己的语言,这一节所说的是真正的希腊文。译者的质疑可说是切中要害,然而译者的推测却仍让人疑云难消。敌营中就没有一人认识真正的希腊文?他们就不能去找一个希腊人来识这封信(如果他们截住了这封信的话)?足智多谋的恺撒会不考虑这些明摆着的可能而铤而走险?是不是可以有另外的解释?确实有另外一种解释:如果让一位密码学家来进行推测,他会毫不犹豫地认为,恺撒送去的这封信是用密码写的!因为任何一本讲述密码学历史的著作,都会提到恺撒对军事密码学的贡献。恺撒在其军事行动中使用了密码,这在密码学界已不是秘密。

现在已经无法弄清恺撒密码在当时有多大的效果,但是有理由相信它是安全的。因为恺撒大部分敌人都是目不识丁的,而其余的则可能将这些消息当作是某个未知的外语。即使有某个敌人获取了恺撒的加密信息,根据现有的记载,当时也没有任何技术能够解决这一最基本、最简单的替换密码。现存最早的破解方法记载在公元9世纪阿拉伯的阿尔·肯迪有关发现频率分析的著作中。

恺撒系统的密码是自己选的一个单词。

例如,选用mountain,写出以下的字母序列:mountaibcdefghjklpqrsvwxyz。

就是在正常字母序列中抽掉你的密码mountain。由于mountain中有两个n,把第二个去掉。

然后,把正常字母序列写在这个序列下面。

Mountaibcdefghjklpqrsvwxyz…密文字母序

Abcdefghijklmnopqrstuvwxyz…明文字母序

在加密的时候,用上面那个序列里的字母代替原文中的字母写成密文。例如,m代替a,o代替b。解密时方向相反。所以,加密heishere的结果是btcqbkpt。

恺撒密码是单表代替密码的经典算法。设明文为x、密文为y、加密变换是e、解密变换是d。26个字母中a用数字0代替、z用数字25代替,不区分大小写,那么恺撒密码就可以表示如下。

加密:$y=e(x)=(x+3) \bmod 26$

解密:$x=d(y)=(y+26-3) \bmod 26$

例 2-1 明文为China,用恺撒密码求密文。

【解】 China中的5个字母分别对应的数字为2、7、8、13、0,所以

$y(1)=e(x)=(x+3) \bmod 26=(2+3) \bmod 26=5$

$y(2)=10$

$y(3)=11$

$y(4)=16$

$y(5)=3$

分别对应的字母，即密文为 f、k、l、q、d。

恺撒密码中，一个字母加密后对应的是同一个字母，如果经常使用，很容易被破译，所以可以通过修改密钥值来增加安全性，即用密钥 k 来代替 3，使其是一个变化的密钥。这种变化称为通用恺撒密码。

加密：$y=e(x)=(x+k) \bmod 26$

解密：$x=d(y)=(y+26-k) \bmod 26$

单表代替密码的缺点是密钥较小，不能抵抗穷尽搜索攻击，即便密钥值是变化的，最大也只有 26。同时，单表代替密码也不能抵抗频率分析的攻击。所谓频率分析即指根据英文单词中字母出现的频率来确定明文。字母频率表如表 2-1 所示，频率图如图 2-1 所示。

表 2-1　字母频率表

字母	概率	字母	概率	字母	概率	字母	概率
A	0.082	B	0.015	C	0.028	D	0.043
E	0.127	F	0.022	G	0.020	H	0.061
I	0.070	J	0.002	K	0.008	L	0.040
M	0.024	N	0.067	O	0.075	P	0.019
Q	0.001	R	0.060	S	0.063	T	0.091
U	0.028	V	0.010	W	0.023	X	0.001
Y	0.020	Z	0.001				

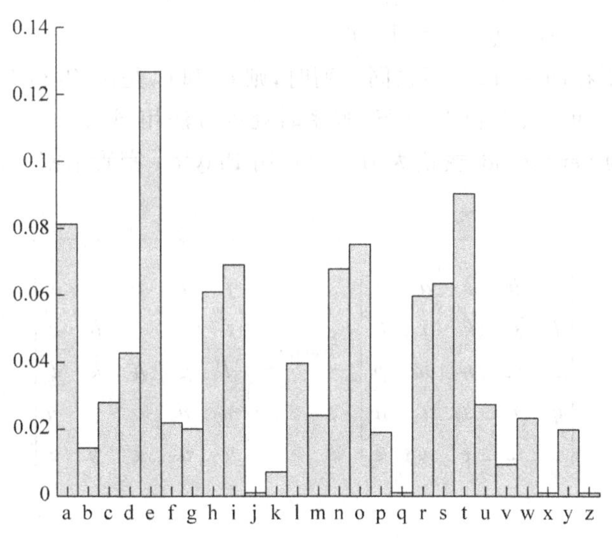

图 2-1　字母频率图

从表 2-1 中可以得出，

高频字母有：E、T、A、O、N、I、R、S、H。

中频字母有：D、L、U、C、M。

低频字母有：P、F、Y、W、G、B、Y(v?)。

稀频字母有：J、K、Q、X、Z。

如果在大量的密文中，出现某个字母的次数最多，那么它的明文极有可能是字母 E。

2.1.2 多表代替密码——Playfair 密码

Playfair 密码是多表代替密码的经典算法。Playfair 密码出现于 1854 年,由 Charles Wheatstone 发明,它将明文中的双字母组合作为一个单元对待,并将这些单元转换为密文双字母组合。下面介绍具体的加密方法。

1. 构造矩阵

Playfair 密码基于一个 5×5 字母矩阵,该矩阵使用一个关键词(密钥)来构造,其构造方法是:从左至右、从上至下依次填入关键词的字母(去除重复的字母),然后再以字母表的顺序依次填入其他字母。字母 I 和 J 被算为一个字母(即 J 被当作 I 处理)。

2. 明文分组

将明文字符串按两个字母一组进行分组,分组之后,如果相邻两个字母相同,则要在它们之间插入一个字符(事先约定的字母,如 Q);如果明文字母数为奇数,同样要在明文的末端添加某个事先约定的字母作为填充。

3. 加密方法

对每一对明文字母 P_1、P_2 的加密方法如下。

(1) 若 P_1、P_2在同一行时,则对应的密文 C_1和 C_2分别是紧靠 P_1、P_2右端的字母。其中第一列被视为在最后一列的右方(解密时反向)。

(2) 若 P_1、P_2在同一列时,则对应的密文 C_1和 C_2分别是紧靠 P_1、P_2下方的字母。其中第一行视为在最后一行的下方(解密时反向)。

(3) 若 P_1、P_2不在同一行,也不在同一列时,则 C_1和 C_2是由 P_1和 P_2确定的矩形的其他两角的字母,并且 C_1和 P_1、C_2和 P_2同行(解密时处理方法相同)。

例 2-2 明文为 very good,密钥为 fivestar,用 Playfair 密码求密文。

【解】

(1) 构造矩阵。

$$\begin{bmatrix} a & b & c & d & e \\ f & g & h & i & k \\ l & m & n & o & p \\ q & r & s & t & u \\ v & w & x & y & z \end{bmatrix} \xrightarrow{\text{fivestar}} \begin{bmatrix} f & i & v & e & s \\ t & a & r & b & c \\ d & g & h & k & l \\ m & n & o & \mathrm{p} & q \\ u & w & x & y & z \end{bmatrix}$$

(2) 分组。

明文 very good

ve ry go qo dq

(3) 加密。

ve 同行,所以密文为 es。

ry 对角线,所以密文为 bx。

go 对角线,所以密文为 hn。

qo 同行,所以密文为 mp。

dq 对角线,所以密文为 lm。

即密文为 es bx hn mp lm。

例 2-3　明文为 information security，密钥为 fivestar，用 Playfair 密码求密文。

【解】

(1) 构造矩阵。

$$\begin{bmatrix} a & b & c & d & e \\ f & g & h & i & k \\ l & m & n & o & p \\ q & r & s & t & u \\ v & w & x & y & z \end{bmatrix} \xrightarrow{\text{fivestar}} \begin{bmatrix} f & i & v & e & s \\ t & a & r & b & c \\ d & g & h & k & l \\ m & n & o & \mathrm{p} & q \\ u & w & x & y & z \end{bmatrix}$$

(2) 分组。

明文　in fo rm at io ns ec ur it yq

　　　ve ry go qo dq

(3) 加密。

in　同列，所以密文为 aw。

fo　对角线，所以密文为 vm。

rm　对角线，所以密文为 to。

at　同行，所以密文为 ra。

io　对角线，所以密文为 vn。

ns　对角线，所以密文为 qi。

ec　对角线，所以密文为 sb。

ur　对角线，所以密文为 st。

it　对角线，所以密文为 fa。

yq　对角线，所以密文为 zp。

即密文为 aw vm to ra vn qi sb st fa zp。

例 2-4　密文为 very good，密钥为 fivestar，用 Playfair 密码求明文。

【解】

(1) 构造矩阵。

$$\begin{bmatrix} a & b & c & d & e \\ f & g & h & i & k \\ l & m & n & o & p \\ q & r & s & t & u \\ v & w & x & y & z \end{bmatrix} \xrightarrow{\text{fivestar}} \begin{bmatrix} f & i & v & e & s \\ t & a & r & b & c \\ d & g & h & k & l \\ m & n & o & \mathrm{p} & q \\ u & w & x & y & z \end{bmatrix}$$

(2) 分组。

密文　very good

　　　ve ry go od

(3) 解密。

ve　同行，所以明文为 iv。

ry　对角线，所以明文为 bx。

go　对角线，所以明文为 hn。

od　对角线,所以明文为 mh。

即明文为 iv bx hn mh。

在解密时,需要根据对单词的识别来判断明文的真实含义,如果解密的明文里含有预先约定的字母 Q(q),需要人工去判断是否为真实的明文,这也是 Playfair 密码的缺点之一。

2.1.3　多表代替密码——Vigenere 密码

Vigenere 密码是由法国密码学家 Blaise de Vigenere 于 1858 年提出的一种密码,它是一种以移位代换为基础的周期代换密码。

设 m 是一个整数。定义 $\boldsymbol{P}=C=\boldsymbol{K}=(Z_{26})^m$。对任意的密钥 $\boldsymbol{K}=(k_1,k_2,\cdots,k_m)$,定义

$$e_k(x_1,x_2,\cdots,x_m)=(x_1+k_1,x_2+k_2,\cdots,x_m+k_m) \bmod 26$$

$$d_k(y_1,y_2,\cdots,y_m)=(y_1-k_1,y_2-k_2,\cdots,y_m-k_m) \bmod 26$$

加密的实质如表 2-2 所示,可以将行或列的其中一个作为明文,另一个作为密钥,通过查询表就能得到相应的密文。其实 Vigenere 密码和通用恺撒密码的原理是一样的,只不过是密钥不是单一的一个字母,而是一个字符串,如果明文字母个数大于密钥字母个数,则密钥需重复使用。

表 2-2　Vigenere 密码表

	A	**B**	**C**	**D**	**E**	**F**	**G**	**H**	**I**	**J**	**K**	**L**	**M**	**N**	**O**	**P**	**Q**	**R**	**S**	**T**	**U**	**V**	**W**	**X**	**Y**	**Z**
A	A	B	C	D	E	F	G	H	I	J	K	L	M	N	O	P	Q	R	S	T	U	V	W	X	Y	Z
B	B	C	D	E	F	G	H	I	J	K	L	M	N	O	P	Q	R	S	T	U	V	W	X	Y	Z	A
C	C	D	E	F	G	H	I	J	K	L	M	N	O	P	Q	R	S	T	U	V	W	X	Y	Z	A	B
D	D	E	F	G	H	I	J	K	L	M	N	O	P	Q	R	S	T	U	V	W	X	Y	Z	A	B	C
E	E	F	G	H	I	J	K	L	M	N	O	P	Q	R	S	T	U	V	W	X	Y	Z	A	B	C	D
F	F	G	H	I	J	K	L	M	N	O	P	Q	R	S	T	U	V	W	X	Y	Z	A	B	C	D	E
G	G	H	I	J	K	L	M	N	O	P	Q	R	S	T	U	V	W	X	Y	Z	A	B	C	D	E	F
H	H	I	J	K	L	M	N	O	P	Q	R	S	T	U	V	W	X	Y	Z	A	B	C	D	E	F	G
I	I	J	K	L	M	N	O	P	Q	R	S	T	U	V	W	X	Y	Z	A	B	C	D	E	F	G	H
J	J	K	L	M	N	O	P	Q	R	S	T	U	V	W	X	Y	Z	A	B	C	D	E	F	G	H	I
K	K	L	M	N	O	P	Q	R	S	T	U	V	W	X	Y	Z	A	B	C	D	E	F	G	H	I	J
L	L	M	N	O	P	Q	R	S	T	U	V	W	X	Y	Z	A	B	C	D	E	F	G	H	I	J	K
M	M	N	O	P	Q	R	S	T	U	V	W	X	Y	Z	A	B	C	D	E	F	G	H	I	J	K	L
N	N	O	P	Q	R	S	T	U	V	W	X	Y	Z	A	B	C	D	E	F	G	H	I	J	K	L	M
O	O	P	Q	R	S	T	U	V	W	X	Y	Z	A	B	C	D	E	F	G	H	I	J	K	L	M	N
P	P	Q	R	S	T	U	V	W	X	Y	Z	A	B	C	D	E	F	G	H	I	J	K	L	M	N	O
Q	Q	R	S	T	U	V	W	X	Y	Z	A	B	C	D	E	F	G	H	I	J	K	L	M	N	O	P
R	R	S	T	U	V	W	X	Y	Z	A	B	C	D	E	F	G	H	I	J	K	L	M	N	O	P	Q
S	S	T	U	V	W	X	Y	Z	A	B	C	D	E	F	G	H	I	J	K	L	M	N	O	P	Q	R
T	T	U	V	W	X	Y	Z	A	B	C	D	E	F	G	H	I	J	K	L	M	N	O	P	Q	R	S
U	U	V	W	X	Y	Z	A	B	C	D	E	F	G	H	I	J	K	L	M	N	O	P	Q	R	S	T
V	V	W	X	Y	Z	A	B	C	D	E	F	G	H	I	J	K	L	M	N	O	P	Q	R	S	T	U
W	W	X	Y	Z	A	B	C	D	E	F	G	H	I	J	K	L	M	N	O	P	Q	R	S	T	U	V
X	X	Y	Z	A	B	C	D	E	F	G	H	I	J	K	L	M	N	O	P	Q	R	S	T	U	V	W
Y	Y	Z	A	B	C	D	E	F	G	H	I	J	K	L	M	N	O	P	Q	R	S	T	U	V	W	X
Z	Z	A	B	C	D	E	F	G	H	I	J	K	L	M	N	O	P	Q	R	S	T	U	V	W	X	Y

例 2-5　设 $m=6$，$K=$GOOGLE，明文串为 BUYYOUTUBE，用 Vigenere 密码求密文。

【解】　密钥 GOOGLE 分别对应的数字为 6、14、14、6、11、4，

明文 BUYYOUTUBE 分别对应的数字为 1、20、24、24、14、20、19、20、1、4。

根据加密公式得

$$\begin{aligned} e_k(x_1,x_2,\cdots,x_m) &= (x_1+k_1,x_2+k_2,\cdots,x_m+k_m) \bmod 26 \\ &= (1+6,\ 20+14,\ 24+14,\ 24+6,\ 14+11,\ 20+4, \\ &\quad\ 19+6,\ 20+14,\ 1+14,\ 4+6) \bmod 26 \\ &= (7、8、12、4、25、24、25、8、15、10) \end{aligned}$$

对应的字母分别为 H、I、M、E、Z、Y、Z、I、P、K，

即密文为 HIMEZYZIPK。

通过查表 2-2 也能得到相同的答案。

在多表代替密码下，原来明文中的统计特性通过多个表的平均作用而被隐蔽了起来。多表代替密码的破译要比单表代替密码的破译难得多。但由于其还是相对简单，可以通过分析密文中字母重复的情况来确定多表代替密码的准确周期，即密钥字母的个数，再通过频率分析法来破译。

例如密钥为 dog，明文为 to be or not to be，用 Vigenere 密码加密的密文如下。

明文	t	o	b	e	o	r	n	o	t	t	o	b	e
密钥	d	o	g	d	o	g	d	o	g	d	o	g	d
密文	**w**	**c**	**h**	**h**	c	x	q	c	z	**w**	**c**	**h**	**h**

在密文中字符串 wchh 重复了两次，其间个数为 9 个字符。这个距离是密钥长度的倍数，可能的密钥长度是 1、3、9。判定了长度之后就可以用频率分析法来破译单表代替密码了。多表代替密码的破解原因主要是密钥的长度太短。

2.1.4　多表代替密码——Vernam 密码

美国电话电报公司的 Gilbert Vernam 在 1917 年为电报通信设计了一种简单方便的密码，即 Vernam 密码。

加密原理是将明文和密钥分别变换为二进制字符流，然后将明文流和密文流对位进行异或处理得到密文。

例 2-6　明文 $P=01100001$，密钥 $K=01001110$，用 Vernam 密码求密文。

【解】　密文 $C=P\oplus K$，即

$$\begin{array}{r} 01100001 \\ \oplus\ \underline{01001110} \\ 00101111 \end{array}$$

密文为 00101111。

解密 Vernam 密码用公式 $P=C\oplus K$ 即可实现。

2.1.5　多表代替密码——Hill 密码

Hill 体制是 1929 年由 Lester S. Hill 发明的，它实际上就是利用了我们熟知的线性变

换方法,是在 Z_{26} 上进行的。Hill 体制的基本思想是将 n 个明文字母通过线性变换转化为 n 个密文字母,解密时只需做一次逆变换即可,密钥就是变换矩阵。

设明文 $\boldsymbol{m}=(m_1+m_2,\cdots,m_n)\in Z_{26}^n$,密文 $\boldsymbol{c}=(c_1,c_2,\cdots,c_n)\in Z_{26}^n$,密钥为 Z_{26} 上的 $n\times n$ 阶可逆方阵 $\boldsymbol{K}=(k_{ij})_{n\times n}$,则

$$\text{加密}\quad \text{密文}\ \boldsymbol{c}=\boldsymbol{mK} \bmod 26$$

$$\text{解密}\quad \text{明文}\ \boldsymbol{m}=\boldsymbol{cK}^{-1} \bmod 26$$

具体过程如下。

(1) 假设要加密的明文是由 26 个字母组成的。

(2) 将每个字符与 0～25 的一个数字一一对应起来。

(例如,a/A 对应 0,b/B 对应 1,…,z/Z 对应 25。)

(3) 选择一个加密矩阵 $\boldsymbol{A}_{n\times n}$,其中矩阵 $\boldsymbol{A}$ 必须是可逆矩阵,例如

$$\boldsymbol{A}=\begin{bmatrix}7 & 1 & 1 & 5 & 5\\0 & 23 & 18 & 7 & 5\\1 & 10 & 6 & 9 & 2\\16 & 9 & 23 & 21 & 0\\21 & 13 & 7 & 22 & 15\end{bmatrix}$$

(4) 将明文字母分别依照次序每 n 个一组(如果最后一组不足 n 个的话,就将其补成 n 个),依照字符与数字的对应关系得到明文矩阵 $\text{ming}_{\text{len}/n\times n}$。

(5) 通过加密矩阵 $\boldsymbol{A}$,利用矩阵乘法得到密文矩阵 $\text{mi}_{\text{len}/n\times n}=\text{ming}_{\text{len}/n\times n}\times\boldsymbol{A}_{n\times n} \bmod 26$。

(6) 将密文矩阵的数字与字符对应起来,得到密文。

(7) 解密时利用加密矩阵的逆矩阵 $\boldsymbol{A}^{-1}$ 和密文,可得到明文。

例如:随机产生一个 5 阶加密方阵

$$\boldsymbol{A}=\begin{bmatrix}7 & 1 & 1 & 5 & 5\\0 & 23 & 18 & 7 & 5\\1 & 10 & 6 & 9 & 2\\16 & 9 & 23 & 21 & 0\\21 & 13 & 7 & 22 & 15\end{bmatrix}$$

得到方阵 $\boldsymbol{A}$ 的逆矩阵

$$\boldsymbol{A}^{-1}=\begin{bmatrix}7 & 18 & 4 & 21 & 10\\23 & 7 & 24 & 18 & 1\\12 & 9 & 3 & 20 & 19\\15 & 18 & 23 & 25 & 12\\12 & 4 & 13 & 13 & 9\end{bmatrix}$$

加密过程如下。

输入明文 Hill cipher is one of my favorite cipher,

分组为 Hillc ipher isone ofmyf avori tecip her(aa),

加密得到密文 SKSXAQERQQYDVDGBKNVSMWZATGIAPDOJBIO。

解密过程如下。

输入密文 SKSXAQERQQYDVDGBKNVSMWZATGIAPDOJBIO,

解密得到密文 HILLCIPHERISONEOFMYFAVORITECIPHERAA。

2.1.6　多表代替密码——福尔摩斯密码

福尔摩斯密码在很多文学作品中都有描述，这里介绍一下亚瑟柯南道尔所写的广为流传的神奇故事——《福尔摩斯探案集之人形密码》，大名鼎鼎的福尔摩斯通过破解加密体制，展示了他非凡的聪明才智。下面是故事中关于密码部分的概要。

希尔顿最近结婚了，他给福尔摩斯发去了一封信，信中有一张纸是他在花园中发现的，这张纸是用跳舞的棒形小人所写的。

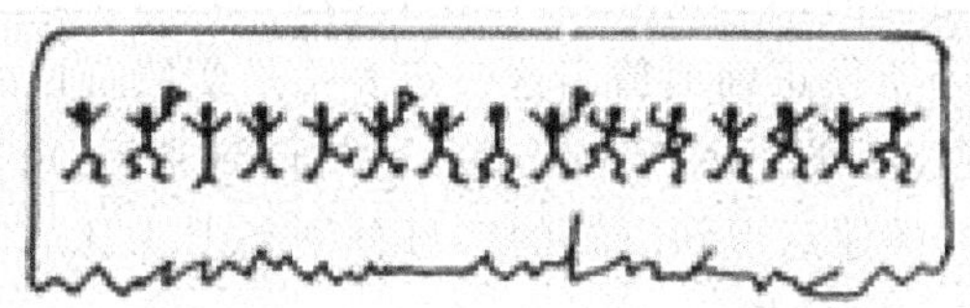

两个星期后，又发现有人用粉笔在他的工具间的门上写下了另外一些小人的信息。

两天以后，又出现了另外的信息。

又过了三天，另一幅小人图出现了。

希尔顿将所有这些小人图拷贝了一份给福尔摩斯，他花了两天的时间进行了大量的计算，马上发了一封电报，但两天过去了却没有收到电报的回音，随后收到希尔顿发来的另外一封信。

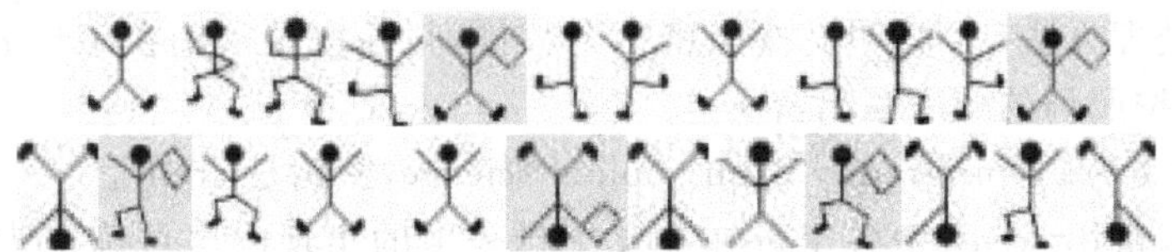

第二天，当福尔摩斯到达希尔顿家时，发现他已被枪杀，他的妻子也受了枪伤并且情况危险。福尔摩斯问了几个问题，并让人给附近农场的艾博送去了一张字条。随后福尔摩斯向警察解释了他是如何解密这些信息的。

首先，他猜测小人手中的旗表示单词结束；

其次他注意到最普通的人是：　。

而通常 26 个英文字母中出现频率最高的字母是 E，因此很可能是 E，第四个图表示-E-E-信息，很可能是 LEVER、NEVER、SEVER 等含义，但因为很可能这是用一个单词来回复以前的信息，福尔摩斯猜测它是 NEVER。

再次，福尔摩斯观察下面的信息。

有形如 E—E 的形式，它很可能是 ELSIE，第三个信息就是—E ELSIE，福尔摩斯想尽了各种组合，最后得出 COME ELSIE 是唯一一种可能的情况。因此第一条信息是-M-ERE--E SL-NE-，福尔摩斯猜测第一个字母是 A，第三个字母是 H，这就表示信息 AM HERE A-ESLANE-，它完整的内容应该是 AM HERE ABE SLANEY。第二条信息就是 A- ELRI-ES，当然，福尔摩斯很正确地猜出这一定表明是艾博所在的地方，仅剩余的字母表明的相当完整的短句就是 AT ELRIGES，当最后一封信到来后，解密出是 ELSIE-RE-ARE TO MEET THY GO-，这样他意识到空缺的字母分别是 P、P、D，于是他开始非常关注，这也就是后来他决定去找希尔顿的原因。

随后，福尔摩斯设局引出凶手艾博。在审讯的过程中，他承认是他开的枪，并说是希尔顿妻子的父亲琼在芝加哥指使的，使用的也是他的枪，但为什么艾博又掉进了福尔摩斯设的圈套呢？福尔摩斯拿出他写的字条。

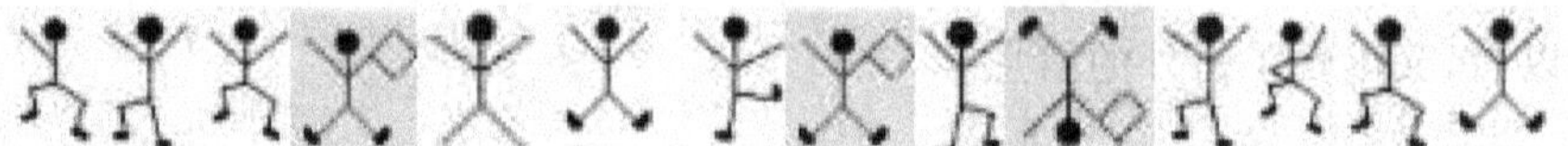

从字母中已经可以推测出，信息的含义是 COME HERE AT ONCE!

2.2　换位密码

换位就是重新排列消息中的字母，以便打破密文的结构特性，即它交换的不再是字符本身，而是字符被书写的位置。换位分为列换位和周期换位。

2.2.1　列换位

列换位的处理方法是：将明文按照密钥个数排列，并按照密钥在字母表中的顺序变换列的顺序，最后按照列的顺序写出密文。

例 2-7　明文为 cryptography is an applied science，密钥是 creny。

【解】　根据密钥 creny 中各字母在英文字母表中的出现次序可确定为：14235。将明文按照密钥的长度 5 列逐行列出。

1	4	2	3	5
c	r	y	p	t
o	g	r	a	p
h	y	i	s	a
n	a	p	p	l
i	e	d	s	c
i	e	n	c	e

然后依照密钥决定的次序按列依次读出，因此密文为

cohnii yripdn paspsc rgyaee tpalce。

如果明文不是密钥的整数倍数，那么也需要用其他字母代替，但需要事先进行约定。

2.2.2 周期换位

周期换位的处理方法是：将明文按照密钥个数分组，并按照密钥在字母表中的顺序变换组内字母的顺序，得到密文。

例 2-8 明文为 can you understand，密钥是 fork，求密文。

【解】 根据密钥 fork 中各字母在英文字母表中的出现次序可确定为 1342。将明文按照密钥的顺序可以得到密文。

密钥顺序	1342	1342	1342	1342
分组	cany	ouun	ders	tand
密文	cyan	onuu	dser	tdan

即密文为 cyanonuudsertdan。

如果明文不是密钥的整数倍数，同样需要事先约定用其他字母代替。

在古典密码中，无论是换位密码还是代替密码都是相对简单的密码体制，但其原理与近代密码相似，为近代密码奠定了很好的设计基础。在密码体制设计过程中，一定要遵从 Kerckhoffs 假设。

所谓 Kerckhoffs 假设，即为一个密码系统的安全强度只能依赖于密钥的保密，而不是加密算法的保密。如果依赖于攻击者不知道算法的内部机理，则注定会失败。

有两点需要注意。

第一，一个加密算法是无条件安全的，如果算法产生的密文不能给出唯一决定相应明文的足够信息。此时无论敌手截获多少密文、花费多少时间，都不能解密密文。

第二，Shannon 指出，仅当密钥至少和明文一样长时，才能达到无条件安全。也就是说除了一次一密方案外，再无其他加密方案是无条件安全的。因此，加密算法只要满足以下两条准则之一即可。

(1) 破译密文的代价超过被加密信息的价值。

(2) 破译密文所花的时间超过信息的有用期。

满足以上两个准则的加密算法称为计算上是安全的。

安全不是一种可以证明的特性，只能说在某些已知攻击下是安全的，对于将来的新的攻击是否仍安全就很难断言。

习 题

1. 单表代替和多表代替的区别是什么？
2. 周期换位和列换位的区别是什么？
3. 用 Playfair 密码加密明文 playfair cipher，密钥是 PLAYFAIR IS A DIGRAM CIPHER。
4. 用 Vigenere 密码加密明文 We are discovered save yourself，密钥是 deceptive。

第3章 密码学数学基础

在现代密码体制中，构建、分析和攻击这些密码体制都需要用到数学理论，包括数论、有限域、群论等，其中数论是应用最广泛的数学理论。

3.1 素 数

3.1.1 整除

定义 3-1 设整数 a,b,且 $b\neq 0$。如果存在整数 m,使 $a=mb$,那么就说,a 能被 b 整除,记为 $b|a$,称 b 为 a 的除数。

如 3|15；－15|60。

具有如下性质。

(1) 如果 $a|1$,则 $a=\pm 1$。

(2) 如果 $a|b$ 且 $b|a$,则 $a=\pm b$。

(3) 对任一非 0 整数 b,$b|0$,$b|b$,$1|b$ 均成立。

(4) 如果 $a|b$ 且 $b|c$,则 $a|c$ 成立。

【证明】 设 $b=k_1\times a$,$c=k_2\times b$,则 $c=k_1\times k_2\times a$。

(5) 如果 $b|g$ 且 $b|h$,则对任意整数 m、n,有 $b|(mg+nh)$。

【证明】 设 $g=b\times g_1$,$h=b\times h_1$,则

$$mg+nh=mg_1b+nh_1b=(mg_1+nh_1)b,$$

即

$$b\mid(mg+nh)$$

3.1.2 素数

定义 3-2 如果正整数 $P>1$ 只能被 1 和它本身整除,则该数为素数(也叫质数)。

100 以内的素数有 25 个,分别是 2、3、5、7、11、13、17、19、23、29、31、37、41、43、47、53、59、61、67、71、73、79、83、89 和 97。

1000 以内的素数如表 3-1 所示。

表 3-1 1000 以内的素数

2	3	5	7	11	13	17	19	23	29
31	37	41	43	47	53	59	61	67	71
73	79	83	89	97	101	103	107	109	113
127	131	137	139	149	151	157	163	167	173
179	181	191	193	197	199	211	223	227	229
233	239	241	251	257	263	269	271	277	281
283	293	307	311	313	317	331	337	347	349

续表

353	359	367	373	379	383	389	397	401	409
419	421	431	433	439	443	449	457	461	463
467	479	487	491	499	503	509	521	523	541
547	557	563	569	571	577	587	593	599	601
607	613	617	619	631	641	643	647	653	659
661	673	677	683	691	701	709	719	727	733
739	743	751	757	761	769	773	787	797	809
811	821	823	827	829	839	853	857	859	863
877	881	883	887	907	911	919	929	937	941
947	953	967	971	977	983	991	997		

定理 3-1　任何大于 1 的整数 a 都可以分解成素数幂之积，且唯一。

$$a = p_1^{a_1} \times p_2^{a_2} \times \cdots \times p_t^{a_t} \tag{3-1}$$

其中，$P_1 < P_2 < \cdots < P_t$ 为素数，a_i 为正整数。

例如

$$77 = 7^1 \times 11^1, 504 = 2^3 \times 3^2 \times 7$$

公式(3-1)也可以表示为

$$a = \prod_p p^{a_P} (a_P \geqslant 0)$$

即数 a 是所有素数的乘积。当然，大多的 a_P 都为 0。这样表述的优点在于：两个数的乘法等于对应素数指数的加法。

例如 $6=2\times3, 18=2\times3^2$，则 $6\times18=2^2\times3^3$。

对于 $a|b$，它们的素数因子关系为

$$a|b \rightarrow a_p < b_p \text{（对每一项的素数都如此）}$$

素数在密码学中具有重要的作用，尤其是在非对称密码体制中，经常用到很大的素数。

2008 年 9 月，德国人发现的素数为 1300 万位的整数，用 5 号铅字将其印刷，它的长度将达到 30 英里长。

3.1.3　最大公约数

定义 3-3　a 和 b 的最大公约数是能够同时整除 a 和 b 的最大正整数，记为 $\gcd(a,b)$。

例如 $\gcd(6,4)=2$；$\gcd(3,7)=1$。

如果 $\gcd(a,b)=1$，那么就说 a 和 b 是互素的。

下面分析如何求解两个数的最大公约数。

(1) 对于不是很大的数，利用素数来求解。

例如

$$1728 = 2^6 \times 3^3, 135 = 3^3 \times 5$$

则

$$\gcd(1728, 135) = 3^3 = 27$$

(2) 对于很大的数，将其分解为素数乘积的形式比较困难，可以用欧几里得算法进行求解。

$$\gcd(a,b)=\gcd(b,a \bmod b) \tag{3-2}$$

例如

$$\begin{aligned}\gcd(12345,1111)&=\gcd(1111,124)=\gcd(124,5)\\&=\gcd(5,4)=\gcd(4,1)=\gcd(1,0)\end{aligned}$$

到最后的 $a \bmod b=0$ 为止,则最后的 b 为所求,所以12345与1111的最大公约数为1,即它们是互素的。

3.2 模 运 算

定义 3-4 令整数 a、b 及 $n\neq0$,若 $a-b=kn$(k 为任一整数),则称 a 在 mod n 下与 b 同余,记为 $a\equiv b \bmod n$。

例如 11 mod 7=4,4 mod 7=4,则

$$11\equiv 4 \bmod 7$$

模运算有如下性质。

(1) $a\equiv a \bmod n$。

(2) 若 $a\equiv b \bmod n$,则 $b\equiv a \bmod n$。

(3) 若 $a\equiv b \bmod n$ 且 $b\equiv c \bmod n$,则 $a\equiv c \bmod n$。

(4) 若 $a\equiv b \bmod n$ 且 $c\equiv d \bmod n$,则 $a+c\equiv(b+d) \bmod n$,
$a-c\equiv(b-d) \bmod n$,$ac\equiv(bd) \bmod n$。

(5) $(a+b) \bmod n=[(a \bmod n)+(b \bmod n)] \bmod n$,
$(a-b) \bmod n=[(a \bmod n)-(b \bmod n)] \bmod n$,
$(a\times b) \bmod n=[(a \bmod n)\times(b \bmod n)] \bmod n$。

(6) 若 $ac\equiv(bd) \bmod n$,$c\equiv d \bmod n$ 且 $\gcd(c,n)=1$,则 $a\equiv b \bmod n$。

(7) 若 $\gcd(a,n)=1$,则存在唯一整数 b,$0<b<n$ 且 $\gcd(b,n)=1$,使得 $ab\equiv1 \bmod n$。此时 a 称为 b 在 mod n 下的反元素;b 称为 a 在 mod n 下的反元素。

(8) 若 $ax\equiv1 \bmod n$ 有解,则 $\gcd(a,n)=1$。

例 3-1 计算 $11^7 \bmod 13$。

【解】 利用

$$(a\times b) \bmod n=[(a \bmod n)\times(b \bmod n)] \bmod n$$

得

$$\begin{aligned}11^7 \bmod 13=(11\times11^2\times11^4) \bmod 13&=(11\times4\times3) \bmod 13\\&=132 \bmod 13\\&=2\end{aligned}$$

例 3-2 证明 $5^{60}-1$ 是56的倍数。

该问题等价于 $5^{60} \bmod 56=1$。

【证明】 $5^3 \bmod 56=13$

$5^6 \bmod 56=13^2 \bmod 56=1$

$5^{60} \bmod 56=1^{10} \bmod 56=1$

即 $5^{60}-1$ 是 56 的倍数。

3.3 模逆元

在密码学中，经常用到模逆元。

定义 3-5 模逆元是指寻找一个最小正整数 x，使 $ax \equiv 1 \bmod n$，这里 a、n 都为正整数，且 a 与 n 互素，x 称为 a 的模 n 逆元，记为 $x=a^{-1} \bmod n$。

如果 a 与 n 不互素，那么不存在 x，使 $ax \equiv 1 \bmod n$。

模逆元的计算可以通过扩展欧几里得算法实现。

扩展欧几里得算法可以描述如下。

(1) $(X_1, X_2, X_3) \leftarrow (1, 0, n)$；$(Y_1, Y_2, Y_3) \leftarrow (0, 1, a)$。

(2) 如果 $Y_3=0$，返回 $X_3=\gcd(a,n)$；无逆元。

(3) 如果 $Y_3=1$，返回 $Y_3=\gcd(a,n)$；$Y_2=a^{-1} \bmod n$。

(4) $Q=\lfloor X_3/Y_3 \rfloor$(即除数，并往下取整)。

(5) $(T_1, T_2, T_3) \leftarrow (X_1-QY_1, X_2-QY_2, X_3-QY_3)$。

(6) $(X_1, X_2, X_3) \leftarrow (Y_1, Y_2, Y_3)$。

(7) $(Y_1, Y_2, Y_3) \leftarrow (T_1, T_2, T_3)$。

(8) 返回到第(2)步。

如果有逆元，Y_2 为逆元，$Y_3=\gcd(a,n)$ 是 a 和 n 的最大公约数。

例 3-3 用扩展欧几里得算法求 gcd(7,26)和 $7^{-1} \bmod 26$。

【解】

Q	X_1	X_2	X_3	Y_1	Y_2	Y_3
	1	0	26	0	1	7
3	0	1	7	1	−3	5
1	1	−3	5	−1	4	2
2	−1	4	2	3	−11	1

所以 $\gcd(7,26)=1$，$7^{-1} \bmod 26= -11 \bmod 26=15$。

3.4 费马欧拉定理

3.4.1 费马定理

定理 3-2(费马定理 1) 如果 p 是素数，且 p 不能被 a 整除，那么 $a^{p-1} \equiv 1 \bmod p$。

例如：$a=5$，$p=11$。

$$
\begin{aligned}
a^{p-1} \bmod p &= 5^{10} \bmod 11 = (5^3 \times 5^3 \times 5^3 \times 5) \bmod 11 \\
&= (64 \times 5) \bmod 11 \\
&= 45 \bmod 11 \\
&= 1
\end{aligned}
$$

定理 3-3(费马定理 2)　如果 p 是素数,a 是正整数,且 $\gcd(a, p)=1$,那么 $a^p \equiv a \bmod p$。例如:

$$a = 2,\quad p = 5,\quad a^p \bmod p = 2^5 \bmod 5 = 32 \bmod 5 = 2$$

3.4.2 欧拉定理

定义 3-6　当 $m>1$ 时,欧拉函数 $\varphi(m)$ 表示比 m 小,且与 m 互素的正整数个数。

例如:$m=12$,比 12 小且与 12 互素的正整数为 1、5、7、11,所以

$$\varphi(12)=4$$

欧拉函数具有如下性质。

(1) 当 m 是素数时,$\varphi(m)=m-1$,即比 m 小的所有正整数,如 $\varphi(11)=10$。

(2) 当 $m=pq$,且 p、$q(p\neq q)$ 均为素数时,$\varphi(m)=\varphi(p)\varphi(q)=(p-1)(q-1)$。

【证明】　$m=pq$,比 m 小的正整数的集合 $Z=\{1、2、\cdots、pq-1\}$。

在集合 Z 中,与 m 不互素的数为 p 的倍数和 q 的倍数。

p 的倍数的集合为$\{p、2p、\cdots、(q-1)p\}$,共$(q-1)$个数。

q 的倍数的集合为$\{q、2q、\cdots、(p-1)q\}$,共$(p-1)$个数。

所以,

$$\varphi(m) = (pq-1)-(q-1)-(p-1) = (p-1)\times(q-1) = \varphi(p)\varphi(q)$$

例如:

$$m = 15 = 3\times 5,\quad \varphi(m) = 2\times 4 = 8$$

比 15 小且与 15 互素的正整数为 1、2、4、7、8、11、13、14,所以 $\varphi(15)=8$。

(3) 当 $m=p^2$,且 p 为素数时,$\varphi(m)=p(p-1)$。

【证明】　$m=p^2$,比 m 小的正整数的集合 $Z=\{1、2、\cdots、p^2-1\}$。

在集合 Z 中,与 m 不互素的数为 p 的倍数。

p 的倍数的集合为$\{p、2p、\cdots、(p-1)p\}$,共$(p-1)$个数。

所以,

$$\varphi(m) = (p^2-1)-(p-1) = p(p-1)$$

例如

$$m = 9 = 3^2,\quad \varphi(m) = 3\times 2 = 6$$

比 9 小且与 9 互素的正整数为 1、2、4、5、7、8,所以 $\varphi(9)=6$。

当计算一个数的欧拉函数 $\varphi(m)$ 时,可以采用如下两个公式进行计算。

① 若一个数 m 可以写成 $m=p_1^{e_1}\times p_2^{e_2}\times\cdots\times p_t^{e_t}$ (p_i 为素数),则

$$\varphi(m) = \prod_{i=1}^{t} p_i^{e_i-1}(p_i-1) \tag{3-3}$$

例如:

$$m = 120 = 2^3\times 3\times 5,$$
$$\varphi(m) = 2^2\times(2-1)\times(3-1)\times(5-1) = 32$$

② 对任一正整数 m,若其可写成 $p_1^{e_1}\times p_2^{e_2}\times\cdots\times p_t^{e_t}$,则

$$\varphi(m) = m\times\prod^{P_i}\left(1-\frac{1}{p_i}\right) \tag{3-4}$$

例如：

$$m = 120,$$

$$\varphi(m) = 120 \times \left(1-\frac{1}{2}\right)\left(1-\frac{1}{3}\right)\left(1-\frac{1}{5}\right) = 32$$

定理 3-4(欧拉定理)　对于任何互素的两个整数 a 和 n，有 $a^{\varphi(n)} \equiv 1 \bmod n$。

欧拉定理具有如下性质。

(1) 当 n 为素数时，欧拉定理相当于费马定理；

(2) $a^{\varphi(n)+1} \equiv a \bmod n$；

(3) $[a^{\varphi(n)}]^k \equiv 1 \bmod n$。

例如：$a=7, n=10$。$\varphi(10)=4, 7^4 \bmod 10=1$。

例 3-4　求 7^{803} 的后三位数字。

【解】　原题等价于 $7^{803} \bmod 1000$，

$1000=2^3 \times 5^3$，所以 $\varphi(1000)=1000\times\left(1-\frac{1}{2}\right)\left(1-\frac{1}{5}\right)=400$。

由于 7 与 1000 互素，根据欧拉定理得

$$7^{\varphi(1000)} \bmod 1000=1$$

$$7^{400} \bmod 1000=1$$

所以

$$7^{803} \bmod 1000 = (7^3 \times 7^{400} \times 7^{400}) \bmod 1000 = 343,$$

即 7^{803} 的后三位数字为 343。

3.4.3　本原元

定义 3-7　对于任何互素的两个整数 a 和 n，在方程 $a^m=1 \bmod n$ 中，至少有一个正整数 m 满足这一方程(因为 $\varphi(n)$ 是其中的一个解)，那么，最小的正整数解 m 为模 n 下 a 的阶。如果 a 的阶 $m=\varphi(n)$，称 a 为 n 的本原元。

例如：$a=7, n=10, \varphi(10)=4$。

在方程 $7^m=1 \bmod 10$ 中，$7^1=7 \bmod 10, 7^2=9 \bmod 10, 7^3=3 \bmod 10, 7^4=1 \bmod 10$，而 $\varphi(10)=4$，所以 7 为 10 的本原元。

例如：$a=7, n=19, \varphi(19)=18$。

在方程 $7^m=1 \bmod 19$ 中，$7^1=7 \bmod 19, 7^2=11 \bmod 19, 7^3=1 \bmod 19$，而 $\varphi(19)=18$，所以 7 不是 19 的本原元。

这里需要注意两点。

(1) 一个数的本原元不唯一；

(2) 有些数没有本原元。

例如：$a=2, n=19, \varphi(19)=18$。

经过计算 2 是 19 的本原元。同理，3、10、13、14、15 都是 19 的本原元。

例如：$a=3, n=8, \varphi(8)=4$。

经过计算 3 不是 8 的本原元。同理 5 和 7 也不是 8 的本原元，所以 8 没有本原元。

概括地说，只有 2、4、p^a、$2p^a$ 有本原元，其中 a 为正整数，p 为奇素数。

3.5 中国余数定理

孙子算经

今有物不知其数,三三数之剩二,五五数之剩三,七七数之剩二,问物几何?

其含义其实是求正整数解 x 满足

$$\begin{cases} x = 2 \bmod 3 \\ x = 3 \bmod 5 \\ x = 2 \bmod 7 \end{cases}$$

定理 3-5 令 $n_1, n_2, \cdots, n_t$ 为两两互质的正整数, $N = \prod_{i=1}^{t} n_i$, 则 $x = a_1 \bmod n_1 = a_2 \bmod n_2 = \cdots = a_t \bmod n_t$ 在$[0, N-1]$中有唯一解,称为中国余数定理。

下面来分析如何求中国余数定理的解。

令 $N_i = \frac{N}{n_i}$, 则 $x = \sum_{i=1}^{t} N_i \times y_i \times a_i \bmod N$, 其中

$$N_i \times y_i = 1(\bmod n_i),$$

亦即

$$y_i = N_i^{-1} \bmod n_i$$

孙子算经之例子解法如下。

$$N = 3 \times 5 \times 7 = 105$$

$$N_1 = 5 \times 7 = 35, \quad N_2 = 3 \times 7 = 21, \quad N_3 = 3 \times 5 = 15$$

$$35 \times y_1 = 1 \bmod 3 \Rightarrow y_1 = 2$$

$$21 \times y_2 = 1 \bmod 5 \Rightarrow y_2 = 1$$

$$15 \times y_3 = 1 \bmod 7 \Rightarrow 1$$

所以,

$$x = 35 \times 2 \times 2 + 21 \times 1 \times 3 + 15 \times 1 \times 2 = 23 \bmod 105$$

中国余数定理的计算可以总结为:

给定 a_1, a_2, n_1, n_2 且 $n_1 < n_2$, $\gcd(n_1, n_2) = 1$, 求 x, 使得 $0 \leqslant x < n_1 \cdot n_2$ 并满足 $x = a_1 \bmod n_1 = a_2 \bmod n_2$。

解法如下。

首先,求出 u 满足 $u \cdot n_2 = 1 \bmod n_1$。

(1) 若 $a_1 \geqslant (a_2 \bmod n_2)$,则

$$x = (((a_1 - (a_2 \bmod n_1)) \cdot u) \bmod n_1) \cdot n_2 + a_2$$

(2) 若 $a_1 < (a_2 \bmod n_2)$,则

$$x = (((a_1 + n_1 - (a_2 \bmod n_1)) \cdot u) \bmod n_1) \cdot n_2 + a_2$$

在非对称密码算法 RSA 中,利用中国余数定理可以使得解密速度快约四倍。应用中国余数定理可解决安全广播系统、密钥确认、存取控制等问题。

3.6　单向函数与单向暗门函数

一个单向函数 $f:X\rightarrow Y$，应满足下列条件。

(1) 对任一 $x\in X$，可以很容易算出 $y=f(x)$；

(2) 给定任一 $y\in Y$，算出 x 满足 $y=f(x)$ 是计算上不可行的。

一个单向暗门函数 $f:X\rightarrow Y$，应满足下列条件。

(1) 对任一 $x\in X$，可以很容易算出 $y=f(x)$；

(2) 给定任一 $y\in X$，算出 $x=f^{-1}(y)$ 为计算上不可行的；若知道某一个额外的秘密参数(称为暗门)，则可以很容易算出 $x=f^{-1}(y)$。

单向函数的应用如将某一个秘密值转换成一个公开值，而任何人无法从公开值中求得该秘密值。例如，将密钥转换成一个公开值存放于一个公开目录中，握有真正密钥的人可以将其密钥先经过单向函数转换后，再与存放于公开目录的公开值加以比对，而达到验证身份的目的。

单向暗门函数的应用如将某一个秘密值转换成一个公开值后，借由暗门可以将该公开值反解成原来的秘密值。例如，加解密运算的暗门为密钥。

例如，在多项式中，令 $y=f(x)=(a_0+a_1x+\cdots+a_{n-1}x^{n-1}+x^n) \bmod p$。若给定 a_0，a_1，…，a_n、p 和 x，很容易算出 $y=f(x)$。但若给定 a_0，a_1，…，a_n、p 和 y，欲求出 $f(x)$ 的根 x，则至少需要 $n^2(\log_2 p)^2$ 个乘法。当 n 与 p 很大时，求出 $f(x)$ 的根 x 是相当困难的。

再如，在离散对数中，令 p 为质数且 $p-1$ 含有一个大质因子 q。给定一整数 g、$1<g<p-1$ 与 x，计算 $y=g^x \bmod p$ 最多仅需 $\lfloor \log_2 x \rfloor + w(x)-1$ 个乘法，其中 $w(x)$ 表示二进制表示法中 x 内 1 的个数。反之，给定一整数 g 与 y，求出 x 满足 $y=g^x \bmod p$ 需要 $\exp\{[\ln p\ln(\ln p)]^{1/2}\}$ 次运算。

习　题

1. 一个数的本原根是什么？
2. 对两个连续的整数 n 和 $n+1$，为什么 $\gcd(n,n+1)=1$？
3. 利用 Fermat 定理计算 $3^{201} \bmod 11$。
4. 找出 25 的所有本原根。
5. 用扩展欧几里得算法求 $\gcd(7,31)$ 和 $7^{-1} \bmod 31$。
6. 利用中国余数定理求解下式。

$$\begin{cases} x\equiv 2 \bmod 3 \\ x\equiv 1 \bmod 5 \\ x\equiv 1 \bmod 7 \end{cases}$$

第 4 章　分组加密体制

4.1　分 组 密 码

4.1.1　分组密码概述

分组密码是将明文消息编码得到的数字序列划分成长为 n 的组，各组分别在密钥控制下变换成等长的输出数字序列。

在相同密钥下，分组密码对长为 n 的输入明文组所实施的变换是等同的，所以只需研究对任一组明文数字的变换规则。这种密码实质上是字长为 n 的数字序列的代换密码。分组密码原理图如图 4-1 所示。将明文转化为二进制后，对其分组，每组采用相同的加密体制，并分别得到密文，再转化成字符。

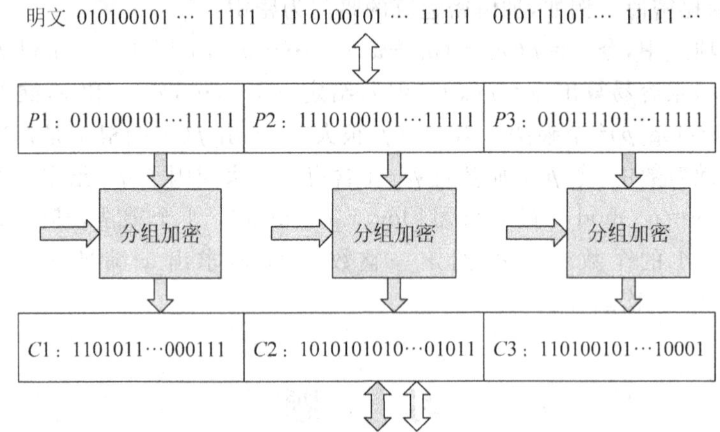

图 4-1　分组密码原理图

为了保证加密算法的安全性，对密码算法有如下要求。

1. 分组长度足够大

分组长度 n 要足够大，使分组代换字母表中的元素个数 2^n 足够大，防止明文穷举攻击法奏效。DES、IDEA 和 FEAL 等分组密码都采用 $n=64$，使穷举攻击很难实现。

2. 密钥量足够大

密钥量要足够大，尽可能消除弱密钥并使所有密钥同等的好，以防止密钥穷举攻击奏效。但密钥又不能过长，以便于密钥的管理。

3. 由密钥确定置换的算法要足够复杂

充分实现明文与密钥的扩散和混淆，没有简单的关系可循，能抗击各种已知的攻击，使对手破译时除了用穷举法外，无其他捷径可循。

4. 加密和解密运算简单，易于软件和硬件高速实现

在以软件实现时，应选用简单的运算，使作用于子段上的密码运算易于以标准处理器的基本运算，如加、乘、移位等实现；为了便于硬件实现，加密和解密过程之间的差别应仅在于由秘密密钥所生成的密钥表不同而已。这样，加密和解密就可用同一器件实现了。

4.1.2　分组密码设计思想

扩散和混淆是由 Shannon 提出的设计密码系统的两个基本方法，目的是抗击敌手对密码系统的统计分析。扩散是将明文的统计特性散布到密文中去，实现方式是使得明文的每一位影响密文中多位的值，等价于密文中每一位均受明文中多位影响；混淆是使密文和密钥之间的统计关系变得尽可能复杂，以使敌手无法得到密钥。

Horst Feistel(IBM Labs)在 20 世纪 70 年代初，设计了 Feistel 网络结构，提出利用乘积密码可获得简单的代换密码，乘积密码指顺序地执行两个或多个基本密码系统，使得最后结果的密码强度高于每个基本密码系统产生的结果。图 4-2 是 Feistel 的网络示意图。

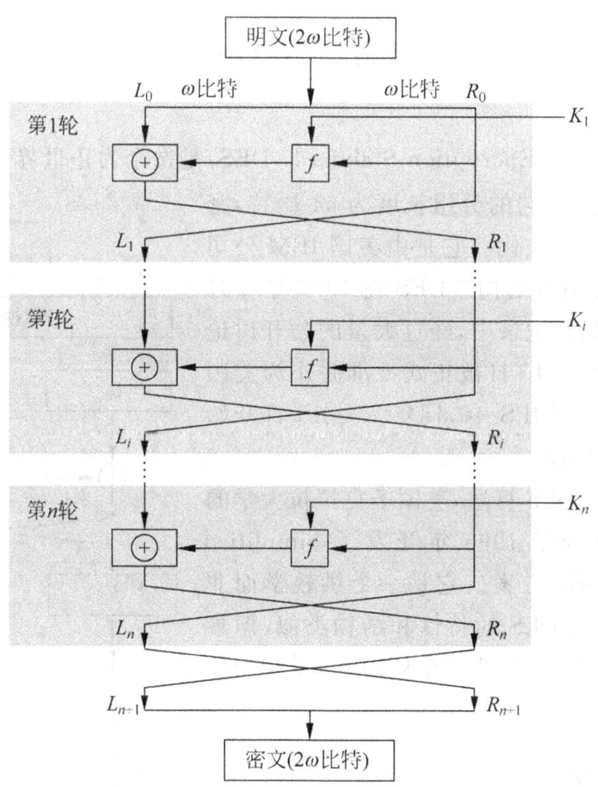

图 4-2　Feistel 的网络示意图

Feistel 网络中每轮结构都相同，每轮中右半数据被作用于轮函数 f 后，再与左半数据进行异或运算，这一过程就是上面介绍的代换。每轮的轮函数结构都相同，但以不同的子密钥 K 作为参数。代换过程完成后，再交换左、右两半数据，这一过程称为置换。这种结构是

Shannon 提出的代换-置换网络的特有形式。

Feistel 网络的实现与以下参数和特性有关。

1. 分组大小

分组越大则安全性越高,但加密速度就越慢。分组密码设计中最为普遍使用的分组大小是 64 比特。

2. 密钥大小

密钥越长则安全性越高,但加密速度就越慢。现在通常使用 128 比特的密钥长度。

3. 轮数

单轮结构远不足以保证安全性,多轮结构可提供足够的安全性。典型地,轮数取为 16。

4. 子密钥产生算法

该算法的复杂性越大,则密码分析的困难性就越大。

5. 轮函数

轮函数的复杂性越大,密码分析的困难性就越大。

4.2 S-DES

数据加密标准(Data Encryption Standard, DES)是迄今为止世界上最为广泛使用和流行的一种分组密码算法,它的分组长度为 64 比特,密钥长度为 56 比特,16 轮迭代。它是由美国 IBM 公司研制的,基于 Feistel 网络结构。DES 在 1975 年 3 月 17 日首次被公布在联邦记录中,经过大量的公开讨论后,DES 于 1977 年 1 月 15 日被正式批准并作为美国联邦信息处理标准,即 FIPS-46,同年 7 月 15 日开始生效,作为数据加密标准。

为了更好地理解 DES 算法,美国圣克拉拉大学的 Edward Schaefer 教授于 1996 年开发了 Simplified DES 方案,简称 S-DES 方案。它是一个供教学而非安全的加密算法,它与 DES 的特性和结构类似,但参数小,明文分组为 8 位,主密钥分组为 10 位,采用两轮迭代。

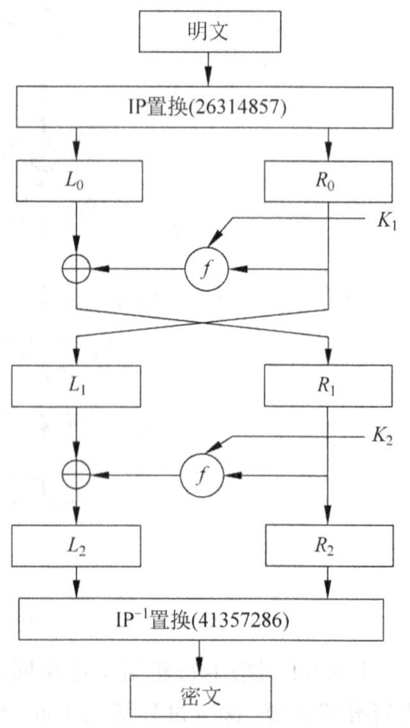

图 4-3　S-DES 的加密原理图

4.2.1　S-DES 加密原理

S-DES 的加密原理如图 4-3 所示。

S-DES 的具体实现步骤如下。

(1) 初始置换 IP。将 8 位的明文按照置换顺序(26314857)进行位置变化,置换后分为左 4 位 L_0 和右

4 位 R_0。

(2) 第一轮运算，R_0一方面直接输出作为下一轮的 L_1，另一方面作为 f 函数的输入与 8 位子密钥 K_1参与函数运算，运算结果与 L_0异或，结果作为下一轮的 R_1。

(3) 第二轮运算，R_1一方面直接输出作为下一轮的 R_2，另一方面作为 f 函数的输入与 8 位子密钥 K_2参与函数运算，运算结果与 L_1异或，结果作为下一轮的 L_2。

(4) 逆置换 IP^{-1}。

在 S-DES 的整个加密过程中，包含两个重要的组成部分，一个是子密码生成过程，一个是 f 函数结构。

4.2.2 S-DES 的子密码生成过程

在图 4-3 中的子密钥 K_1和 K_2，是由 10 位的主密钥产生的。S-DES 的子密钥生成过程如图 4-4 所示。

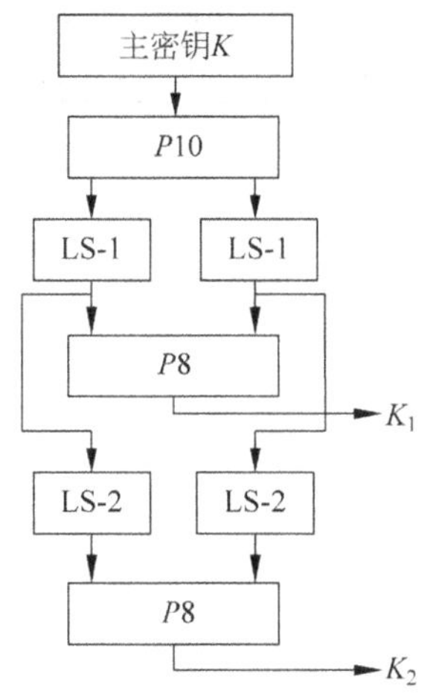

图 4-4　S-DES 的子密码生成过程

S-DES 子密钥生成过程是将一个 10 比特的主密钥 K 生成两个 8 比特的子密钥，其步骤如下。

(1) 主密钥 K 进行 $P10$ 置换(3、5、2、7、4、10、1、9、8、6)；

(2) 分成左 5 位和右 5 位，再分别进行 LS-1 操作(左循环 1 位)，其结果一方面作为下一轮的初始值，另一方面进行 $P8$ 置换(6、3、7、4、8、5、10、9)，得到 K_1($P8$ 相当于将 10 位截取成 8 位)；

(3) 再分别左循环 2 位，经过 $P8$ 置换，得到 K_2。

例 4-1　主密钥 K＝10100 00010，求子密钥 K_1和 K_2。

【解】

(1) 主密钥经过 $P10$ 置换得到 10000 01100；

(2) LS-1 操作得到 00001 11000；

(3) $P8$ 置换产生 K_1为 10100100；

(4) LS-2 操作得到 00100 00011；

(5) $P8$ 置换产生 K_2为 0100 0011。

所以，K_1为 10100100，K_2为 0100 0011。

4.2.3 S-DES 的 f 函数结构

S-DES 的 f 函数结构如图 4-5 所示。

S-DES 的 f 函数结构的具体实现步骤如下。

(1) E/P 扩展及置换。将 4 位 R_0或 R_1扩展为 8 位。

(2) 扩展后的 8 位与密钥 K_1或 K_2，输出 8 位。

(3) 左边 4 位作为 S_1盒输入，右边作为 S_2盒输入。

(4) 在 S_1和 S_2中，第一位与第四位结合形成 2 位代表 S 盒的行号，第二位与第三位结合形成 2 位代表 S 盒的列号，得到 S 盒的输出。S-DES 的 S 盒如表 4-1 所示。

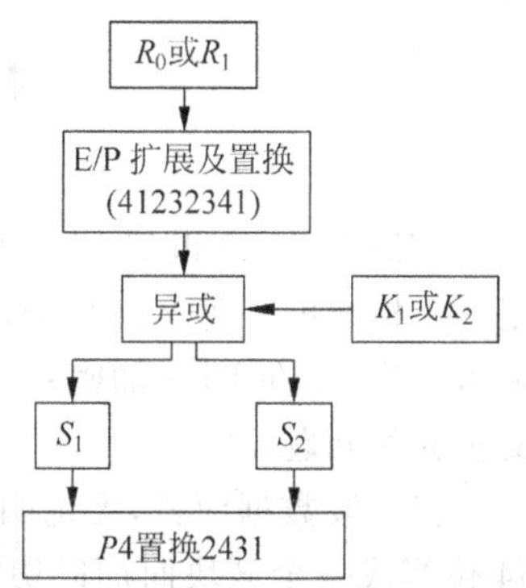

图 4-5　S-DES 的 f 函数结构

(5) 进行 $P4$ 置换,得到 f 函数的输出。

表 4-1 S-DES 的 S 盒

S_1	00	01	10	11	S_2	00	01	10	11
00	01	00	11	10	00	00	01	10	11
01	11	10	01	00	01	10	00	01	11
10	00	10	01	11	10	11	10	01	00
11	11	01	00	10	11	10	01	00	11

例 4-2 设 $R_0=0101$,$K_1=10100100$,求 f 函数的输出。

【解】

(1) E/P 扩展及置换得到 10101010;

(2) 与 K_1 异或得到 00001110;

(3)

S_1输入=0000 S_2输入=1110

S_1行号=00 S_1列号=00 S_1输出=01

S_2行号=10 S_2列号=11 S_2输出=00

(4) $P4$ 置换得到 f 输出=1000。

例 4-3 设主密钥 K=10100 00010,用 S-DES 加密明文字母 C。

【解】

(1) 计算子密钥。由例 4-1 的结果得 K_1为 10100100,K_2为 0100 0011。

(2) 字母 C 的 ASCII 码为 67,对应的二进制为 0100 0011。

(3) IP 置换得到 $L_0=1000$,$R_0=0101$。

(4) 第一轮,

$$f(R_0,\ K_1)=1000,\quad L_0\oplus f=1000\oplus 1000=0000$$

(5) $L_1=R_0=0101$, $R_1=0000$。

(6) 第二轮,

$$f(R_1,\ K_2)=1001,\quad L_1\oplus f=0101\oplus 1001=1100$$

(7) $L_2=1100$,$R_2=R_1=0000$。

(8) IP^{-1}置换得到 0100 0100(ASCII 码为 68,对应字母 D)。

4.3 美国数据加密标准

DES 是在 20 世纪 70 年代由美国 IBM 公司发展出来的,且被美国国家标准局公布为数据加密标准的一种区块加密法。所谓的区块加密法是对一定大小的明文或密文来做加密或解密动作,而在 DES 加密系统中,每次加密或解密的区块大小均为 64 位,因此 DES 没有密文扩充的问题。

就一般数据而言,无论明文或密文,其数据大小都大于 64 位。这时只要将明密文中每 64 位当成一个区块而加以切割,再对每一个区块做加密或解密即可。另一方面,DES 所用的加密或解密密钥也是 64 位大小,但其中有 8 个位是用来做错误更正的,所以 64 位中真正发挥密钥效用的只有 56 位。

DES 的设计准则如下。

(1) 随机性,输出与输入无规律;

(2) 雪崩效应,改变输入中的 1 位,会导致输出一半以上的位被改变;

(3) 完全性,每个输出位是所有输入位的一个复杂函数,而不是某个或某些位的函数;

(4) 非线性,加密函数和密钥之间是非线性的;

(5) 相关免疫性,明文和密文不存在相关性。

4.3.1 DES 加密原理

DES 加密算法的原理框图如图 4-6 所示。

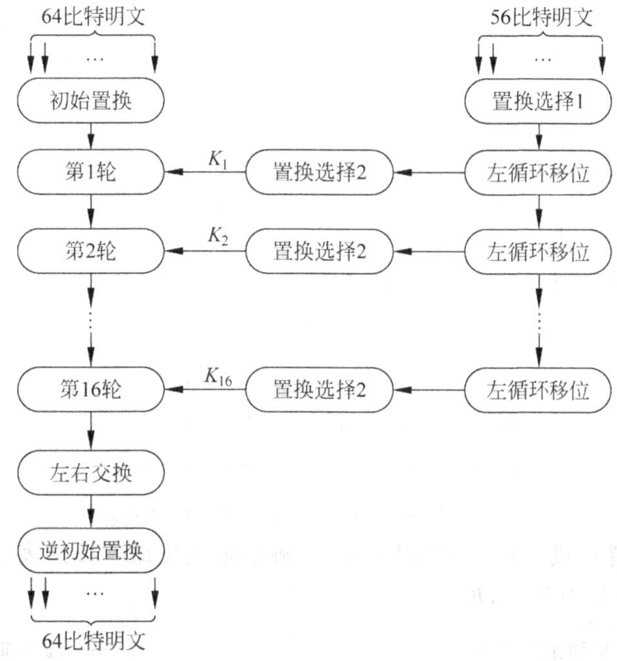

图 4-6　DES 加密算法原理框图

具体的加密步骤如下。

(1) 令明文 $M=t_1t_2\cdots t_{64}$。将明文进行初始置换,进行重新排列后,初始设定 32 位数据区块如下。

$$L_0 = t_1t_2\cdots t_{32} \quad R_0 = t_{33}t_{34}\cdots t_{64}$$

(2) 执行 16 轮迭代运算,第 i 轮迭代表达式如下($i=1,2,\cdots,16$)。

$$L_i \leftarrow R_{i-1}$$

$$R_i \leftarrow L_{i-1} \oplus f(R_{i-1}, K_i)$$

其中$\oplus$为异或运算,K_i(48 位)为密钥 K(56 位)所产生的子密钥。

(3) 执行 32 位数据区块的交换,亦即

$$L_{16} = c_1c_2\cdots c_{32} \leftarrow R_{16}$$

$$R_{16} = c_{33}c_{34}\cdots c_{64} \leftarrow L_{16}$$

(4) 令 $C=c_1c_2\cdots c_{64}$。将 C 进行逆初始置换,重新排列后,输出密文 C。

注:解密时密文 C 从 IP^{-1} 表进入,子密钥从 K_{16} 至 K_1 依序产生。

4.3.2 DES 详细的加密过程

1. 初始置换表和逆初始置换表

初始置换表如表 4-2 所示,逆初始置换表如表 4-3 所示。

表 4-2 初始置换表 IP

58	50	42	34	26	18	10	2
60	52	44	36	28	20	12	4
62	54	46	38	30	22	14	6
64	56	48	40	32	24	16	8
57	49	41	33	25	17	9	1
59	51	43	35	27	19	11	3
61	53	45	37	29	21	13	5
63	55	47	39	31	23	15	7

表 4-3 逆初始置换表 IP^{-1}

40	8	48	16	56	24	64	32
39	7	47	15	55	23	63	31
38	6	46	14	54	22	62	30
37	5	45	13	53	21	61	29
36	4	44	12	52	20	60	28
35	3	43	11	51	19	59	27
34	2	42	10	50	18	58	26
33	1	41	9	49	17	57	25

2. f 函数 $f(R_{i-1}, K_i)$

利用表 4-4 扩增排列表(简称表 E),将 R_{i-1}(32 位)扩充成 48 位,并将结果与 K_i 进行 XOR 运算形成 8 个区块,每一个区块为 6 位,亦即

$$B_1 = b_1b_2\cdots b_6 \quad B_2 = b_7b_8\cdots b_{12}$$
$$B_3 = b_{13}b_{14}\cdots b_{18} \quad B_4 = b_{19}b_{20}\cdots b_{24}$$
$$B_5 = b_{25}b_{26}\cdots b_{30} \quad B_6 = b_{31}b_{32}\cdots b_{36}$$
$$B_7 = b_{37}b_{38}\cdots b_{42} \quad B_8 = b_{43}b_{44}\cdots b_{48}$$

利用 S_i-box 将 B_i 置换成 4 位($i=1,2,\cdots,8$),将结果经过缩减排列表(简称表 P)排列,如表 4-5 所示,其结果为 $f(R_{i-1},K_i)$。

表 4-4 扩增排列表 E

32	1	2	3	4	5
4	5	6	7	8	9
8	9	10	11	12	13
12	13	14	15	16	17
16	17	18	19	20	21
20	21	22	23	24	25
24	25	26	27	28	29
28	29	30	31	32	1

表 4-5 缩减排列表 P

16	17	20	21	29	12	28	17
1	15	23	26	5	18	31	10
2	8	24	14	32	27	3	9
19	13	30	6	22	11	4	25

3. 利用 S_i-box 将 B_i 置换成 4 位($i=1,2,\cdots,8$)

令 B_i 为 $x_1x_2\cdots x_6$。取 x_1x_6 之值为列坐标 r,取 $x_2x_3x_4x_5$ 之值为行坐标 c。

从表 4-6 替换盒(简称 S-box)的 S_i-box 中决定(r, c)之值,并以 4 位表示之。因为在 S_i-box 中的值都介于 0 至 15 之间,转成二进制时,仅需以 4 位表示之即可,故原来为 6 位之 B_i,经过 S_i-box 转换后变成为 4 位。

表 4-6　替换盒(S-box)

	行 / 列	0	1	2	3	4	5	6	7	8	9	10	11	12	13	14	15
S_1-box	0	14	4	13	1	2	15	11	8	3	10	6	12	5	9	0	7
	1	0	15	7	4	14	2	13	1	10	6	12	11	9	5	3	8
	2	4	1	14	8	13	6	2	11	15	12	9	7	3	10	5	0
	3	15	12	8	2	4	9	1	7	5	11	3	14	10	0	6	13
S_2-box	0	15	1	8	14	6	11	3	4	9	7	2	13	12	0	5	10
	1	3	13	4	7	15	2	8	14	12	0	1	10	6	9	11	5
	2	0	14	7	11	10	4	13	1	5	8	12	6	9	3	2	15
	3	13	8	10	1	3	15	4	2	11	6	7	12	0	5	14	9
S_3-box	0	10	0	9	14	6	3	15	5	1	13	12	7	11	4	2	8
	1	13	7	0	9	3	4	6	10	2	8	5	14	12	11	15	1
	2	13	6	4	9	8	15	3	0	11	1	2	12	5	10	14	7
	3	1	10	13	0	6	9	8	7	4	15	14	3	11	5	2	12
S_4-box	0	7	13	14	3	0	6	9	10	1	2	8	5	11	12	4	15
	1	13	8	11	5	6	15	0	3	4	7	2	12	1	10	14	9
	2	10	6	9	0	12	11	7	13	15	1	3	14	5	2	8	4
	3	3	15	0	6	10	1	13	8	9	4	5	11	12	7	2	14
S_5-box	0	2	12	4	1	7	10	11	6	8	5	3	15	13	0	14	9
	1	14	11	2	12	4	7	13	1	5	0	15	10	3	9	8	6
	2	4	2	1	11	10	13	7	8	15	9	12	5	6	3	0	14
	3	11	8	12	7	1	14	2	13	6	15	0	9	10	4	5	3
S_6-box	0	12	1	10	15	9	2	6	8	0	13	3	4	14	7	5	11
	1	10	15	4	2	7	12	9	5	6	1	13	14	0	11	3	8
	2	9	14	15	5	2	8	12	3	7	0	4	10	1	13	11	6
	3	4	3	2	12	9	5	15	10	11	14	1	7	6	0	8	13
S_7-box	0	4	11	2	14	15	0	8	13	3	12	9	7	5	10	6	1
	1	13	0	11	7	4	9	1	10	14	3	5	12	2	15	8	6
	2	1	4	11	13	12	3	7	14	10	15	6	8	0	5	9	2
	3	6	11	13	8	1	4	10	7	9	5	0	15	14	2	3	12
S_8-box	0	13	2	8	4	6	15	11	1	10	9	3	14	5	0	12	7
	1	1	15	13	8	10	3	7	4	12	5	6	11	0	14	9	2
	2	7	11	4	1	9	12	14	2	0	6	10	13	15	3	5	8
	3	2	1	14	7	4	10	8	13	15	12	9	0	3	5	6	11

例如，$(011001)_2$经由S_3-box，由第 1 和第 6 位中得到$(01)_2$，而第 2 至 5 位得到$(1100)_2$，即从第 1 列中的第 12 个位置得到数值 12，表示成二进制为$(1100)_2$。

4. 从密钥 K(56-bit)产生子密钥 K_i(48-bit)

将每 7 位区块加上一个偶同位检查位，将 K 扩充成 64 位。利用表 4-7 密钥排列-1(Key Permutation-1)，简称 PC-1 表将检查位除掉(因为在 PC-1 表中无 8，16，24，32，48，56，64)，则 K 又成为 56 位，表示为 PC-1(K)＝CD，其中 C 与 D 各为 28 位。再经过表 4-9 左位移表简称 LS，将位做左旋的动作，表示为 $C_i=\text{LS}_i(C_{i-1})$、$D_i=\text{LS}_i(D_{i-1})$。利用表 4-8 密钥

排列-2(简称 PC-2)将密钥转为48位,$K_i=\text{PC-2}(C_iD_i)$。

表 4-7 密钥排列-1

57	49	41	33	25	17	9
1	58	50	42	34	26	18
10	2	59	51	43	35	27
19	11	3	60	52	44	36
63	55	47	39	31	23	15
7	62	54	46	38	30	22
14	6	61	53	45	37	29
21	13	5	28	20	12	4

表 4-8 密钥排列-2

14	17	11	24	1	5	3	28
15	6	21	10	23	19	12	4
26	8	16	7	27	20	13	2
41	52	31	37	47	55	30	40
51	45	33	48	44	49	39	56
34	33	46	42	50	36	29	32

表 4-9 位移表 LS

迭代	1	2	3	4	5	6	7	8	9	10	11	12	13	14	15	16
位移数	1	1	2	2	2	2	2	2	1	2	2	2	2	2	2	1

4.4 分组密码的运行模式

和其他密码体制一样,DES也存在安全性问题,即弱密钥与半弱密钥。所谓弱密钥是指在所有可能密钥中,有某几个特别的密钥,会降低DES的安全性,所以使用者必须避免使用这几个弱密钥,换句话说,弱密钥是指密钥 K 全部为1或0或每一半全为1或全为0,将会造成次密钥呈现方式 K_1 到 K_{16} 同等于 K_{16} 到 K_1。亦即密文再加密一次将会还原成明文,也就是不需使用解密程序。所谓的半弱密钥是指一组密钥对 X 与 Y,使得以密钥 X 加密可以用另一密钥 Y 解密;反之亦然。

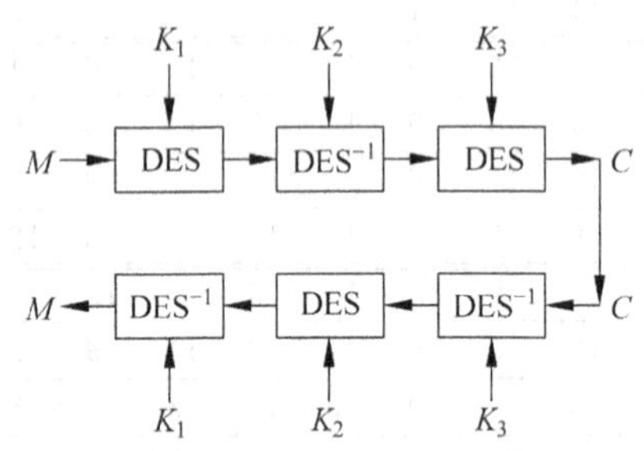

图 4-7 3-DES 加解密架构

1999年,美国NIST公布FIPS PUB 46-3,该标准规范一个加强DES安全性的3-DES算法(或称为Triple DES),如图4-7所示。

3-DES主要是由原本的DES加密与解密算法所组成的,其安全性更高且密钥长度更长。令 $E_K(M)=C$ 与 $D_K(C)=M$,其中 E 与 D 为DES加密与解密算法、K 为密钥、M 为明文以及 C 为密文。

3-DES是三重数据加密算法(Triple Data Encryption Algorithm,TDEA)块密码的统称。它相当于是对每个数据块应用三次DES加密算法。由于计算机运算能力的增强,原版DES密码的密钥长度变得容易被暴力破解;3-DES即是设计用来提供一种相对简单的方法,即通过增加DES的密钥长度来避免类似的攻击,而不是设计一种全新的块密码算法。

针对不同的应用,FIPS PUB 81定义区块加密法的4种操作模式:ECB模式(Electronic CodeBook mod e)、CBC模式(Cipher Block Chaining mod e)、CFB模式(Cipher FeedBack mod e)以及OFB模式(Output FeedBack mod e),此4种模式皆适用于DES、3-DES及

AES。此 4 个模式的运作情形分述如下。

1. ECB 模式

每一个明文区块皆使用同一把密钥来加密或解密，且加密或解密每一个区块的动作是彼此独立的，亦即相同的明文区块经过 DES 加密后所产生的密文区块亦会相同，如图 4-8 所示。

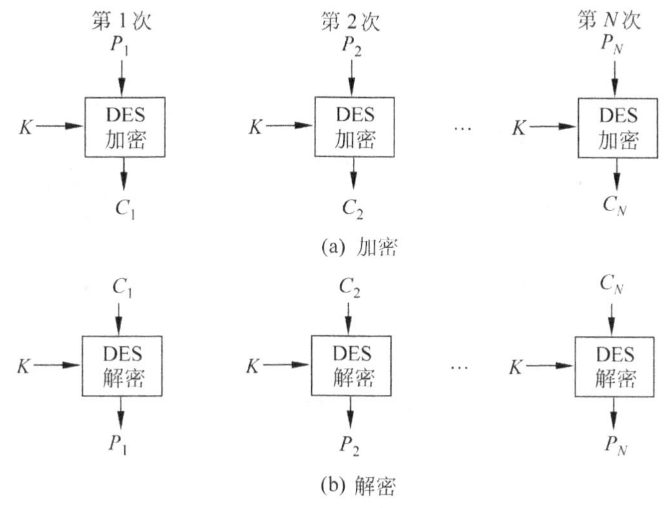

图 4-8　ECB 模式

ECB 在用于短数据(如加密密钥)时非常理想，因此如果需要安全地传递 DES 密钥，ECB 是最合适的模式。ECB 的最大特性是同一明文分组在消息中重复出现的话，产生的密文分组也相同。

ECB 用于长消息时可能不够安全，如果消息有固定结构，密码分析者有可能找出这种关系。例如，如果已知消息总是以某个预定义字段开始，那么分析者就可能得到很多明文密文对。如果消息有重复的元素而重复的周期是 64 的倍数，那么密码分析者就能够识别这些元素。以上这些特性都有助于密码分析者，有可能为其提供对分组的代换或重排的机会。

2. CBC 模式

利用链接特性加强使区块彼此的关系是相依的而非独立的。加密每一数据区块前，该数据区块必须先与前一次所产生的密文区块进行异或运算，之后再利用 DES 加密该异或结果。解密时，先针对每一区块密文做 DES 解密动作，之后再与前一个密文区块进行异或运算。此模式如图 4-9 所示。由于 CBC 模式的链接机制，CBC 模式对加密长于 64 比特的消息非常合适。

3. CFB 模式

加密每一数据区块时，必须先针对前一个所产生的密文区块(当加密第一个资料区块时，则为初始值)进行 DES 加密，之后再与数据区块进行异或运算便可获得此区块的密文。反之，解密时亦必须先针对前一个密文区块(当加密第一个资料区块时，则为初始值)进行 DES 解密，之后再与欲解密的密文区块进行异或运算，便可恢复此区块的明文，此模式如图 4-10 所示。

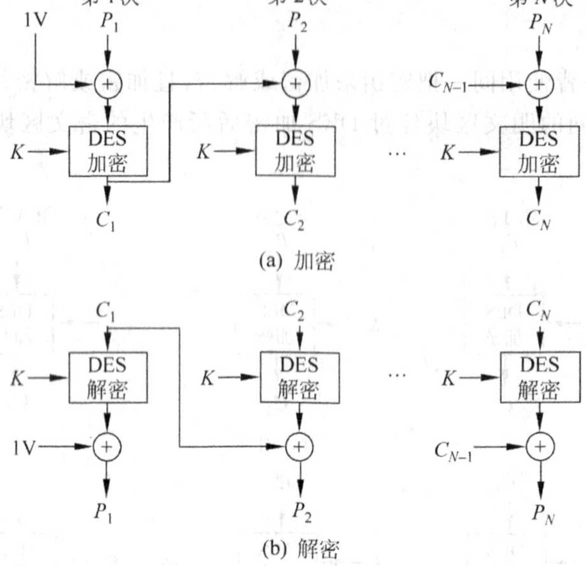

图 4-9　CBC 模式

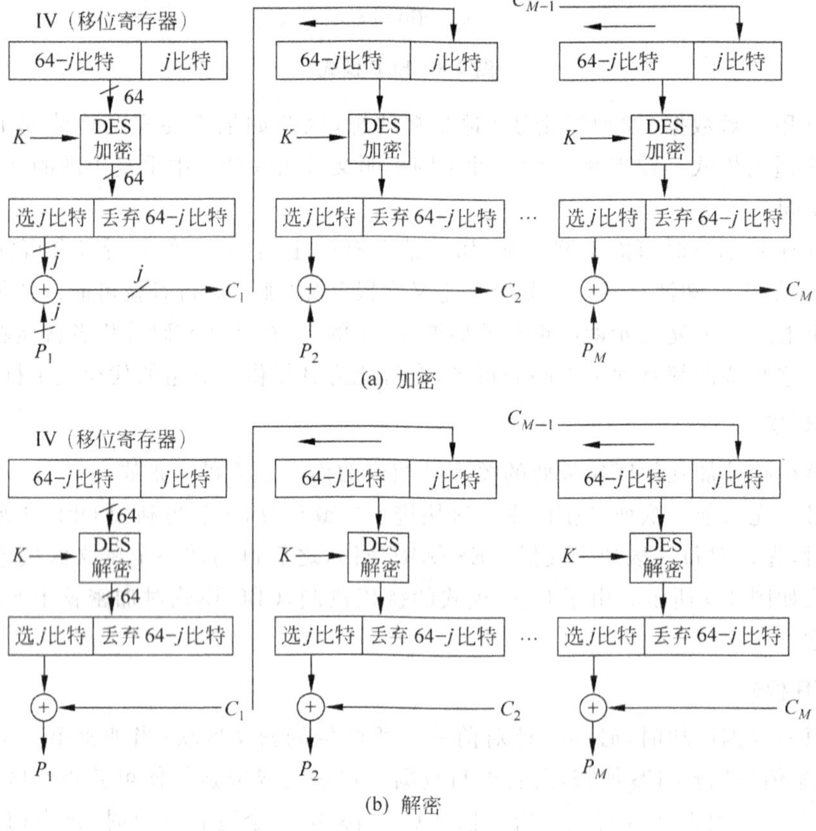

图 4-10　CFB 模式

4. OFB 模式

欲加密每一数据区块时，必须先针对前一个加密动作所使用的 DES 输出值(当加密第一个数据区块时，则为初始值)进行 DES 运算以产生一个输出值，该值再与此欲加密的数据区块进行异或运算，便可获得此区块的密文。反之，解密时亦必须先针对前一个解密动作所使用的 DES 输出值(当解密第一个数据区块时，则为初始值)进行 DES 运算以得到一个输出值，该值再与欲解密的密文区块进行异或运算以恢复此区块的明文，如图 4-11 所示。OFB 与 CFB 运作模式相当类似，差别在于异或运算的数据有所不同。就信息网络观点而言，OFB 模式优于 CFB 模式在于错误的位不会影响其他加密或解密的结果。就信息安全观点而言，OFB 模式比 CFB 模式易受修改攻击。

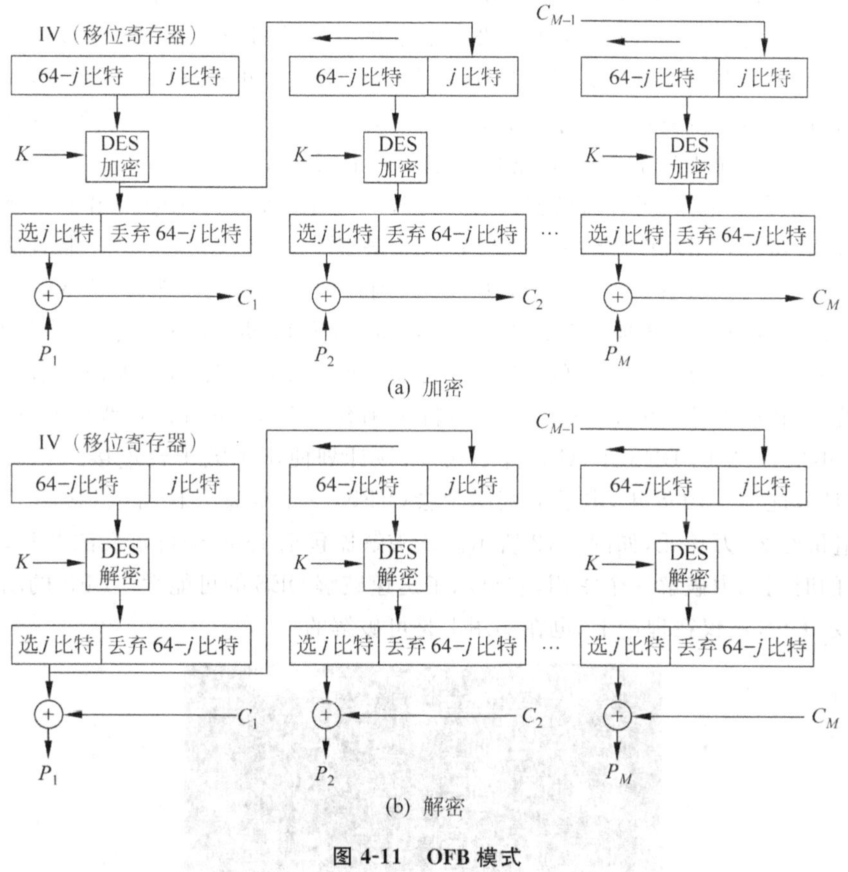

图 4-11　OFB 模式

4.5　DES 密码分析

DES 的加密单位仅有 64 位二进制，而且其中某些位还要用于奇偶校验或其他通信开销，有效密钥只有 56 位，这种特性必然降低了密码体制的安全性。因此，人们会对 56 位密钥的安全性产生质疑，那么 56 位密钥是否足够，已成为人们争论的焦点之一。

在 DES 算法中存在 12 个半弱密钥和 4 个弱密钥。由于在子密钥的产生过程中，密钥被分成了两个部分,如果这两个部分分成了全 0 或全 1,那么每轮产生的子密钥就都是相同的,当密钥是全 0 或全 1,或者一半是 1 或 0 时,就会产生弱密钥或半弱密钥,DES 算法的安全性就会变弱。在设定密钥时应避免弱密钥或半弱密钥的出现。

4.5.1 密码分析方法

虽然已发表的针对 DES 的密码分析的研究文章多于所有其他的分组密码,到目前为止,最实用的攻击方法仍然是暴力攻击。已知 DES 有一些次要的可能导致加密强度降低的密码学特性,同时有三种理论攻击的理论复杂性小于暴力破解,但需要不现实的已知明文或选择明文数量,并无实用价值。

对于一切密码而言,最基本的攻击方法是暴力破解法,即依次尝试所有可能的密钥。密钥长度决定了可能的密钥数量,因此也决定了这种方法的可行性。对于 DES,即使在它成为标准之前就有一些关于其密钥长度的适当性问题,而且也正是它的密钥长度,而不是理论密码分析迫使它被后续算法所替代。在设计时,在与包括 NSA 在内的外部顾问讨论后,密钥长度被从 128 位减少到了 56 位以适应在单芯片上实现算法。

在学术上,曾有数个 DES 破解器被提出。1977 年,迪菲和海尔曼提出了一部造价约两千万美元的破解器,可以在一天内找到一个 DES 密钥。1993 年,迈克尔・维纳设计了一部造价约一百万美元的破解器,大约可以在 7 小时内找到一个密钥。然而,这些早期的设计并没有被实现,至少没有公开地实现。在 20 世纪 90 年代晚期,DES 开始受到实用的攻击。1997 年,RSA 安全赞助了一系列的竞赛,奖励第一个成功破解以 DES 加密的信息队伍 1 万美元,洛克・韦尔谢什(Rocke Verser),马特・柯廷(Matt Curtin)和贾斯廷・多尔斯基(Justin Dolske)领导的 DESCHALL 计划获胜,该计划使用了数千台连接到互联网的计算机的闲置计算能力。1998 年,电子前哨基金会(EFF,一个信息人权组织)制造了一台 DES 破解器,造价约 25 万美元,如图 4-12 所示。该破解器包括 1856 个自定义的芯片,可以用稍多于两天的时间暴力破解一个密钥,它显示了迅速破解 DES 的可能性。EFF 的动力来自于向大众显示 DES 不仅在理论上,也在实用上是可破解的。

图 4-12　价值 25 万美元的 DES 破解器

下一个确认的 DES 破解器是 2006 年由德国的鲁尔大学与基尔大学的工作组建造的 COPACOBANA。与 EFF 不同，COPACOBANA 由商业上可获得的，可重配置的 FPGA 组成。120 片并行的 XILINX Spartan3-1000 型 FPGA 分为 20 个 DIMM 模块，每个模块包括 6 个 FPGA。使用可重配置的 FPGA 使得这种设备也可以用于其他密码的破解。另外一个关于 COPACOBANA 的有趣事实是它的成本。一台 COPACOBANA 的造价大约是 1 万美元，是 EFF 设备的 25 分之一，这充分说明了数字电路的持续进步。考虑到通货膨胀因素，同样价格的设备性能在 8 年间大约提到了 30 倍。2007 年，COPACOBANA 的两个项目参与者组建的 SciEngines 公司改进了 COPACOBANA，并发展了它的下一代。2008 年，他们的 COPACOBANA RIVYERA 将破解 DES 的时间减少到了 1 天以内，使用 128 片 Spartan-3 5000 型 FPGA。目前 SciEngines 的 RIVYEAR 保持着使用暴力破解法破解 DES 的纪录。

有三种已知方法可以用小于暴力破解的复杂性，去破解 DES 的全部 16 回次：微分密码分析(DC)，线性密码分析(LC)，以及戴维斯攻击。然而，这些攻击都是理论性的，难以用于实践；它们有时被归结于认证的弱点。

1. 微分密码分析

在 20 世纪 80 年代晚期由艾力・毕汉姆和阿迪・萨莫尔重新发现；20 世纪 70 年代 IBM 和 NSA 便发现了这种方法，但没有公开。为了破解全部 16 回次，微分密码分析需要 2^{47} 组选择明文。DES 被设计为对 DC 具有抵抗性。

2. 线性密码分析

由松井充(Mitsuru Matsui)发现，需要 2^{43} 组已知明文；该方法已被实现，是第一种公开的实验性的针对 DES 的密码分析。没有证据显示 DES 的设计可以抵抗这种攻击方法。一般概念上的 LC 即"多线性密码分析"在 1994 年由 Kaliski 和 Robshaw 所建议，并由比留科夫等人于 2004 年改进。线性密码分析的选择明文变种是一种类似减少数据复杂性的方法。帕斯卡尔・朱诺德(Pascal Junod)在 2001 年进行了一些确定线性密码分析的实际时间复杂性的实验，结果显示它比预期的要快，需要约 $2^{39}-2^{41}$ 次操作。

3. 改进的戴维斯攻击

线性和微分密码分析是针对很多算法的通用技术，而戴维斯攻击是一种针对 DES 的特别技术，在 20 世纪 80 年代由唐纳德・戴维斯(Donald Davies)首先提出，并于 1997 年为毕汉姆和亚历克斯・比留科夫(Alex Biryukov)所改进。其最有效的攻击形式需要 2^{50} 已知明文，计算复杂性亦为 2^{50}，成功率为 51%。

也有一些其他的针对削减了回次的密码版本，即少于 16 回次的 DES 版本。这些攻击显示了多少回次是安全所需的，以及完整版本拥有多少"安全余量"。微分线性密码分析于 1994 年为兰福德(Langford)和海尔曼所提出，是一种组合了微分和线性密码分析的方法。一种增强的微分线性密码分析版本可以利用 $2^{15.8}$ 组已知明文以 $2^{29.2}$ 的时间复杂性破解 9 回次的 DES。

接下来将以线性密码分析为例进行说明。

4.5.2　线性密码分析

线性分析的分析者利用了包含明文、密文和子密钥的线性表达式进行分析。

线性分析前提：假设攻击者已经知道了大量的明文和相对应的密文。

线性分析最基本的思想就是用一个线性表达式来近似表示加密算法的一部分，该线性表达式是关于模2的操作(用⊕表示XOR操作)，表达式具有如下的形式。

$$X_{i1} \oplus X_{i2} \oplus \cdots \oplus X_{iu} \oplus X_{j1} \oplus X_{j2} \oplus \cdots \oplus X_{jv} = 0$$

该表达式是 u 比特的输入与 v 比特的输出进行XOR操作的结果。

线性密码分析的方法就是测定上述形式的线性表达式发生的可能性的大小。

如果一个密码算法使得等式成立的可能性非常大或者非常小，这说明该密码算法的随机性比较差。一般情况下，假如我们随机选择 $u+v$ 个比特值，并且将它们代入等式，等式成立的可能性应该为1/2。在线性密码分析中，一个线性表达式成立的可能性与1/2之间的差值定义为偏移量(或偏差)。一个线性表达式成立的可能性与1/2的距离越大，密码分析者利用线性密码分析就越有效果。对于随机选择的明文找到相应的密文，使得上述表达式成立的可能性为PL，则线性可能性偏移量是PL－1/2。线性可能性偏移量的绝对值|PL－1/2|越大，线性密码分析对于知道较少明文情况下的攻击越有效。

1. 堆积引理

考虑两个二进制变量 X_1，X_2，通过计算简单的关系开始。

$X_1 \oplus X_2 = 0$ 是一个线性表达式，等价于 $X_1 = X_2$；

$X_1 \oplus X_2 = 1$ 是一个仿射表达式，等价于 $X_1 \neq X_2$。

给出如下的概率分布。

$$\Pr(X_1 = i) = \begin{cases} p_1 & i = 0 \\ 1 - p_1 & i = 1 \end{cases}$$

$$\Pr(X_2 = i) = \begin{cases} p_2 & i = 0 \\ 1 - p_2 & i = 1 \end{cases}$$

如果两个随机变量相互独立，则

$$\Pr(X_1 = i, X_2 = j) = \begin{cases} p_1 p_2 & i = 0, j = 1 \\ p_1(1 - p_2) & i = 0, j = 1 \\ (1 - p_1)p_2 & i = 1, j = 0 \\ (1 - p_1)(1 - p_2) & i = 1, j = 1 \end{cases}$$

可以等价表示为

$$\begin{aligned} \Pr(X_1 \oplus X_2 = 0) &= \Pr(X_1 = X_2) \\ &= \Pr(X_1 = 0,\ X_2 = 0) + \Pr(X_1 = 1,\ X_2 = 1) \\ &= p_1 p_2 + (1 - p_1)(1 - p_2) \end{aligned}$$

另一种表示方法如下。

令 $p_1 = 1/2 + \varepsilon_1$，$p_2 = 1/2 + \varepsilon_2$，$\varepsilon_1$、$\varepsilon_2$ 是线性可能性偏移量，而且 $-1/2 \leqslant \varepsilon_1, \varepsilon_2 \leqslant 1/2$。因此，$\Pr(X_1 \oplus X_2 = 0) = 1/2 + 2\varepsilon_1\varepsilon_2$，并且 $X_1 \oplus X_2 = 0$ 的线性偏移量 $\varepsilon_{1,2}$ 为 $2\varepsilon_1\varepsilon_2$。

扩展到多个随机二进制变量的情况：

若有随机变量 $X_1 \cdots X_n$ 且概率为 $p_1 = 1/2 + \varepsilon_1$，$p_2 = 1/2 + \varepsilon_2$，…，$p_n = 1/2 + \varepsilon_n$，则：$\Pr(X_1 \oplus X_2 \oplus \cdots \oplus X_n = 0) = 1/2 + 2\varepsilon_1\varepsilon_2 \cdots \varepsilon_n$。

2. Piling-Up 引理

对于 n 个相互独立的二进制随机变量，X_1，X_2，…，X_n，可得

$$\Pr(X_1 \oplus \cdots \oplus X_n = 0) = 1/2 + 2^{n-1}\prod_{i=1}^{n}\varepsilon_i$$

或者等价表示为

$$\Pr(X_1 \oplus X_2 \oplus \cdots \oplus X_n = 0) = 1/2 + 2^{n-1}\varepsilon_1\varepsilon_2\cdots\varepsilon_n$$

其中 $\varepsilon_{1,2,\cdots,n}$ 表示 $X_1 \oplus X_2 \oplus \cdots \oplus X_n = 0$ 的线性偏移量。

举例进行说明。

有 4 个相互独立的随机变量 X_1，X_2，X_3 和 X_4。

$$\Pr(X_1 \oplus X_2 = 0) = 1/2 + \varepsilon_{1,2}$$

$$\Pr(X_2 \oplus X_3 = 0) = 1/2 + \varepsilon_{2,3}$$

$$\Pr(X_1 \oplus X_3 = 0) = \Pr[(X_1 \oplus X_2) \oplus (X_2 \oplus X_3) = 0]$$

应用 Piling-Up 引理可得

$$\Pr(X_1 \oplus X_3 = 0) = 1/2 + 2\varepsilon_1, 2\varepsilon_{2,3}$$

相应地，$\varepsilon_{1,3} = 2\varepsilon_{1,2}\varepsilon_{2,3}$。

下面将针对 DES 算法进行攻击性分析。

在更详细的讨论攻击细节之前，首先需要知道 S-box 盒的线性脆弱性。S-box 的输入为 $\boldsymbol{X} = [X_1 \quad X_2 \quad X_3 \quad X_4]$，相应的输出为 $\boldsymbol{Y} = [Y_1 \quad Y_2 \quad Y_3 \quad Y_4]$，如图 4-13 所示。

根据对 S-box 的线性近似采样，对于 16 种可能的输入 X 和其相应的输出 Y，有 12 种情况可以使得 $X_2 \oplus X_3 \oplus Y_1 \oplus Y_3 \oplus Y_4 = 0$ 或等价形式 $X_2 \oplus X_3 = Y_1 \oplus Y_3 \oplus Y_4$ 成立，因此线性可能性偏移量是 12/16－1/2＝1/4。

相似的，对于等式 $X_1 \oplus X_4 = Y_2$ 其线性可能性偏移量接近于 0，而等式 $X_3 \oplus X_4 = Y_1 \oplus Y_4$ 的线性可能性偏移量是 2/16－1/2＝－3/8。

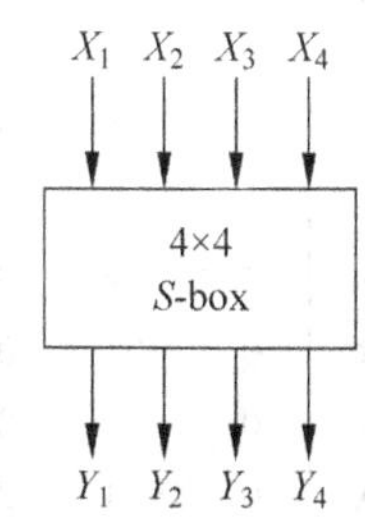

图 4-13　S-box 的输入和输出

S-box 线性近似采样如表 4-10 所示。

表 4-10　S-box 线性近似采样

X_1	X_2	X_3	X_4	Y_1	Y_2	Y_3	Y_4	$X_2 \oplus X_3$	$Y_1 \oplus Y_3 \oplus Y_4$	$X_1 \oplus X_4$	Y_2	$X_3 \oplus X_4$	$Y_1 \oplus Y_4$
0	0	0	0	1	1	1	0	0	0	0	1	0	1
0	0	0	1	0	1	0	0	0	0	1	1	1	0
0	0	1	0	1	1	0	1	1	0	0	1	1	0
0	0	1	1	0	0	0	1	1	1	1	0	0	1
0	1	0	0	0	0	1	0	1	1	0	0	0	0
0	1	0	1	1	1	1	1	1	1	1	1	1	0
0	1	1	0	1	0	1	1	0	1	0	0	1	0
0	1	1	1	1	0	0	0	0	1	1	0	0	1
1	0	0	0	0	0	1	1	0	0	1	0	0	1
1	0	0	1	1	0	1	0	0	0	0	0	1	1
1	0	1	0	0	1	1	0	1	1	1	1	1	0
1	0	1	1	1	1	0	0	1	1	0	1	0	1

续表

X_1	X_2	X_3	X_4	Y_1	Y_2	Y_3	Y_4	$X_2 \oplus X_3$	$Y_1 \oplus Y_3 \oplus Y_4$	$X_1 \oplus X_4$	Y_2	$X_3 \oplus X_4$	$Y_1 \oplus Y_4$
1	1	0	0	0	1	0	1	1	1	1	1	0	1
1	1	0	1	1	0	0	1	1	0	0	0	1	0
1	1	1	0	0	0	0	0	0	0	1	0	1	0
1	1	1	1	0	1	1	1	0	0	0	1	0	1

例如一个输入变量的线性近似表达式 $a_1 \cdot X_1 \oplus a_2 \cdot X_2 \oplus a_3 \cdot X_3 \oplus a_4 \cdot X_4$，其中，$a_i \in \{0, 1\}$。“·”为二进制的“与”运算，输入行的十六进制的值是 $a_1\ a_2\ a_3\ a_4$ 的组合。

相似的，对于一个输出变量的线性近似表达式 $b_1 \cdot Y_1 \oplus b_2 \cdot Y_2 \oplus b_3 \cdot Y_3 \oplus b_4 \cdot Y_4$，其中，$b_i \in \{0, 1\}$，输出行的十六进制的值是 $b_1\ b_2\ b_3\ b_4$ 的组合。

其中，Input 表示表达式的输入系数，而 Output 表示表达式的输出系数，行和列交集处的值表示以此行列值代表线性表达式成立的数量减去 8，线性近似偏移量如表 4-11 所示。

表 4-11 线性近似偏移量

		Output															
		0	**1**	**2**	**3**	**4**	**5**	**6**	**7**	**8**	**9**	**A**	**B**	**C**	**D**	**E**	**F**
Input	**0**	+8	0	0	0	0	0	0	0	0	0	0	0	0	0	0	0
	1	0	0	−2	−2	0	0	−2	+6	+2	+2	0	0	+2	+2	0	0
	2	0	0	−2	−2	0	0	−2	−2	0	0	+2	+2	0	0	−6	+2
	3	0	0	0	0	0	0	0	0	+2	−6	−2	−2	+2	+2	−2	−2
	4	0	+2	0	−2	−2	−4	−2	0	0	−2	0	+2	+2	−4	+2	0
	5	0	−2	−2	0	−2	0	+4	+2	−2	0	−4	+2	0	−2	−2	0
	6	0	+2	−2	+4	+2	0	0	+2	0	−2	+2	+4	−2	0	0	−2
	7	0	−2	0	+2	+2	−4	+2	0	−2	0	+2	0	+4	+2	0	+2
	8	0	0	0	0	0	0	0	0	−2	+2	+2	−2	+2	−2	−2	−6
	9	0	0	−2	−2	0	0	−2	−2	−4	0	−2	+2	0	+4	+2	−2
	A	0	+4	−2	+2	−4	0	+2	−2	+2	+2	0	0	+2	+2	0	0
	B	0	+4	0	−4	+4	0	+4	0	0	0	0	0	0	0	0	0
	C	0	−2	+4	−2	−2	0	+2	0	+2	0	+2	+4	0	+2	0	−2
	D	0	+2	+2	0	−2	+4	0	+2	−4	−2	+2	0	+2	0	0	+2
	E	0	+2	+2	0	−2	−4	0	+2	−2	0	0	−2	−4	+2	−2	0
	F	0	−2	−4	−2	−2	0	+2	0	0	−2	+4	−2	−2	0	+2	0

如线性表达式 $X_3 \oplus X_4 = Y_1 \oplus Y_4$（输入行标是 3，输出列标是 9），表中值 −6，代表线性表达式成立的数量为两次。

4.6 高级加密标准

4.6.1 AES 概述

DES 作为密码学上的一个里程碑，尽管在安全上是脆弱的，但由于快速 DES 芯片的大量生产，使得 DES 仍能暂时继续使用，为提高安全强度，通常使用独立密钥的三级 DES，同时急需一种新的密码体制来代替 DES。

NIST 于 1997 年 4 月正式公告下一代的加密标准(Advanced Encryption Standard, AES)的征选。制定 AES 主要的目标是确保数据可达到 100 年的安全性,即加密后的密文在 100 年内不会被破解,因此安全性与运算效率皆须在 Triple-DES 之上,NIST 亦规划在未来的 30 年内将逐渐推广政府及民间企业间通用的资料加密标准由 DES 更换为 AES。在经过三个回合技术分析会议后(表 4-12 为 AES 在发展期间的重大纪事),从 15 个候选算法中(表 4-13 与表 4-14 分别为 AES 在第一回合 15 个候选算法基本数据与比较),于 2000 年 10 月 2 日公开选定由比利时 J. Daemen 与 V. Rijmen 两位学者所设计的 Rijndael 算法为 AES 所用。

表 4-12　AES 的历史

时　间	事　件
1997 年 7 月	公告 AES 之征选
1998 年 4 月 15 日	开始接受 AES 候选算法
1998 年 7 月 15 日	结束接受 AES 候选算法
1998 年 8 月 20～22 日	开始 15 个 AES 候选算法的第一回合技术分析
1999 年 3 月 22～23 日	举行 AES 第二次会议
1999 年 4 月 15 日	结束 AES 第一回合技术分析,并选出 5 个第二回合技术分析候选算法: MARS、RC6、Rijndael、Serpent 及 Twofish
2000 年 8 月 13～14 日	结束第二回合技术分析 在美国纽约举行 AES 第三次会议
2000 年 5 月 15 日	发表 5 个候选算法的公开评论与分析
2000 年 10 月 2 日	公开选定 Rijndael 为 AES 所采用
2000 年 11 月	公布 Rijndael 为 AES FIPS 草案,并接受 90 天的公开评论
2001 年 2 月 28 日	公布对 Rijndael 的公开评论并开始修正草案
2001 年 11 月 26 日	公告 FIPS PUB 197,正式成为官方新一代通行的加密标准,并完成相关测试

表 4-13　15 个 AES 候选算法

算　法	提案人或公司	国　家
CAST-256	Entrust Inc.	Canada
Crypton	Future System Inc.	Korea
Deal	Richard Outerbridge, Lars Knudsem	Canada
DFC	CNRS-Centre National pour la Recherche Scientifique	France
E2	NTT	Japan
Frog	TecApro International S. A.	Costa Rica
HPC	Rich Schroeppel	USA
LOKI97	Lawrie Brown, Josef Pieprzyk, Jennifer Seberry	Australia
Megenta	Deutsche Telekom	Germany
Mars	IBM	USA
RC6	RSA	USA
Rijndael	Joan Deamen, Vincent Rijmen	Belgium
Safer+	Cylink Corp.	USA
Serpent	Ross Anderson, Eli Biham, Lars Knudsen	UK, Israel, Norway
Twofish	Counterpane	USA

表 4-14 NIST 对 AES 之 15 个候选算法比较

算法	区块长度/位	密钥长度/位	结构	回合数	最小回合数
CAST-256	128	128~256	Ext. Feistel Network	48	40
Crypton	128	256	Square	12	11
Deal	128	128, 192, 256	Feistel Network	6, 8, 8	10
DFC	128	256	Feistel Network	8	8
E2	128	128, 192, 256	Feistel Network	12	10
Frog	64~1024	40~1000	Special	8	8
HPC	Any	Any	Omni	8	8
LOKI97	128	128, 192, 256	Feistel Network	16	38
Megenta	128	128	Feistel Network	6, 8, 8	11
Mars	128	128~1248	Ext. Feistel Network	32	20
RC6	128	256	Feistel Network	20	21
Rijndael	128, 192, 256	128, 192, 256	Square	10, 12, 16	8
Safer+	128	128, 192, 256	SP Network	8, 12, 16	7
Serpent	128	256	SP Network	32	17
Twofish	128	128, 192, 256	Feistel Network	16	14

Rijndael 算法除具备低成本、高安全性特性外,最大的优点在于即使在受限的工作环境下,如较小的内存空间中,仍有很好的加解密运算效率;而在运算子的设计上,亦容易抵抗完全搜寻攻击,如此便能保证 AES 可有较长的安全周期。在经过一连串的公开评论与测试后,NIST 于 2001 年 11 月 26 日发布 FIPS PUB 197,正式将 AES 定为美国新一代的资料加密标准。

AES 为一个区块加密法,在原先 Rijndael 的设计中,允许可变动的数据区块及密钥的长度,且数据区块与密钥长度的变动是各自独立的,密钥长度与数据长度有 128、192 及 256 位的选择,而运算回合数系由密钥及明文(数据区块)长度而定,因此对于任何系统都可以弹性地运用。但在 AES 标准中,将数据(明文/密文)长度固定为 128 位,而依密钥长度不同 AES 可分为 AES-128、AES-192 以及 AES-256,其密钥长度、数据长度和运算回合数的关系如表 4-15 所示。

表 4-15 AES 密钥长度、数据长度与运算回合数对照表

	密钥长度(N_k words)	数据长度(N_b words)	运算回合数(N_r)
AES-128	4	4	10
AES-192	6	4	12
AES-256	8	4	14

4.6.2 AES 中的数学基础

定义 4-1 设 G 为非空集合,在 G 内定义了一种代数运算,若满足下述公理,则 G 构成一个群。

(1) 闭合。对于所有 G 中 a,b,运算 $a \cdot b$ 的结果也在 G 中。

(2) 结合律。对于所有 G 中的 a,b 和 c,等式 $(a \cdot b) \cdot c = a \cdot (b \cdot c)$ 成立。

(3) 单位元。存在 G 中的一个元素 e,使得对于所有 G 中的元素 a,等式 $e \cdot a = a \cdot e = a$ 成立。

(4) 逆元。对于每个 G 中的 a,存在 G 中的一个元素 b 使得 $a \cdot b = b \cdot a = e$,这里的 e 是单位元。

若群 G 满足交换律,则称群 G 为交换群或阿贝尔群。

定义 4-2　非空集合元素 F,在 F 中定义了加和乘两种运算,若满足下述公理,则称 F 为一个域。

(1) F 关于加法构成阿贝尔群。

(2) F 中非零元素全体对乘法构成阿贝尔群。其乘法恒等元(单位元)记为 1。

(3) 加法和乘法间分配律。$a(b+c) = ab + ac$ 和 $(b+c)a = ba + ca$。

若 F 中的元素为有限个,称 F 为有限域(Finite Field)。

定义 4-3　对于多项式 $f(x)$,设它的次数为 n,表示为 $\deg(f) = n$。对于多项式 $f(x)$、$g(x)$、$h(x)$,设 $\deg(g) = n$,如果 $g(x) = q(x)f(x) + h(x)$,其中 $\deg(h) < n$,则可定义 $g(x) \equiv h(x) \bmod f(x)$,即多项式同余。

定义 4-4　有限域是指仅含有限多个元素的域。

有限域中的元素可以用多种不同的方式表示。对于任意素数的方幂,都有唯一的一个有限域,因此 GF(2^8)的所有表示是同构的,但不同的表示方法会影响到 GF(2^8)上运算的复杂度。

将 $b_7b_6b_5b_4b_3b_2b_1b_0$ 构成的字节 b 看成系数在{0,1}中的多项式。

$$b_7x^7 + b_6x^6 + b_5x^5 + b_4x^4 + b_3x^3 + b_2x^2 + b_1x + b_0$$

例如,十六进制数 57 对应的二进制为 01010111,看成一个字节,对应的多项式为 $x^6 + x^4 + x^2 + x + 1$。

在多项式表示中,GF(2^8)上两个元素的和仍然是一个次数不超过 7 的多项式,其系数等于两个元素对应系数的模 2 加(比特异或)。

例如,“57”+“83”=“D4”,用多项式表示为

$$(x^6 + x^4 + x^2 + x + 1) + (x^7 + x + 1) = x^7 + x^6 + x^4 + x^2 (\bmod m(x))$$

用二进制表示为

$$01010111 + 10000011 = 11010100$$

由于每个元素的加法逆元等于自己,所以减法和加法相同。

要计算 GF(2^8)上的乘法,必须先确定一个 GF(2)上的 8 次不可约多项式;GF(2^8)上两个元素的乘积就是这两个多项式的模乘(以这个 8 次不可约多项式为模)。在 Rijndael 密码中,这个 8 次不可约多项式确定为

$$m(x) = x^8 + x^4 + x^3 + x + 1$$

它的十六进制表示为“11B”。

例如,“57”·“83”=“C1”可表示为以下的多项式乘法。

$$(x^6+x^4+x^2+x+1)\cdot(x^7+x+1)=x^7+x^6+1(\mathrm{mod}\ m(x))$$

乘法运算虽然不是标准的按字节的运算,但也是比较简单的计算部件。

AES 主要使用 GF(2^8)作为字节阶层运算的基础架构及采用 4 字节的字组运算。

4.6.3　AES 算法

AES 的原理框图如图 4-14 所示。算法主要有 4 个不同的计算部件组成,分别是:字节代换(Byte Sub)、行移位(Shift row)、列混合(Mix column)、密钥加(Add round Key)。

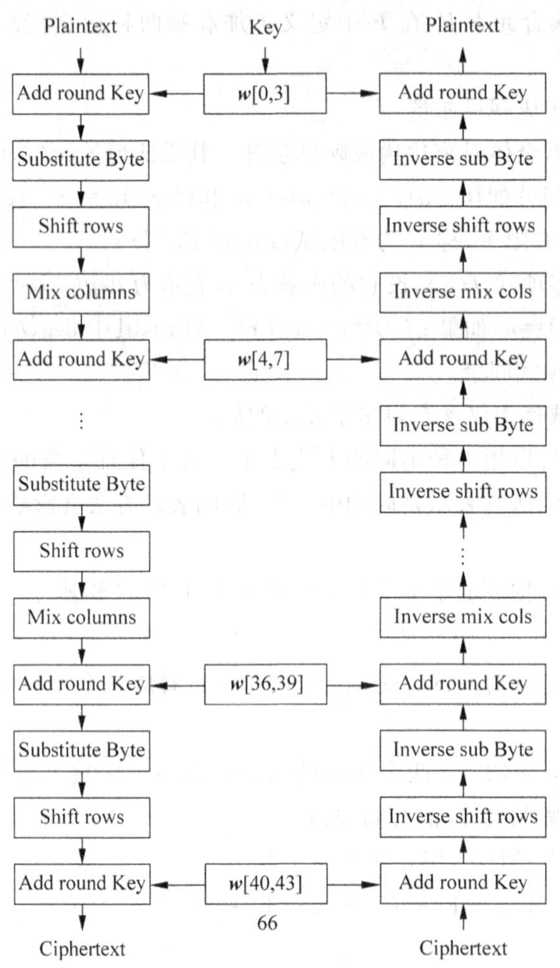

图 4-14　AES 的原理图

加密流程如图 4-15 所示。

1. 字节代换

字节代换是非线形变换,独立地对状态的每个字节进行。代换表(即 S-盒,如表 4-16 所示)是可逆的,由以下两个变换的合成得到。

首先,将字节看作 GF(28)上的元素,映射到自己的乘法逆元,"00"映射到自己。

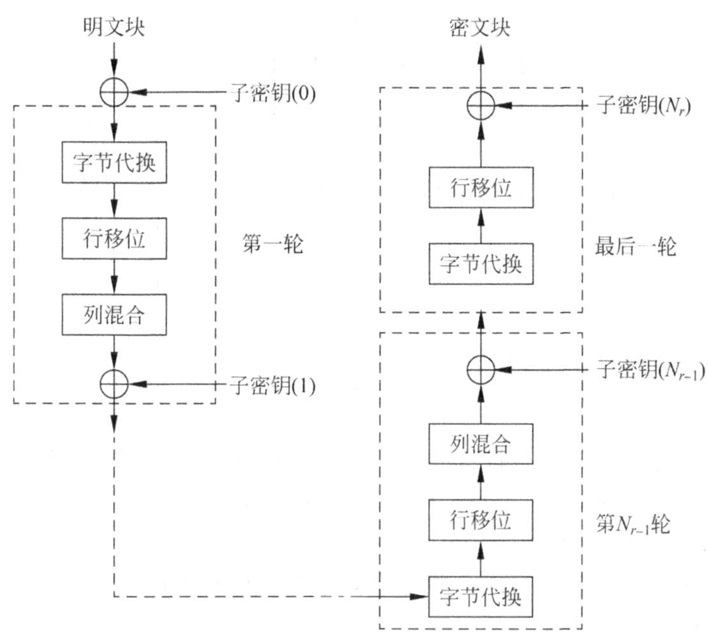

图 4-15　加密流程

表 4-16　*S* 盒

X \ *Y*	0	1	2	3	4	5	6	7	8	9	a	b	c	d	e	f
0	63	7c	77	7b	f2	6b	6f	c5	30	01	67	2b	fe	d7	ab	76
1	ca	82	c9	7d	fa	59	47	f0	ad	d4	a2	af	9c	a4	72	c0
2	b7	fd	93	26	36	3f	f7	cc	34	a5	e5	f1	71	d8	31	15
3	04	c7	23	c3	18	96	05	9a	07	12	80	e2	eb	27	b2	75
4	09	83	2c	1a	1b	6e	5a	a0	52	3b	d6	b3	29	e3	2f	84
5	53	d1	00	ed	20	fc	b1	5b	6a	cb	be	39	4a	4c	58	cf
6	d0	ef	aa	fb	43	4d	33	85	45	f9	02	7f	50	3c	9f	a8
7	51	a3	40	8f	92	9d	38	f5	bc	b6	da	21	10	ff	f3	d2
8	cd	0c	13	ec	5f	97	44	17	c4	a7	7e	3d	64	5d	19	73
9	60	81	4f	dc	22	2a	90	88	46	ee	b8	14	de	5e	0b	db
a	e0	32	3a	0a	49	06	24	5c	c2	d3	ac	62	91	95	e4	79
b	e7	c8	37	6d	8d	d5	4e	a9	6c	56	f4	ea	65	7a	ae	08
c	ba	78	25	2e	1c	a6	b4	c6	e8	dd	74	1f	4b	bd	8b	8a
d	70	3e	b5	66	48	03	f6	0e	61	35	57	b9	86	c1	1d	9e
e	e1	f8	98	11	69	d9	8e	94	9b	1e	87	e9	ce	55	28	df
f	8c	a1	89	0d	bf	e6	42	68	41	99	2d	0f	b0	54	bb	16

其次，对字节作 GF(2^8)上的可逆的仿射变换。

$$\begin{bmatrix} y_0 \\ y_1 \\ y_2 \\ y_3 \\ y_4 \\ y_5 \\ y_6 \\ y_7 \end{bmatrix} = \begin{bmatrix} 1 & 0 & 0 & 0 & 1 & 1 & 1 & 1 \\ 1 & 1 & 0 & 0 & 0 & 1 & 1 & 1 \\ 1 & 1 & 1 & 0 & 0 & 0 & 1 & 1 \\ 1 & 1 & 1 & 1 & 0 & 0 & 0 & 1 \\ 1 & 1 & 1 & 1 & 1 & 0 & 0 & 0 \\ 0 & 1 & 1 & 1 & 1 & 1 & 0 & 0 \\ 0 & 0 & 1 & 1 & 1 & 1 & 1 & 0 \\ 0 & 0 & 0 & 1 & 1 & 1 & 1 & 1 \end{bmatrix} \begin{bmatrix} x_0 \\ x_1 \\ x_2 \\ x_3 \\ x_4 \\ x_5 \\ x_6 \\ x_7 \end{bmatrix} + \begin{bmatrix} 1 \\ 1 \\ 0 \\ 0 \\ 0 \\ 1 \\ 1 \\ 0 \end{bmatrix}$$

字节代换的示意图如图 4-16 所示。

2. 行移位

行移位是将状态阵列的各行进行循环移位,不同状态行的位移量不同。第 0 行不移动,第 1 行循环左移 $C1$ 个字节,第 2 行循环左移 $C2$ 个字节,第 3 行循环左移 $C3$ 个字节。位移量 $C1$、$C2$、$C3$ 的取值与 N_b 有关。

按指定的位移量对状态的行进行的行移位运算记为 ShiftRow。

图 4-17 是行移位示意图。

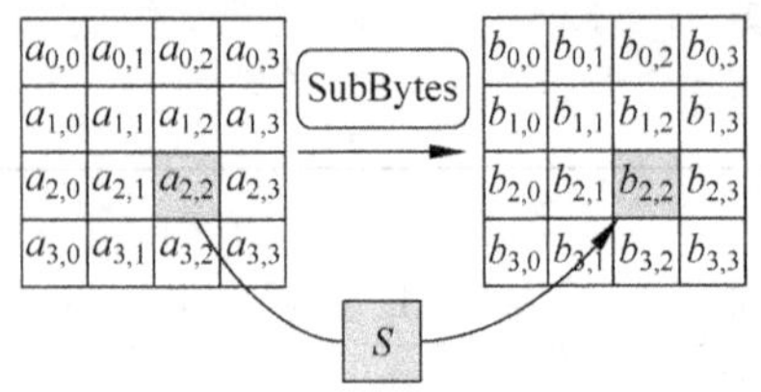

图 4-16　字节代换示意图

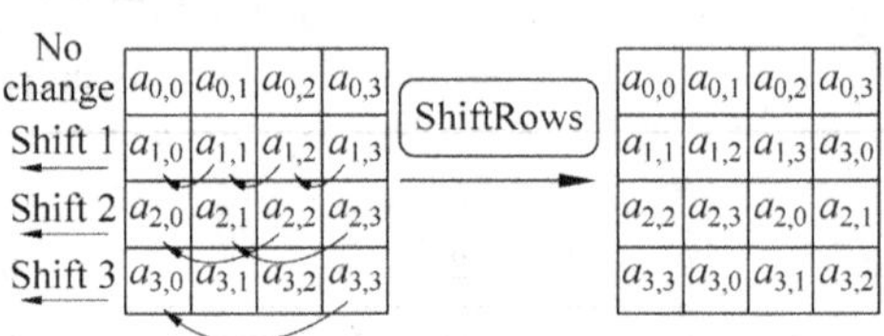

图 4-17　行移位示意图

3. 列混合

在列混合变换中,将状态阵列的每个列视为 $GF(2^8)$上的多项式,再与一个固定的多项式 $c(x)$进行模 x^4+1 乘法。当然要求 $c(x)$是模 x^4+1 可逆的多项式,否则列混合变换就是不可逆的,因而会使不同的输入分组对应的输出分组可能相同。图 4-18 是列混合示意图。

4. 密钥加

密钥加是将轮密钥简单地与状态进行逐比特异或。轮密钥由种子密钥通过密钥编排算法得到,轮密钥长度等于分组长度 N_b。图 4-19 是密钥加运算示意图。

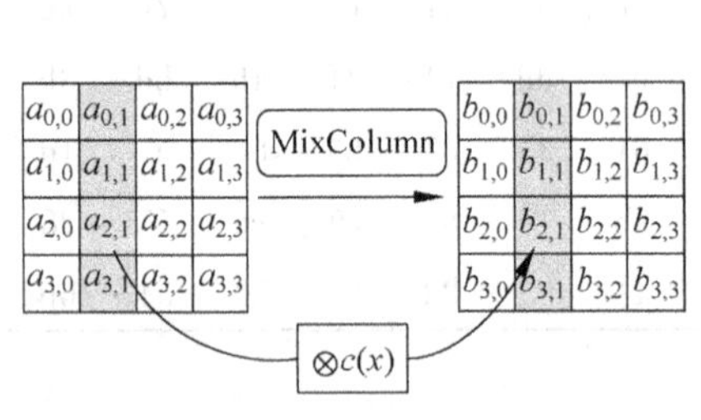

图 4-18　列混合示意图

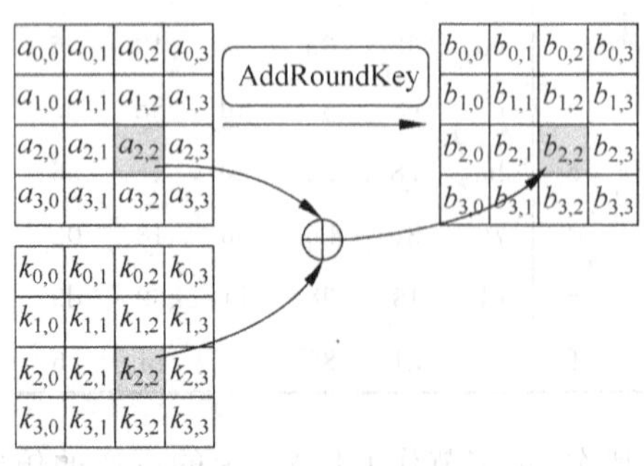

图 4-19　密钥加运算示意图

状态 State 与轮密钥 RoundKey 的密钥加运算表示为

```
AddRoundKey (State, RoundKey)
```

4.6.4　AES 算法的密钥编排

密钥编排指从种子密钥得到轮密钥的过程，它由密钥扩展和轮密钥选取两部分组成，其基本原则如下。

(1) 轮密钥的比特数等于分组长度乘以轮数加 1；

(2) 种子密钥被扩展成为扩展密钥；

(3) 轮密钥从扩展密钥中取，其中第一轮密钥取扩展密钥的前 N_b 个字，第二轮密钥取接下来的 N_b 个字，如此下去。

1. 密钥扩展

扩展密钥是以 4 字节字为元素的一维阵列，表示为 $\boldsymbol{W}[N_b*(N_r+1)]$，其中前 N_k 个字取为种子密钥，以后每个字按递归方式定义。扩展算法根据 $N_k\leqslant 6$ 和 $N_k>6$ 有所不同。

当 $N_k\leqslant 6$ 时，扩展算法如下。

```
KeyExpansion (byteKey[4 * Nk], W[Nb * (Nr + 1)])
{
    for (i = 0; i < Nk; i ++ )
        W[i] = (Key[4 * i],Key[4 * i + 1],Key[4 * i + 2],Key[4 * i + 3]);
    for (i = Nk; i < Nb * (Nr + 1); i ++ )
        {
        temp = W[i - 1];
        if (i % Nk == 0)
        temp = SubByte (RotByte (temp))^Rcon[i /Nk];
        W[i] = W[i - Nk]^ temp;
    }
}
```

其中 Key[4 * N_k]为种子密钥，看作以字节为元素的一维阵列。函数 SubByte()返回 4 字节字，其中每一个字节都是用 Rijndael 的 S 盒作用到输入字对应的字节得到的。函数 RotByte() 也返回 4 字节字，该字由输入的字循环移位得到，即当输入字为(a, b, c, d)时，输出字为 (b, c, d, a)。

当 $N_k>6$ 时，扩展算法如下。

```
KeyExpansion (byte Key[4 * Nk], W[Nb * (Nr + 1)])
{
        for (i = 0; i < Nk; i ++ )
        W[i] = (Key[4 * i], Key[4 * i + 1], Key[4 * i + 2], Key[4 * i + 3]);
        for (i = Nk; i < Nb * (Nr + 1); i ++ )
            {
             temp = W[i - 1];
             if (i % Nk == 0)
             temp = SubByte (RotByte (temp))^Rcon[i /Nk];
             else if (i % Nk = = 4)
             temp = SubByte (temp);
```

```
            W[i] = W[i - Nk]^ temp;
        }
}
```

$N_k>6$ 与 $N_k\leqslant 6$ 的密钥扩展算法的区别在于：当 i 为 N_k 的 4 的倍数时，须先将前一个字 $W[i-1]$ 经过 SubByte 变换。

以上两个算法中，$\mathrm{Rcon}[i/N_k]$ 为轮常数，其值与 N_k 无关。

2. 轮密钥选取

轮密钥 i(即第 i 个轮密钥)由轮密钥缓冲字 $\boldsymbol{W}[N_b * i]$ 到 $\boldsymbol{W}[N_b * (i+1)]$ 给出，如图 4-20 所示。

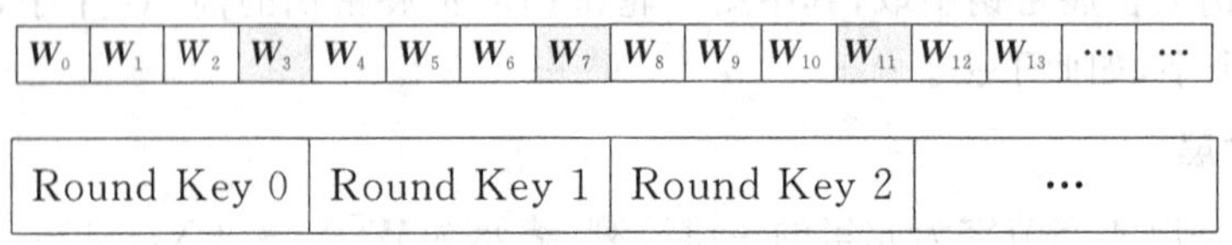

图 4-20 轮密钥的选取

4.7 AES 密码分析

针对 AES 的比较著名的攻击是旁道攻击。旁道攻击不攻击密码本身，而是攻击那些实现于不安全系统(会在不经意间泄露信息)上的加密系统。美国国家安全局审核了所有参与竞选 AES 的最终入围者(包括 Rijndael)，认为他们均能够满足美国政府传递非机密文件的安全需要。2003 年 6 月，美国政府宣布 AES 可以用于加密机密文件。

AES 加密算法(使用 128，192 和 256 位密钥的版本)的安全性，在设计结构及密钥的长度上具已达到保护机密信息的标准。最高机密信息的传递，则至少需要 192 或 256 位的密钥长度。用以传递国家安全信息的 AES 实现产品，必须先由国家安全局审核认证，方能被发放使用。

这标志着，由美国国家安全局(NSA)批准在最高机密信息上使用的加密系统首次可以被公开使用。许多大众化产品只使用 128 位密钥当作默认值；由于最高机密文件的加密系统必须保证数十年以上的安全性，故推测 NSA 可能认为 128 位太短，才以更长的密钥长度为最高机密的加密保留了安全空间。

通常破解一个区块加密系统最常见的方式，是先对其较弱版本(加密循环次数较少)尝试各种攻击。AES 中 128 位密钥版本有 10 个加密循环，192 位密钥版本有 12 个加密循环，256 位密钥版本则有 14 个加密循环。至 2006 年为止，最著名的攻击是针对 AES 7 次加密循环的 128 位密钥版本，8 次加密循环的 192 位密钥版本，和 9 次加密循环的 256 位密钥版本所作的攻击。

由于已遭破解的弱版的 AES，其加密循环数和原本的加密循环数相差无几，有些密码学家开始担心 AES 的安全性。要是有人能将该著名的攻击加以改进，这个区块加密系统就会被破解。在密码学的意义上，只要存在一个方法，比暴力搜索密钥还要更有效率，就能被视为一种“破解”。故一个针对 AES 128 位密钥的攻击若“只”需要 2120 计算复杂度(少于暴力搜索法 2128)，128 位密钥的 AES 就算被破解了；即便该方法在目前还不实用。从应用的角度来看，这种程度的破解依然太不切实际。最著名的暴力攻击法是 distributed. net 针对 64 位密钥 RC5 所作的攻击(该攻击在 2002 年完成。根据摩尔定律，到 2005 年 12 月，同样的攻击应该可以破解 66 位密钥的 RC5)。

其他的争议则着重于 AES 的数学结构。不像其他区块加密系统，AES 具有相当井然有序的代数结构。虽然相关的代数攻击尚未出现，但有许多学者认为，把安全性建立于未经透彻研究过的结构上是有风险的。Ferguson，Schroeppel 和 Whiting 因此写道："……我们很担心 Rijndael(AES)算法应用在机密系统上的安全性。"

2002 年，Nicolas Courtois 和 Josef Pieprzyk 发表名为 XSL 攻击的理论性攻击，试图展示 AES 一个潜在的弱点。但几位密码学专家发现该攻击的数学分析有点问题，推测应是作者的计算有误。因此，这种攻击法是否对 AES 奏效，仍是未解之谜。就现阶段而言，XSL 攻击 AES 的效果不十分显著，故将之应用于实际情况的可能性并不高。

接下来讨论一下线性密码分析方法。现在假设有一个攻击者拥有大量的用同一个未知密钥加密的明密文对，对每一个明密文对，我们将所有有可能的候选密钥来对最后一轮解密密文，对每一个候选密钥，我们计算包含在线性关系式中相关状态比特的异或值，然后确定上述的线性关系是否成立，如果成立，就在对应特定候选密钥的计算器加 1。

4.7.1 *S* 盒的输入输出分析

字节替换操作使用一个 *S* 盒对 State 的每个字节都进行独立的替换。它用于将输入或中间态的每一个字节通过一个简单的查表操作将其映射为另一个字节。把输入字节的高 4 位作为 *S* 盒的行值，低 4 位作为列值，然后取出 *S* 盒中对应行和列的元素作为输出，如表 4-17 所示。

表 4-17　*S* 盒替换表

		y															
		0	1	2	3	4	5	6	7	8	9	a	b	c	d	e	f
x	0	63	7c	77	7b	F2	6b	6f	c5	30	01	67	2b	fe	d7	ab	76
	1	ca	82	c9	7d	fa	59	47	f0	ad	d4	a2	af	9c	a4	72	c0
	2	b7	fd	93	26	36	3f	f7	cc	34	a5	e5	f1	71	d8	31	15
	3	04	c7	23	c3	18	96	05	9a	07	12	80	e2	eb	27	b2	75
	4	09	83	2c	1a	1b	6e	5a	a0	52	3b	d6	b3	29	e3	2f	84
	5	53	d1	00	ed	20	fc	b1	5b	6a	cb	be	39	4a	4c	58	cf
	6	d0	ef	aa	fb	43	4d	33	85	45	f9	02	7f	50	3c	9f	a8
	7	51	a3	40	8f	92	9d	38	f5	bc	b6	da	21	10	ff	f3	d2
	8	cd	0c	13	ec	5f	97	44	17	c4	a7	7e	3d	64	5d	19	73
	9	60	81	4f	dc	22	2a	90	88	46	ee	b8	14	de	5e	0b	db
	a	e0	32	3a	0a	49	06	24	5c	c2	d3	ac	62	91	95	e4	79
	b	e7	c8	37	6d	8d	d5	4e	a9	6c	56	f4	ea	65	7a	ae	08
	c	ba	78	25	2e	1c	a6	b4	c6	e8	dd	74	1f	4b	bd	8b	8a
	d	70	3e	b5	66	48	03	f6	0e	61	35	57	b9	86	c1	1d	9e
	e	E1	f8	98	11	69	d9	8e	94	9b	1e	87	e9	ce	55	28	df
	f	8c	a1	89	0d	bf	e6	42	68	41	99	2d	0f	b0	54	bb	16

与 DES 的 S 盒相比较,AES 的 S 盒能进行代数上的定义,而不像 DES 的 S 盒那样的"随机代换"。

S 盒的构造方式如下。

行 x 和列 y 的字节值初始化成十六进制的$\{xy\}$。

把 S 盒中的每个字节映射为在有限域 GF(2^8)中的逆;{00}不变。

把 S 盒中的每个字节转换为二进制表示的$(b_7,b_6,b_5,b_4,b_3,b_2,b_1,b_0)$,然后进行仿射变换。AES 采用有限域 GF($2^8$)上的字节运算。

由于 S 盒是 AES 算法中唯一的非线性部分,所以我们对 AES 的 S 盒的输入输出进行彻底的分析,具体方法如下。

让 S 的输入为$(a_0a_1a_2a_3a_4a_5a_6a_7)$,$S$ 盒对应的输出为$(b_0b_1b_2b_3b_4b_5b_6b_7)$,然后我们穷举 S 盒可能的所有输入,即$(a_0a_1a_2a_3a_4a_5a_6a_7)$=(00000000~11111111),然后给出所有对应的输出,如表 4-18 所示(由于表过大,就不全部给出了)。

表 4-18 S 盒输入输出对应表

$a_0\,a_1\,a_2\,a_3\,a_4\,a_5\,a_6\,a_7$	$b_0\,b_1\,b_2\,b_3\,b_4\,b_5\,b_6\,b_7$
0 0 0 0 0 0 0 0	0 1 1 0 0 0 1 1
0 0 1 1 0 1 1 0	0 0 0 0 0 1 0 1
1 1 1 1 1 1 1 1	0 0 0 1 0 1 1 0

通过表 4-18,我们穷举输入输出的每一位进行异或,计算其等 0 或等 1 的概率(取概率较大的)。(由于结果过于庞大,这里只给出部分结果。)

$a_0\oplus b_1=1$,概率 P 为 0.51。

$a_0\oplus b_2=1$,概率 P 为 0.55。

$a_0\oplus b_3=1$,概率 P 为 0.53。

$a_0\oplus b_4=0$,概率 P 为 0.56。

$a_0\oplus b_5=0$,概率 P 为 0.56。

$a_6\oplus a_7\oplus b_0\oplus b_2\oplus b_5\oplus b_6\oplus b_7=1$,概率 P 为 0.53。

$a_6\oplus a_7\oplus b_0\oplus b_3\oplus b_4\oplus b_5\oplus b_6=1$,概率 P 为 0.52。

$a_6\oplus a_7\oplus b_0\oplus b_3\oplus b_4\oplus b_5\oplus b_7=0$,概率 P 为 0.55。

$a_6\oplus a_7\oplus b_0\oplus b_3\oplus b_4\oplus b_6\oplus b_7=0$,概率 P 为 0.51。

$a_1\oplus a_2\oplus a_3\oplus a_6\oplus a_7\oplus b_0\oplus b_1\oplus b_2\oplus b_4=0$,概率 P 为 0.53。

$a_1\oplus a_2\oplus a_3\oplus a_6\oplus a_7\oplus b_0\oplus b_1\oplus b_2\oplus b_5=1$,概率 P 为 0.55。

$a_1\oplus a_2\oplus a_3\oplus a_6\oplus a_7\oplus b_0\oplus b_1\oplus b_2\oplus b_6=0$,概率 P 为 0.55。

$a_1\oplus a_2\oplus a_3\oplus a_6\oplus a_7\oplus b_0\oplus b_1\oplus b_2\oplus b_7=0$,概率 P 为 0.55。

$a_1\oplus a_2\oplus a_3\oplus a_6\oplus a_7\oplus b_0\oplus b_1\oplus b_3\oplus b_4=1$,概率 P 为 0.53。

$a_1\oplus a_2\oplus a_3\oplus a_6\oplus a_7\oplus b_0\oplus b_1\oplus b_3\oplus b_5=1$,概率 P 为 0.55。

$a_1\oplus a_2\oplus a_3\oplus a_6\oplus a_7\oplus b_0\oplus b_1\oplus b_3\oplus b_6=0$,概率 P 为 0.50。

$a_0\oplus a_1\oplus a_2\oplus a_3\oplus a_4\oplus a_5\oplus a_6\oplus a_7\oplus b_0\oplus b_1\oplus b_2\oplus b_4\oplus b_5\oplus b_6\oplus b_7=0$,概率 P 为 0.51。

$a_0\oplus a_1\oplus a_2\oplus a_3\oplus a_4\oplus a_5\oplus a_6\oplus a_7\oplus b_0\oplus b_1\oplus b_3\oplus b_4\oplus b_5\oplus b_6\oplus b_7=0$,概率 P 为 0.51。

$a_0\oplus a_1\oplus a_2\oplus a_3\oplus a_4\oplus a_5\oplus a_6\oplus a_7\oplus b_0\oplus b_2\oplus b_3\oplus b_4\oplus b_5\oplus b_6\oplus b_7=1$,概率 P 为 0.54。

$a_0\oplus a_1\oplus a_2\oplus a_3\oplus a_4\oplus a_5\oplus a_6\oplus a_7\oplus b_1\oplus b_2\oplus b_3\oplus b_4\oplus b_5\oplus b_6\oplus b_7=0$,概率 P 为 0.53。

$a_0\oplus a_1\oplus a_2\oplus a_3\oplus a_4\oplus a_5\oplus a_6\oplus a_7\oplus b_0\oplus b_1\oplus b_2\oplus b_3\oplus b_4\oplus b_5\oplus b_6\oplus b_7=0$,概率 P 为 0.51。

通过上面的几步计算,我们得到了 65 025 个有关输入输出的概率方程,其所有的概率分布在 0.50~0.56 之间,其中概率为 0.56 的方程有 3091 个,而这些方程将在后面的分析中用到。

由于 128 位 AES 较为复杂，我们将先引入一个简化 16 位 AES 进行分析，验证。

假设简化 AES 的 S 盒对应的输入输出表如表 4-19 所示。

表 4-19　16 位 AES 的输入输出对应表

$a_0a_1a_2a_3$	$b_0b_1b_2b_3$	$a_0a_1a_2a_3$	$b_0b_1b_2b_3$
0 0 0 0	1 0 0 1	1 0 0 0	0 1 1 0
0 0 0 1	0 1 0 0	1 0 0 1	0 0 1 0
0 0 1 0	1 0 1 0	1 0 1 0	0 0 0 0
0 0 1 1	1 0 1 1	1 0 1 1	0 0 1 1
0 1 0 0	1 1 0 1	1 1 0 0	1 1 0 0
0 1 0 1	0 0 0 1	1 1 0 1	1 1 1 0
0 1 1 0	1 0 0 0	1 1 1 0	1 1 1 1
0 1 1 1	0 1 0 1	1 1 1 1	0 1 1 1

可以提取出概率为 0.75 的方程。

$$a_0 \oplus b_2 = 0$$
$$a_3 \oplus b_0 = 1$$
$$a_0 \oplus a_1 \oplus b_0 = 1$$
$$a_2 \oplus a_3 \oplus b_3 = 1$$
$$a_2 \oplus b_2 \oplus b_3 = 1$$
$$a_1 \oplus b_1 = 0$$
$$a_2 \oplus b_1 \oplus b_3 = 1$$
$$a_0 \oplus a_1 \oplus a_2 \oplus a_3 \oplus b_1 = 0$$
$$a_1 \oplus b_0 \oplus b_3 = 0$$
$$a_1 \oplus a_2 \oplus b_0 \oplus b_1 = 1$$
$$a_0 \oplus a_1 \oplus b_1 \oplus b_2 \oplus b_3 = 1$$
$$a_0 \oplus b_0 \oplus b_1 = 1$$

4.7.2　AES 的扩展密钥分析

由于 AES 属于迭代变换，所以扩展密钥是必不可少的，通过生成器产生 N_r+1 个轮密钥，每个轮密钥由 N_b 个字组成，共有 $N_b(N_r+1)$ 个字 $\boldsymbol{W}[i]$，$i=0,1,\cdots,N_b(N_r+1)-1$。加密过程中，需要 N_r+1 个轮密钥（即子密钥），需要 $4(N_r+1)$ 个 32 位字。

我们令 key[]和 $\boldsymbol{W}$[]分别用于存储扩展前、后的密钥。SubWord()、RotWord()分别是 S 盒的置换和以字节为单位的循环位移。$\boldsymbol{R}_{\text{con}}[i] = (\text{RC}[i],\text{'00'},\text{'00'},\text{'00'})$，$\text{RC}[i] = 2 \cdot \text{RC}[i-1] (i>1)$。字节运算是多项式运算，因此可以用多项式表示为

$$\text{RC}[i] = x \cdot \text{RC}[i-1] = x^{i-1} \bmod (x^8 + x^4 + x^3 + x + 1) \quad (i > 1)$$

AES 密钥扩展算法的输入是 4 个字（每个字 32 位，共 128 位）。输入密钥直接被复制到扩展密钥数组的前 4 个字中，得到 $\boldsymbol{w}[0]$，$\boldsymbol{w}[1]$，$\boldsymbol{w}[2]$，$\boldsymbol{w}[3]$；然后每次用 4 个字填充扩展密钥数组余下的部分。在扩展密钥数组中，$\boldsymbol{w}[i]$的值取决于 $\boldsymbol{w}[i-1]$和 $\boldsymbol{w}[i-4]$($i \geqslant 4$)。

对 w 数组中下标不为 4 的倍数的元素,只是简单地异或,其逻辑关系为

$$w[i] = w[i-1] \oplus w[i-4] \quad (i\text{ 不为 4 的倍数})$$

对 w 数组中下标为 4 的倍数的元素,采用如下的计算方法。

(1) RotWord()。将前一个字的 4 个字节循环左移一个字节,即将字 $(b_0 b_1 b_2 b_3)$ 变为 $(b_1 b_2 b_3\ b_0)$。

(2) SubWord()。基于 S 盒对输入字中的每个字节进行 S 替换。

(3) 将步骤(2)的结果再与轮常量 $\boldsymbol{R}_{\text{con}}[i]$ 相异或运算。

(4) 将步骤(3)的结果再与 $w[i-4]$ 相异或运算,即:

$$\boldsymbol{W}[i] = \text{SubWord}(\text{RotWord}(\boldsymbol{w}[i-1])) \oplus \boldsymbol{R}_{\text{con}}[i/4] \oplus \boldsymbol{w}[i-4] \quad (i\text{ 为 4 的倍数})$$

对于三轮 AES 加密,需要原始密钥和三轮扩展密钥,即 $\boldsymbol{K}_0, \boldsymbol{K}_1, \boldsymbol{K}_2, \boldsymbol{K}_3$;

$\boldsymbol{K}_0 = \boldsymbol{W}[0]\boldsymbol{W}[1]\boldsymbol{W}[2]\boldsymbol{W}[3] = (k_0, \cdots, k_{31})(k_{32}, \cdots, k_{63})(k_{64} \cdots, k_{95})(k_{96}, \cdots, k_{127})$(128 位原始密钥)

$\boldsymbol{K}_1 = \boldsymbol{W}[4]\boldsymbol{W}[5]\boldsymbol{W}[6]\boldsymbol{W}[7] = (k_{128}, \cdots, k_{159})(k_{160} \cdots, k_{191})(k_{192} \cdots, k_{223})(k_{224}, \cdots, k_{255})$

$\boldsymbol{K}_2 = \boldsymbol{W}[8]\boldsymbol{W}[9]\boldsymbol{W}[10]\boldsymbol{W}[11] = (k_{256}, \cdots, k_{287})(k_{288} \cdots, k_{319})(k_{320} \cdots, k_{351})(k_{352}, \cdots, k_{383})$

$\boldsymbol{K}_3 = \boldsymbol{W}[12]\boldsymbol{W}[13]\boldsymbol{W}[14]\boldsymbol{W}[15] = (k_{384}, \cdots, k_{415})(k_{416} \cdots, k_{447})(k_{448} \cdots, k_{479})(k_{480}, \cdots, k_{511})$

$\boldsymbol{W}[4] = \boldsymbol{W}[0] \oplus 01000000 \oplus S\text{-box}(k_8 k_9 k_{10} k_{11} k_{12} k_{13} k_{14} k_{15}) \oplus S\text{-box}(k_{16} k_{17} k_{18} k_{19} k_{20} k_{21} k_{22} k_{23}) \oplus S\text{-box}(k_{24} k_{25} k_{26} k_{27} k_{28} k_{29} k_{30} k_{31}) \oplus S\text{-box}(k_0 k_1 k_2 k_3 k_4 k_5 k_6 k_7)$

$\boldsymbol{W}[5] = \boldsymbol{W}[4] \oplus \boldsymbol{W}[1]$

$\boldsymbol{W}[6] = \boldsymbol{W}[5] \oplus \boldsymbol{W}[2]$

$\boldsymbol{W}[7] = \boldsymbol{W}[6] \oplus \boldsymbol{W}[3]$

$\boldsymbol{W}[8] = \boldsymbol{W}[4] \oplus 02000000 \oplus S\text{-box}(k_{232} k_{233} k_{234} k_{235} k_{236} k_{237} k_{238} k_{239}) \oplus S\text{-box}(k_{240} k_{241} k_{242} k_{243} k_{244} k_{245} k_{246} k_{247}) \oplus S\text{-box}(k_{248} k_{249} k_{250} k_{251} k_{252} k_{253} k_{254} k_{255}) \oplus S\text{-box}(k_{224} k_{225} k_{226} k_{227} k_{228} k_{229} k_{230} k_{231})$

$\boldsymbol{W}[9] = \boldsymbol{W}[8] \oplus \boldsymbol{W}[5]$

$\boldsymbol{W}[10] = \boldsymbol{W}[9] \oplus \boldsymbol{W}[6]$

$\boldsymbol{W}[11] = \boldsymbol{W}[10] \oplus \boldsymbol{W}[7]$

$\boldsymbol{W}[12] = \boldsymbol{W}[8] \oplus 04000000 \oplus S\text{-box}(k_{360} k_{361} k_{362} k_{363} k_{364} k_{365} k_{366} k_{367}) \oplus S\text{-box}(k_{368} k_{369} k_{370} k_{371} k_{372} k_{373} k_{374} k_{375}) \oplus S\text{-box}(k_{376} k_{377} k_{378} k_{379} k_{380} k_{381} k_{382} k_{383}) \oplus S\text{-box}(k_{352} k_{353} k_{354} k_{355} k_{356} k_{357} k_{358} k_{359})$

令

$S\text{-box}(k_8 k_9 k_{10} k_{11} k_{12} k_{13} k_{14} k_{15}) = l_0 l_1 l_2 l_3 l_4 l_5 l_6 l_7$

$S\text{-box}(k_{16} k_{17} k_{18} k_{19} k_{20} k_{21} k_{22} k_{23}) = l_8 l_9 l_{10} l_{11} l_{12} l_{13} l_{14} l_{15}$

$S\text{-box}(k_{24} k_{25} k_{26} k_{27} k_{28} k_{29} k_{30} k_{31}) = l_{16} l_{17} l_{18} l_{19} l_{20} l_{21} l_{22} l_{23}$

$S\text{-box}(k_0 k_1 k_2 k_3 k_4 k_5 k_6 k_7) = l_{24} l_{25} l_{26} l_{27} l_{28} l_{29} l_{30} l_{31}$

$S\text{-box}(k_{232} k_{233} k_{234} k_{235} k_{236} k_{237} k_{238} k_{239}) = l_{32} l_{33} l_{34} l_{35} l_{36} l_{37} l_{38} l_{39}$

$S\text{-box}(k_{240} k_{241} k_{242} k_{243} k_{244} k_{245} k_{246} k_{247}) = l_{40} l_{41} l_{42} l_{43} l_{44} l_{45} l_{46} l_{47}$

$S\text{-box}(k_{248} k_{249} k_{250} k_{251} k_{252} k_{253} k_{254} k_{255}) = l_{48} l_{49} l_{50} l_{51} l_{52} l_{53} l_{54} l_{55}$

$S\text{-box}(k_{224} k_{225} k_{226} k_{227} k_{228} k_{229} k_{230} k_{231}) = l_{56} l_{57} l_{58} l_{59} l_{60} l_{61} l_{62} l_{63}$

$S\text{-box}(k_{360} k_{361} k_{362} k_{363} k_{364} k_{365} k_{366} k_{367}) = l_{64} l_{65} l_{66} l_{67} l_{68} l_{69} l_{70} l_{71}$

$S\text{-box}(k_{368} k_{369} k_{370} k_{371} k_{372} k_{373} k_{374} k_{375}) = l_{72} l_{73} l_{74} l_{75} l_{76} l_{77} l_{78} l_{79}$

$S\text{-box}(k_{376} k_{377} k_{378} k_{379} k_{380} k_{381} k_{382} k_{383}) = l_{80} l_{81} l_{82} l_{83} l_{84} l_{85} l_{86} l_{87}$

$S\text{-box}(k_{352}k_{353}k_{354}k_{355}k_{356}k_{357}k_{358}k_{359}) = l_{88}l_{89}l_{90}l_{91}l_{92}l_{93}l_{94}l_{95}$

由此,可以推导出扩展密钥和原始密钥的关系如下。

$k_i = k_{i-128} \oplus l_{i-128} (128 \leqslant i < 159)$

$k_{159} = k_{31} \oplus l_{31} \oplus 1$

$k_i = k_{i-32} \oplus k_{i-128} (160 \leqslant i < 255)(288 \leqslant i \leqslant 383)(416 \leqslant i \leqslant 511)$

$k_i = k_{i-128} \oplus l_{i-224} (416 \leqslant i \leqslant 511, i \neq 286)$

$k_{286} = k_{158} \oplus l_{63} \oplus 1$

$k_i = k_{i-128} \oplus l_{i-320} (384 \leqslant i \leqslant 415, i \neq 413)$

$k_{413} = k_{285} \oplus l_{93} \oplus 1$

对于简化 16 位 AES,将得到

$\boldsymbol{K}_0 = \boldsymbol{W}[0]\boldsymbol{W}[1] = (k_0, \cdots, k_7)(k_8, \cdots, k_{15})$

$\boldsymbol{K}_1 = \boldsymbol{W}[2]\boldsymbol{W}[3] = (k_{16}, \cdots, k_{23})(k_{24}, \cdots, k_{31})$

$\boldsymbol{K}_2 = \boldsymbol{W}[4]\boldsymbol{W}[5] = (k_{32}, \cdots, k_{39})(k_{40}, \cdots, k_{47})$

$\boldsymbol{W}[2] = \boldsymbol{W}[0] \oplus 10000000 \oplus S\text{-box}(k_{12}k_{13}k_{14}k_{15}) \oplus S\text{-box}(k_8k_9k_{10}k_{11})$

$\boldsymbol{W}[3] = \boldsymbol{W}[1] \oplus \boldsymbol{W}[2]$

$\boldsymbol{W}[4] = \boldsymbol{W}[2] \oplus 00110000 \oplus S\text{-box}(k_{28}k_{29}k_{30}k_{31}) \oplus S\text{-box}(k_{24}k_{25}k_{26}k_{27})$

$\boldsymbol{W}[5] = \boldsymbol{W}[3] \oplus \boldsymbol{W}[4]$

令

$S\text{-box}(k_{12}k_{13}k_{14}k_{15}) = l_0l_1l_2l_3$

$S\text{-box}(k_8k_9k_{10}k_{11}) = l_4l_5l_6l_7$

$S\text{-box}(k_{28}k_{29}k_{30}k_{31}) = l_8l_9l_{10}l_{11}$

$S\text{-box}(k_{24}k_{25}k_{26}k_{27}) = l_{12}l_{13}l_{14}l_{15}$

由此我们可以推出:

$k_{16} = k_0 \oplus l_0 \oplus 1,\ k_i = k_{i-16} \oplus k_{i-16} (17 \leqslant i < 23)$

$k_{34} = k_{18} \oplus l_{10} \oplus 1,\ k_{35} = k_{19} \oplus l_{11} \oplus 1$

$k_i = k_{i-16} \oplus k_{i-24} (i = 32,33,36,37,38,39)$

$k_i = k_{i-8} \oplus k_{i-16} (15 \leqslant i < 31)\ (40 \leqslant i < 47)$

4.7.3 AES 线性密码分析

简化 AES 加密过程是在一个 2×2 的字节矩阵上运作,有一个 16 位的原始密钥,记为 $k_0k_1\cdots k_{15}$。这密钥需要扩展到 48 位 $k_0k_1\cdots K_{47}$,其中前 16 位是原始密钥而其他是根据密钥扩展算法而扩展得来的子密钥。各轮 AES 加密循环(除最后一轮外)包含 4 个步骤(和 AES 类同)。

A(轮密钥加密)。矩阵中的每一个字节都与该轮密钥做异或运算,如图 4-21 所示。

N_0	N_2	$\oplus$	$\boldsymbol{W}[1]$	$\boldsymbol{W}[1+1]$	=	N'_0	N'_2
N_1	N_3					N'_1	N'_3

图 4-21　16 位 AES 轮密钥加密

NS(S 盒替换)。通过一个非线性的替换函数,用查找表的方式把每个字节替换成对应的字节,具体操作如图 4-22 所示。

SR(行位移)。将矩阵中的每个横列进行循环式移位,具体操作如图 4-23 所示。

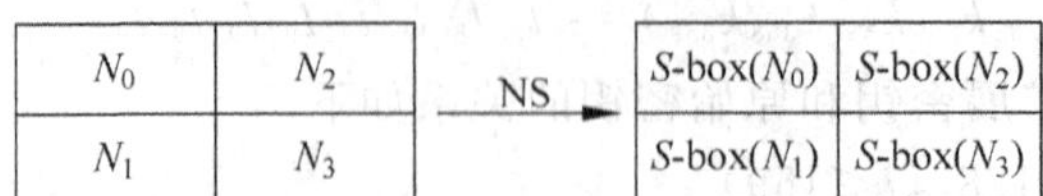

图 4-22 16 位 AES 的 S 盒替换

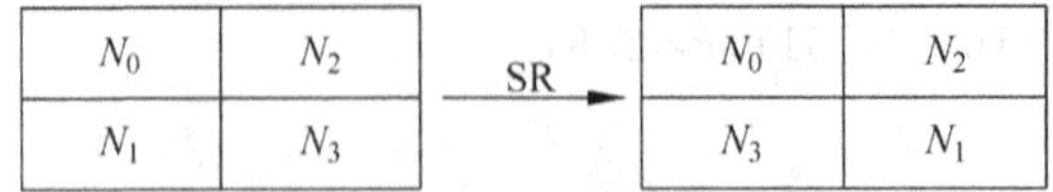

图 4-23 16 位 AES 行位移

MC(列混淆)。为了充分混合矩阵中各个直行的操作。MC 是 Mixcolumn 运算的缩写。$[N_i, N_j]$被认为是 $GF(16)[z]/(z^2+1)$ 的元素 N_jz+N_j。函数 MC 乘以多项式 $c(z)=x^2z+1$ 的每列。

最后一个加密循环中省略 Mixcolumns 步骤,而以另一个 AddRoundKey 取代。

函数 RotNib 被定义为 $\text{RotNib}(N_0N_1)=N_1N_0$ 而函数 SubNib 被定义为 $\text{SubNib}(N_0N_1)=S\text{-box}(N_0)S\text{-box}(N_1)$。这两个函数名分别是行位移,替代变换的缩写。

简化 AES 算法是通过使用扩展密钥 $k_0k_1\cdots k_{47}$ 对 16 位明文加密产生 16 位密文。假设 $p_0p_1\cdots p_{15}$ 是明文,$c_0c_1\cdots c_{15}$ 是密文,加密算法由 8 种构造函数加密明文。所以,

$$c_0c_1\cdots c_{15}=A_{K_2}\oplus \text{SR}\oplus \text{NS}\oplus A_{K_1}\oplus \text{MC}\oplus \text{SR}\oplus \text{NS}\oplus A_{K_0}(p_0p_1\cdots p_{15})$$

其中 $A_{K_i}(p)=K_i\oplus p$。

在简化 AES 加密中构造函数 $A_{K_i}\oplus \text{MC}\oplus \text{SR}\oplus \text{NS}$ 被认为是用在第 i 轮加密的。简化到两轮,A_{K_0} 优先适用于第一轮,MC 忽略第二轮。

4.8 分组算法比较

分组算法有很多,其中较经典的包括 DES、3DES、AES 和 IDEA,其定义与特性如表 4-20 所示。下面将对这些算法进行比较分析。

表 4-20 分组算法的定义与特性

类型	定义	密钥长度	分组长度	循环次数	安全性
DES	数据加密标准,速度较快,适用于加密大量数据的场合	56	64	16	依赖密钥受穷举搜索法攻击
3DES	是基于 DES 的对称算法,对一块数据用三个不同的密钥进行三次加密,强度更高	112 168	64	48	军事级,可抗差值分析和相关分析
AES	高级加密标准,对称算法,是下一代的加密算法标准,速度快,安全级别高,目前 AES 标准的一个实现是 Rijndael 算法	128 192 256	64	10 12 14	安全级别高,高级加密标准
IDEA	国际数据加密算法,使用 128 位密钥提供非常强的安全性	128	64	8	能抵抗差分密码分析的攻击

1. DES

算法的入口参数有三个：Key、Data、Mode。其中 Key 为 8 个字节共 64 位，是 DES 算法的工作密钥。

Data 也为 8 个字节 64 位，是要被加密或被解密的数据。Mode 为 DES 的工作方式，有两种：加密或解密。

如 Mode 为加密，则用 Key 去把数据 Data 进行加密，生成 Data 的密码形式(64 位)作为 DES 的输出结果；如 Mode 为解密，则用 Key 去把密码形式的数据 Data 解密，还原为 Data 的明码形式(64 位)作为 DES 的输出结果。

在通信网络的两端，双方约定一致的 Key，在通信的源点用 Key 对核心数据进行 DES 加密，然后以密码形式在公共通信网(如电话网)中传输到通信网络的终点，数据到达目的地后，用同样的 Key 对密码数据进行解密，便再现了明码形式的核心数据。这样，便保证了核心数据(如 PIN、MAC 等)在公共通信网中传输的安全性和可靠性。通过定期在通信网络的源端和目的端同时改用新的 Key，便能更进一步提高数据的保密性，这正是现在金融交易网络的流行做法。

2. 3DES

3DES 是 DES 加密算法的一种模式，它使用三条 64 位的密钥对数据进行三次加密。数据加密标准(DES)是美国的一种由来已久的加密标准，它使用对称密钥加密法，是 DES 向 AES 过渡的加密算法(1999 年，NIST 将 3DES 指定为过渡的加密标准)，是 DES 的一个更安全的变形。它以 DES 为基本模块，通过组合分组方法设计出分组加密算法。

设 $E_K()$和 $D_K()$代表 DES 算法的加密和解密过程，K 代表 DES 算法使用的密钥，P 代表明文，C 代表密表，这样，

3DES 加密过程为 $C=E_{K3}(D_{K2}(E_{K1}(P)))$

3DES 解密过程为 $P=D_{K1}(E_{K2}(D_{K3}(C)))$

$K1$、$K2$、$K3$ 决定了算法的安全性，若三个密钥互不相同，本质上就相当于用一个长为 168 位的密钥进行加密。多年来，它在对付强力攻击时是比较安全的。若数据对安全性要求不那么高，$K1$ 可以等于 $K3$。在这种情况下，可以表示为

$E_{K1}(D_{K2}(E_{K3}(P))) = C$　加密

$D_{K1}(E_{K2}(D_{K3}(C))) = P$　解密密钥的有效长度为 112 位

3. AES

AES 也是分块对数据加密，只是块的长度并不像 DES 那样定死为 64 位。Rijndael 的密钥长度可以从 128 位起以 32 位为间隔递增到 256 位。Rijndael 算法完全公开、安全性好、运算速度极快。如果取密钥长度为 128 位，想用穷举法破解密钥，就算有一台内含 1000 亿个处理器的计算机，并且每个处理器每秒处理 100 亿个密钥，也要运行 100 亿年才能搜索完整个密钥空间。

4. IDEA

算法安全性比 DES 好(和 AES 差不多)，能抵抗差分密码分析的攻击，而 DES 不行。IDEA 的加密速度比 DES 快，加密数据速率可达到 177MB/s，也和 AES 差不多。

习　题

1. 简述 Feistel 密码的重要性。
2. 混淆和扩散的差别是什么?
3. 在 S-DES 的密钥生成过程中,初始置换 $P10$ 和两个 LS-1 置换的作用是什么?
4. 利用 S-DES 密码体制加密明文 star,主密钥 K=1010010111。
5. 利用 S-DES 密码体制解密密文 star,主密钥 K=1010010111。

第5章　公钥密码体制

在公钥密码体制以前的整个密码学史中，所有的密码算法，包括原始手工计算的、由机械设备实现的以及由计算机实现的，都是基于代替和置换这两个基本工具的。而公钥密码体制则为密码学的发展提供了新的理论和技术基础，一方面公钥密码算法的基本工具不再是代换和置换，而是数学函数；另一方面公钥密码算法是以非对称的形式使用两个密钥，两个密钥的使用对保密性、密钥分配、认证等都有着深刻的意义。可以说公钥密码体制的出现在密码学史上是一个最大的而且是唯一真正的革命。

5.1　概　　述

5.1.1　对称密码体制的缺陷

对称密码体制(分组加密体制)通过对明文的分组可以进行快速的加密，但其存在如下缺陷。

1. 密钥分配问题

通信双方要进行加密通信，需要通过秘密的安全信道协商加密密钥，而这种安全信道可能很难实现。

很久以来，"密钥分发"的问题一直困扰着密码专家。比如，第二次世界大战时，德国高级指挥部每个月都需要分发《每日密钥》月刊给所有的 Enigma 机的操作员。而且，即使 u 型潜艇大多数时间都远离基地，它也不得不想办法获得最新的密钥。美国政府的密钥是 COMSEC(通信安全局的缩写)掌管和分发的。20 世纪 70 年代，COMSEC 每天分发的密钥数以吨计。当装载着 COMSEC 密钥的船靠港时，密码分发员会到甲板上收集各种卡片、纸带以及软盘和其他一切存储密钥的介质。然后，把它们分发给客户。

2. 密钥管理问题

在有多个用户的网络中，任何两个用户之间都需要有共享的密钥，当网络中的用户 n 很大时，需要管理的密钥数目是非常大 $c(n,2)=n(n-1)/2$。若 $n=1000$，则 $C(1000,2)\approx 500\,000$，庞大的密钥如何管理？如何定期更换？这些都是十分复杂的工程。更有甚者，每一个用户与其他 $n-1$ 个用户的保密通信，需保存 $n-1$ 个密钥，如果将其记在本子上或存储在计算机内部都是十分不安全的。

3. 没有签名功能

当主体 A 收到主体 B 的电子文档(电子数据)时，无法向第三方证明此电子文档确实来源于 B。

5.1.2 公钥密码体制的原理

公钥密码算法的最大特点是采用两个相关密钥将加密和解密分开,其中一个密钥是公开的,称为公开密钥,简称公钥,用于加密;另一个密钥为用户专用,因而是保密的,称为秘密密钥,简称密钥,用于解密。因此公钥密码体制也称为双钥密码体制。算法有以下重要特性:已知密码算法和加密密钥,求解密密钥在计算上是不可行的。

公钥密码体制的加密解密原理如图5-1所示。

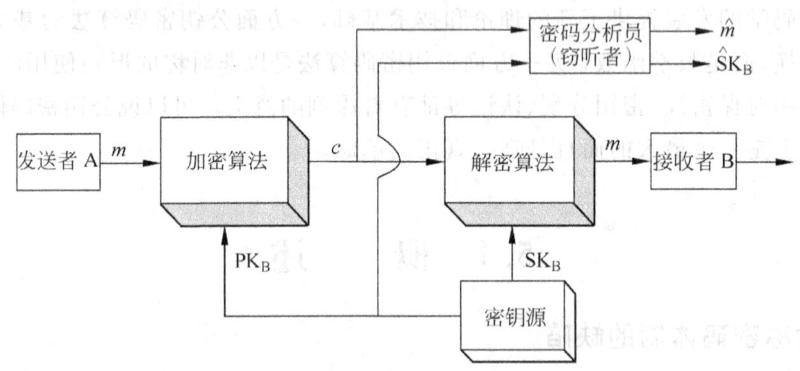

图5-1 公钥密码体制的加解密原理图

整个加解密的过程可以分成如下步骤。

(1) 要求接收消息的端系统,产生一对用来加密和解密的密钥,如图5-1中的接收者B,产生一对密钥 PK_B,SK_B,其中 PK_B 是公钥,SK_B 是密钥;

(2) 端系统B将加密密钥(如图中的 PK_B)予以公开,另一密钥则被保密(图中的 SK_B);

(3) A要想向B发送消息 m,则使用B的公钥加密 m;

(4) B收到密文后,用自己的密钥 SK_B 解密。

因为只有B知道 SK_B,所以其他人都无法对密文解密。

公钥加密算法不仅能用于加、解密,还能用于对发方A发送的消息 m 提供认证,如图5-2所示。用户A用自己的密钥 SK_A 对 m 加密,将密文发往B。B用A的公钥 PK_A 解密。

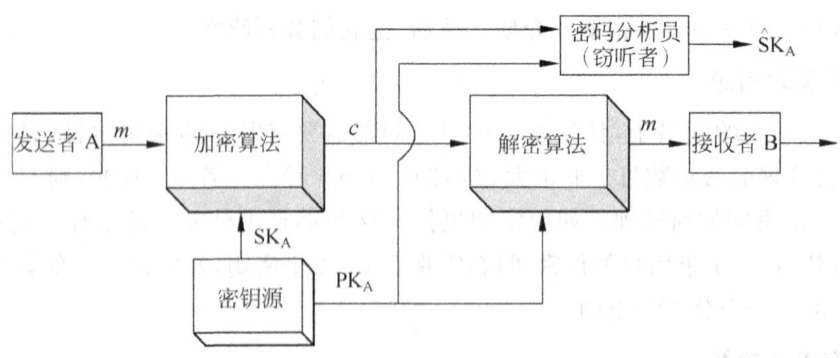

图5-2 公钥密码体制的认证原理图

因为从 m 得到密文是经过A的密钥 SK_A 加密,只有A才能做到。因此密文可当作A对 m 的数字签字。另一方面,任何人只要得不到A的密钥 SK_A 就不能篡改 m,所以以上过程获得了对消息来源和消息完整性的认证。

在实际应用中，特别是用户数目很多时，以上认证方法需要很大的存储空间，因为每个文件都必须以明文形式存储以方便实际使用，同时还必须存储每个文件被加密后的密文形式即数字签字，以便在有争议时用来认证文件的来源和内容。改进的方法是减小文件数字签字的大小，即先将文件经过一个函数压缩成长度较小的比特串，得到的比特串称为认证符。认证符具有这样一个性质：如果保持认证符的值不变而修改文件，这在计算上是不可行的。用发送者的密钥对认证符加密，加密后的结果为原文件的数字签字。这一内容将在后续章节详细介绍。

以上认证过程中，由于消息是由用户自己的密钥加密的，所以消息不能被他人篡改，但却能被他人窃听。这是因为任何人都能用用户的公钥对消息解密。为了同时提供认证功能和保密性，可使用双重加、解密。

5.1.3 Diffie-Hellman 密钥交换算法

在 20 世纪 70 年代中期，斯坦福大学的研究生 Whirefield Diffie 和教授 Martin Hellman 特别研究了密钥分发问题。二人提出了一个方案，由此能够通过交换公开信息建立一个共享的秘密，他们可以在公开的信道上通信，以偷听者可读的形式来回传送信息，同时生成一个不公开的秘密数值，然后通信双方能够使用这个秘密数值作为对称会话密钥，这个方案称为 Diffie-Hellman，或者 DH。DH 解决了一个密钥共享的问题。它的安全性基于计算离散对数的困难性。

这里涉及两个概念，一个是第 3 章中的本原元，一个是离散对数。

定义 5-1　设 p 是素数，a 是 p 的本原根，即 $a^1, a^2, \cdots, a^{p-1}$ 在 mod p 下产生 1 到 $p-1$ 的所有值，所以对 $b \in \{1, \cdots, p-1\}$，有唯一的 $i \in \{1, \cdots, p-1\}$ 使得 $b \equiv a^i \bmod p$，称 i 为模 p 下以 a 为底 b 的离散对数，记为 $i \equiv \log_a b \pmod p$。

当 a、p、i 已知时，可以比较容易地求出 b，但如果已知 a、b 和 p，求 i 则非常困难。

如果两个通信主体 Alice 和 Bob 希望在公开信道上建立密钥，则利用 Diffie-Hellman 密钥交换算法的建立过程为：

(1) 选择一个大素数 p (200 位左右)。

(2) 计算 p 的一个本原元 a。

(3) Alice 选择一个密钥(Secret Key (number) $X_A < p$)。

(4) Bob 选择一个密钥(Secret Key (number) $X_B < p$)。

(5) Alice 和 Bob 计算他们的公开密钥。

$Y_A = a^{X_A} \bmod p$ 以及 $Y_B = a^{X_B} \bmod p$。

(6) Alice 和 Bob 分别公开 Y_A，Y_B。

Diffie-Hellman 密钥交换算法的密钥交换过程为：

(1) Alice 计算共享密钥 $K_1 = Y_B^{X_A} \bmod p$。

(2) Bob 计算共享密钥 $K_2 = Y_A^{X_B} \bmod p$。

(3) 计算

$$\begin{aligned} K_1 &= Y_B^{X_A} \bmod p = (a^{X_B} \bmod p) X^A \bmod p \\ &= a^{X_B X_A} \bmod p = (a^{X_A})^{X_B} \bmod p \\ &= (a^{X_A} \bmod p)^{X^B} \bmod p = Y_A^{X_B} \bmod p = K_2 \end{aligned}$$

所以,可以共享密钥。

这里的安全性主要体现在:如果只知道 a、p、Y_A、Y_B,想计算 X_A 和 X_B 是很困难的。

例如,选取素数 $p=97$,及本原元 $a=5$,Alice 选取密钥 $X_A=36$,Bob 选取密钥 $X_B=58$。计算 Alice 的公钥 $Y_A=5^{36} \bmod 97=50$;Bob 的公钥 $Y_B=5^{58} \bmod 97=44$。

Alice 计算共享密钥 $K_1=44^{36} \bmod 97=75$;Bob 计算共享密钥 $K_2=50^{58} \bmod 97=75$,从而实现了密钥共享。

5.2 RSA 概述

RSA 为目前最著名的公开密钥密码系统,是由三位麻省理工学院(MIT)的学者罗纳德·李维斯特(Ron Rivest)、阿迪·萨莫尔(Adi Shamir)和伦纳德·阿德曼(Leonard Adleman)于 1978 年提出的。RSA 就是他们三人姓氏开头字母拼在一起组成的。RSA 密码系统可用于加解密、数字签章、密钥交换等,其安全性是建立在因子分解的困难度之上的。因子分解问题是指给定一合成数 n 为两个大素数 p 与 q 的乘积,欲分解 n 为计算上不可行的。

RSA 密码体制分成两个部分:密钥生成和加解密算法。

5.2.1 密钥生成

(1) 选两个大素数 p 和 q;

(2) 计算 $n=pq$,$\varphi(n)=(p-1)(q-1)$,其中 $\varphi(n)$ 是 n 的欧拉函数值;

(3) 选一整数 e(公钥),满足 $1<e<\varphi(n)$,且 $\gcd(\varphi(n),e)=1$;

(4) 计算私钥 d,满足 $de\equiv 1 \bmod \varphi(n)$,即 $d=e^{-1} \bmod \varphi(n)$。

可以公开 n 和 e,只要不知道 p 和 q,就很难计算 $\varphi(n)$,就不知道私钥 d。

例 5-1 设 $p=7$,$q=11$,$e=13$,求 n、$\varphi(n)$ 和 d。

【解】

$$n=pq=77$$

$$\varphi(n)=(p-1)(q-1)=6\times 10=60$$

判断 $\gcd(\varphi(n),e)=\gcd(13,60)=1$ 成立。

$$d=e^{-1} \bmod \varphi(n)=13^{-1} \bmod 60$$

用扩展欧几里得算法可得 $d=-23 \bmod 60=37$。

Q	X_1	X_2	X_3	Y_1	Y_2	Y_3
	1	0	60	0	1	13
4	0	1	13	1	−4	8
1	1	−4	8	−1	5	5
1	−1	5	5	2	−9	3
1	2	−9	3	−3	14	2
1	−3	14	2	5	−23	1

5.2.2 加解密算法

1. 加密

$m<n$ 为明文，计算密文 $c=m^e \bmod n$。

2. 解密

计算明文 $m=c^d \bmod n$。

$$\begin{aligned} c^d \bmod n &= (m^e \bmod n)^d \bmod n \\ &= m^{ed} \bmod n \\ &= m^{1+k\times\varphi(n)} \bmod n[\text{因为 } ed\equiv 1 \bmod \varphi(n)] \\ &= (m\times m^{k\times\varphi(n)}) \bmod n \\ &= [m \bmod n\times m^{k\times\varphi(n)} \bmod n] \bmod n \\ &= m \bmod n(\text{欧拉定理}) \\ &= m \end{aligned}$$

例 5-2　设 $p=7$、$q=17$、$e=5$、明文 $m=19$，求 $\varphi(n)$、d 和密文 c。

【解】

$$n=pq=119$$

$$\varphi(n)=(p-1)(q-1)=96$$

判断 $\gcd[\varphi(n),e]=\gcd(96,5)=1$ 成立。

$$d=e^{-1} \bmod \varphi(n)=5^{-1} \bmod 96$$

用扩展欧几里得算法可得 $d=77$。

加密 $c=m^e \bmod n=19^5 \bmod 119=66$。

对密文 c 的解密 $m=c^d \bmod n=66^{77} \bmod 119=19$，这里涉及了大数模幂乘的计算。

5.2.3 大数模幂乘的计算

对于大数模幂乘 $a^m \bmod n$ 的计算，可以采用快速取模指数算法来实现，具体方法包括如下两种方法，其伪码表示如下。

(1) m 的二进制表示为 $b_k b_{k-1}\cdots b_0$，其中 $b_i=\{0,1\}(i=0,1,\cdots,k)$。

```
c = 0; d = 1;
For  i = k downto 0
        {
            c = 2 × c;
            d = (d × d) mod n;
            if bi = 1 then
                {
                c = c + 1;
                d = (d × a) mod n
                }
        }
return d
```

(2) ① $b=m$; $c=a$; $d=1$。

② 如果 $b=0$，输出结果 d。

③ 如果 b 是奇数,转到⑤。

④ $b=b/2$;$c=c^2 \bmod n$,转到③。

⑤ $b=b-1$; $d=(c\times d) \bmod n$,转到②。

例 5-3 用两种方法计算 $30^{37} \bmod 77$。

【解】 第一种方法。

37 的二进制表示为$(100101)_2$。

i	5	4	3	2	1	0
b_i	1	0	0	1	0	1
c	1	2	4	9	18	37
d	30	53	37	29	71	2

第二种方法。

b	c	d
37	30	1
36	↓	30
18	53	↓
9	37	↓
8	↓	32
4	60	↓
2	58	↓
1	53	↓
0	↓	2

5.2.4 素数判断

密钥生成需要两个很大的素数,然而现在却没有一个特别有效的算法来判断一个大数是否为素数。Miller-Rabin 素数判定算法是其中一个相对较好的算法。

定义 5-2 设 $n>2$ 是一个奇数,设 $n-1=2^s m$,其中 s 是非负整数,$m>0$ 是奇数。设 $0<b<n$,如果

$$b^m \equiv 1(\bmod n)$$

或者存在一个 r,$0\leqslant r<s$,使得

$$b^{2^r m} \equiv -1(\bmod n)$$

则称 n 通过以 b 为基的 Miller-Rabin 测试。

定理 5-1 设 $p>2$ 是一个素数。对任意整数 $b>0$,如果 $\gcd(b,p)=1$,则 p 一定可以通过以 b 为基的 Miller-Rabin 测试。

【证明】 设 $p-1=2^s m$,其中 s 是非负整数,$m>0$ 是奇数。令

$$T_k = b^{\frac{(p-1)}{2^k}} \bmod p = b^{2^{s-k}m} \bmod p$$

$k=0,1,2,\cdots,s$。因为 p 是素数,$\gcd(b,p)=1$,所以由 Fermat 定理知

$$b^{p-1} \equiv 1(\bmod p)$$

即

$$T_0 \equiv 1 \pmod p$$

由于 $T_1 = b^{\frac{(p-1)}{2}} \bmod p$，所以

$$T_1^2 \equiv T_0 \equiv 1 \pmod p$$

即

$$T_1 \equiv 1 \pmod p \text{ 或者 } T_1 \equiv -1 \pmod p$$

如果 $T_1 \equiv 1 \pmod p$，由于

$$T_2^2 \equiv T_1 \equiv 1 \pmod p$$

所以，

$$T_2 \equiv 1 \pmod p \text{ 或者 } T_2 \equiv -1 \pmod p$$

一般地，如果 $T_i \equiv 1 \pmod p$，$1 \leqslant i < s-1$，则由于

$$T_{i+1}^2 \equiv T_i \equiv 1 \pmod p$$

所以，

$$T_{i+1} \equiv 1 \pmod p \text{ 或者 } T_{i+1} \equiv -1 \pmod p$$

如果

$$T_0 \equiv T_1 \equiv T_2 \equiv \cdots \equiv T_{s-1} \equiv 1 \pmod p$$

则由于

$$T_s^2 \equiv T_{s-1} \equiv 1 \pmod p$$

所以，

$$T_s \equiv 1 \pmod p \text{ 或者 } T_s \equiv -1 \pmod p$$

因此，对任意整数 $b>0$，如果 $\gcd(b,p)=1$，则 p 一定可以通过以 b 为基的 Rabin 测试。

定理 5-2 如果 $n>2$ 是一个奇合数，则至多有 $\frac{n-1}{4}$ 个 b，$0<b<n$，使得 n 通过以 b 为基的 Miller-Rabin 测试。

Miller-Rabin 素数判定算法描述如下。

奇数 $n \geqslant 3$，$b_k b_{k-1} \cdots b_0$ 为 $(n-1)$ 的二进制数，随机选取整数 $a(1<a<n)$。

```
d = 1
for (i = k;k≥0;i -- )
    {
    do
      {
        x = d;
        d = (d × d) mod n;
        if (d = 1 && x! = 1 && x! = (n - 1))
            return T
        if (bi = 1)
            d = (d × a) mod n
      }
      if (d! = 1)    return T
      return F
    }
```

如果返回 T，证明一定不是素数；如果返回 F，证明可能是素数。

随机选取 a,计算 s 次。如果 $s\geqslant5$,每次都返回 F,则是素数的概率>99.99%。

在 10^{10} 整数范围内,共有 455 052 511 个素数。

5.2.5 梅森素数

马林·梅森(Marin Mersenne,1588—1648)是17世纪法国著名的数学家,他与大科学家伽利略、笛卡儿、费马、帕斯卡、罗伯瓦、迈多治等是密友。

1640年6月,费马在给梅森的一封信中写道,“在艰深的数论研究中,我发现了三个非常重要的性质。我相信它们将成为今后解决素数问题的基础”。这封信讨论了形如 2^p-1 的数(其中 p 为素数)。梅森在欧几里得、费马等人的有关研究的基础上做了大量的计算、验证工作,并于1644年在他的《物理数学随感》一书中断言:对于 $p=2,3,5,7,13,17,19,31,67,127,257$ 时,2^p-1 是素数;而对于其他所有小于257的数时,2^p-1 是合数。前面的7个数(即2,3,5,7,13,17和19)属于被证实的部分,是他整理前人的工作得到的;而后面的4个数(即31,67,127和257)属于被猜测的部分。不过,人们对其断言仍深信不疑,连大数学家莱布尼兹和哥德巴赫都认为它是对的。

虽然梅森的断言中包含着若干错误,但他的工作极大地激发了人们研究素数的热情。由于梅森学识渊博,才华横溢,为人热情以及最早系统而深入地研究 2^p-1 型的数,为了纪念他,数学界就把这种数称为“梅森数”,如果梅森数为素数,则称之为“梅森素数”。

梅森素数在当代具有十分丰富的理论意义和实用价值。它是发现已知最大素数最有效的途径;它推动了有“数学皇后”之称的数论研究,也促进了计算数学、程序设计技术、网格计算技术以及密码技术的发展;另外探究梅森素数的方法还可用来测试计算机硬件运算是否正确。因此,科学家们认为,对于梅森素数的探究能力如何,已在某种意义上标志着一个国家的科技水平。

挪威计算机专家奥德·斯特林德莫通过参加一个名为“因特网梅森素数大搜索”(GIMPS)的国际合作项目,最近发现了第47个梅森素数,该素数为“2的42 643 801次方减1”。它有12 837 064位数,如果用普通字号将这个巨数连续写下来,它的长度超过50km!

5.2.6 RSA的安全性

RSA算法是利用了数学中存在的一种单向性。一般说来,许多数学中的函数都有单向性。这就是说,有许多运算本身并不难,但如果你想把它倒回去,做逆运算,那就难了。RSA算法在理论上的重大缺陷就是并不能证明分解因数绝对是如此之困难,也许我们日后可以找到一种能够快速分解大数的因数的算法,从而使RSA算法失效。

目前RSA算法被广泛应用于各种安全或认证领域,如Web服务器和浏览器信息安全Email的安全和认证、对远程登录的安全保证以及各种电子信用卡系统的核心。

与单钥加密方法比较,RSA算法的缺点就是运算较慢。用RSA算法加密、解密、签名和认证都是由一系列求模幂运算组成的。在实际应用中,经常选择一个较小的公钥或者一个组织使用同一个公钥,而组织中不同的人使用不同的 n,这些措施使得加密快于解密而认证快于签名。一些快速的算法如基于快速傅里叶变换的方法可以有效减少计算步骤,但是在实际中这些算法由于太复杂而不能广泛地使用,而且对于一些典型的密钥长度它们可能会更慢。

1. 攻击 RSA 算法的主要方式

目前对于 RSA 算法的攻击主要有以下方式：选择密文攻击（破译密文和骗取签名）、公共模数攻击、低加密指数攻击、低解密指数攻击、定时攻击。

（1）选择密文攻击。RSA 的模指数运算能够保持输入的乘法结构，即 $E_k(ab)=E_k(a)E_k(b)\pmod n$，这一特点使得 RSA 能够用于消息的隐藏，适于盲签名，但它也影响了 RSA 算法的安全性。

① 破译密文。

假设 A 的公钥为(e,n)，攻击者 B 通过窃听得到发给 A 的密文 $c=m^e \bmod n$，为了获得明文，攻击者随机选取 $r\in \mathbf{Z}_n^*$，计算 $y=r^e \bmod n, t=y^c \bmod n$，令 $k=r^{-1} \bmod n$，则 $k=y^{-d} \bmod n$，现在攻击者 B 让 A 用他的私钥对 t 签名，攻击者就可以得到 $s=t^d \bmod n$，这样攻击者可以计算，$k^s\equiv y^{-d}t^d\equiv y^{-d}y^dc^d\equiv c^d\equiv m^{ed}\equiv m\pmod n$ 于是攻击者获得了明文 m。

② 骗取签名。

攻击者 B 想要获得 A 对一则非法消息 m'的签名，他有多种方法。

方法 1。B 首先随即选取 $x\in\mathbf{Z}_n^*$，计算 $y=x^e \bmod n$，然后攻击者计算 $m=ym' \bmod n$，并将 m 发送给 A 以获得 A 对无害消息 m 的有效签名，A 向 B 发送签名，现在攻击者 B 计算 $m^dx^{-1} \bmod n = y^dm'^dx^{-1} \bmod n = x^{ed}m'^dx^{-1} \bmod n=m'^d \bmod n$，这样，攻击者 B 得到了 A 对非法消息 m'的签名。

方法 2。攻击者 B 首先产生两份消息 m_1,m_2满足 $m'=m_1m_2 \bmod n$，如果攻击者 B 能获得 A 对 m_1,m_2的签名，那么他可以计算 $m'^d \bmod n=m_1{}^dm_2{}^d \bmod n$，从而获得 A 对非法消息 m'的签名。

所以，为了安全起见，不要对陌生人提交的随机性文件签名，并且最好先使用单向 Hash 函数对消息进行散列运算。ISO 9796 分组格式可用来防止这种攻击。

（2）公共模数攻击。如果系统中每个人拥有相同的模数 n，即使每个人采用不同的公/私钥对，系统安全仍然会受到巨大的威胁。设消息为 m，两个加密密钥为分别为 e_1,e_2，且满足 $\gcd(e_1,e_2)=1$，两个密文为 $c_1=me^1 \bmod n, c_2=me^2 \bmod n$，由于，攻击者很容易由扩展欧几里得算法得到 r,s，满足 $re_1+se_2=1$，那么 $c_1{}^rc_2{}^s \bmod n=m^{re1+mse2} \bmod n=m$。因此，在一组用户之间共享模数是不安全的。

（3）低加密指数攻击。在 RSA 加密和数字签验证中，如果选取了较低的 e 值可以加快速度，但这是不安全的，Hastad 证明如果采用不同的模数 n，相同的公钥 e，则对 $e(e+1)/2$ 个线性相关的消息加密，系统安全会受到威胁。如果消息比较短，或者消息不相关，就不存在这个问题。如果消息相同，那么只要有个消息就可以攻击系统。一般来讲，选取 16 位以上的素数速度比较快，而且可以阻止该攻击。对于较短的消息，使用独立随机值填充消息，可以阻止该攻击，这也能保证 $m^e \bmod n\neq m^e$。Machael Wiener 给出了另外一种攻击，可以成功地计算解密指数 d，前提是满足如下条件：$3d<n^{1/4}$，并且 $q<p<2q$。

（4）定时攻击。定时攻击主要针对 RSA 核心运算是非常耗时间的模乘，只要能精确监视 RSA 的解密过程，获得解密时间，就可以估算出私有密钥 d。模指数运算是通过一位一位来计算的，每次迭代执行一次模乘，并且如果当前位是 1，则还需要进行一次模乘。对于有些密码，后一次模乘执行速度会极慢，攻击者就可以在观测数据解密时，根据执行时间判断当前位是1还是0,不过这种方法只是理论上可以考虑,实际操作很困难。如果在加密前对数据做盲化处理,再进行加密,使得加密时间具有随机性,最后进行去盲,这样可以抵抗定时攻击,不过增加了数据处理步骤。

2. RSA参数的选择

RSA算法的安全性主要依赖于RSA参数的选择,因此需要对这个算法中的各个参数仔细选择。

p,q选择强素数,否则不能防御某些特殊的因子分解方法。假设p,q不是强素数。可以假设$p-1$没有大的素因子,$p-1=p_1^{a1}\cdots p_m^{a_m}$,其中$p_i$为素数,$a_i$是自然数($1\leqslant i\leqslant m$)。可以设$p_i<A(1\leqslant i\leqslant m)$,$A$为一较小的整数,此时分解$n$就比较容易。我们可以设$a\geqslant a_i(1\leqslant i\leqslant m)$,可以构造$B=p_1^a\cdots p^{ma}$,此时必有$(p-1)\mid B$。由费马定理知道,$2^B=1 \bmod p$,又因为有$(p-1)\mid B$。我们如下处理$x^B=y \bmod n$,可以把$x^B$看成是$p$的某整数倍加1。如果$2^B=y \bmod n$中,$y=1$,则把$x$换成3,……,直到$y\neq 1$。那么,$\gcd(y-1,n)=p$,因为$y$应该为$p$的某整数倍加1。由此可以求出$p$与$q$。

p与q之差要比较大,否则$n\approx(p+q)^2/4-(p-q)^2/4$。也就是说$n^{0.5}$接近$(p+q)/2$,逐个找比$n^{0.5}$略大的自然数$N$,到使$(N^2-n)$是一个完全平方数。可以设$x^2=N^2-n$,则$n=N^2-x^2=(N+x)(N-x)$,则$p=N-x,q=N+x$。

$p^3/1$与$q^3/1$的最大公因子应很小,否则,RSA有可能在不需要因子分解时即可被攻破,$p^3/1$与$q^3/1$都应包含大的素因子。

p,q应该足够大,使得在计算上分解n是不可能的。

$\gcd((p-1),(q-1))$小。否则,可以采用迭代方法。对密文$c=M^e \bmod n$反复进行e次幂的运算。c^e,c^{ee},……到出现c的e^t次幂$\bmod n$为c为止,则c的e^{t-1}次幂$\bmod n$为M,当t不是很大时,这种攻击是有效的。由Eluer定理知$e^t=1 \bmod \Phi(n)$,同样由Eluer定理,t的最小值有$t=\Phi(\Phi(n))=\Phi[(p-1)\ (q-1)]$,如果$\gcd[(p-1),(q-1)]$小,$\Phi(\Phi(n))$就很大,$t$就会很大。

e不可选择过小,加密速度快但可以采用低指数攻击。在$c=M^e \bmod n$中,如果e选择过小,可能没有模n的运算,可以通过直接开平方得到。一般选择使$e^i=1 \bmod \Phi(n)$中的i尽可能大的e。

密钥d的选取是最为关键的,应使$d>N^{0.25}$且越大越好,这是因为当d的长度小于N的长度的0.25倍时,攻击者可能通过连分数方法在多项式时间内求出d,而当$d>N^{0.25}$时,攻击者只能采用穷举攻击法,若d较小,则显然破译困难远比大因子分解的难度小,系统被直接攻破的可能性较大。另外,d又不能太接近e,否则RSA密钥系统较容易被攻破,因为攻击者最喜欢从比较小的数和e附近进行攻击。

用户不能使用相同的模n,否则任一用户的n被分解,可通过其他用户的公钥求出其私钥。

明文M的熵要尽可能大,使得在已知密文的情况下,要猜测明文的内容几乎是不可能的。

由以上所述,RSA的全部保密性依赖于$N=p\times q$的分解难度计算,是一个大因子分解问题,但是,目前并不能从理论上证明这一点。而从实践的角度说,$N=p\times q$的分解可使系统完全被解密。再有,即使N未被分解,若参数选择不当,攻击者也完全可能在可以接受的时间内解密,主要原因是明文和密文以及N和e提供了另外一些破解信息。因此,破译

RSA 不可能比大因子分解更困难。

5.3 Rabin 密码系统

Rabin 的加密法可以说是 RSA 方法的特例，于 1979 年由 Rabin 所提出，其困难度是建立在 mod n 下找出平方根。

Rabin 密码体制是对 RSA 的一种修正，它有两个特点。Rabin 密码体制不是以一一对应的单向限门函数为基础的，对同一密文，可能有两个以上对应的明文；破译该体制等价于对大整数的分解。

以下将针对密钥产生与加解密程序做一简介。

1. 密钥的产生

随机选择两个大素数 p、q，满足 $p \equiv q \equiv 3 \bmod 4$，即这两个素数形式为 $4k+3$；计算 $n=p\times q$。以 n 作为公钥，p、q 作为密钥。

2. 加密

计算密文 $c=m^2 \bmod n$，其中 m 为明文，c 为密文。

3. 解密

解密就是求 c 模 n 的平方根，由中国剩余定理知，解该方程组等价于解方程组

$$\begin{cases} x^2 \equiv c \bmod p \\ x^2 \equiv c \bmod q \end{cases}$$

由于 $p \equiv q \equiv 3 \bmod 4$，方程组的解可以很容易地求出，其中每个方程都有两个解，即

$$x \equiv m \bmod p,\quad x \equiv -m \bmod p$$
$$x \equiv m \bmod q,\quad x \equiv -m \bmod q$$

组合得到 4 个同余方程组。

$$\begin{cases} x \equiv m \bmod p \\ x \equiv m \bmod q \end{cases} \quad \begin{cases} x \equiv m \bmod p \\ x \equiv -m \bmod q \end{cases}$$
$$\begin{cases} x \equiv -m \bmod p \\ x \equiv m \bmod q \end{cases} \quad \begin{cases} x \equiv -m \bmod p \\ x \equiv -m \bmod q \end{cases}$$

由中国剩余定理可解出每一方程组的解，共有 4 个，即每一密文对应的明文不唯一。为了有效地确定明文，可在 m 中加入某些信息，如发送者的身份号、接收者的身份号、日期和时间等。

5.4 ElGamal 密码系统

ElGamal 为目前著名的公开密钥密码系统之一，是由 ElGamal 于 1985 年提出。ElGamal 密码系统可作为加解密、数字签章等之用，其安全性是建立于离散对数问题。

1. 密钥产生

任选一个大质数 p,使得 $p-1$ 有大质因子;

任选一个 $\bmod p$ 之原根 g;

公布 p 与 g;

使用者任选一私钥 $x \in Z_p$,并计算公钥 $y=g^x \bmod p$。

2. 加密(m 为明文)

任选一个随机数 $r \in Z_p$ 满足 $\gcd(r,p-1)=1$,并计算

$$c_1 = g^r \bmod p$$

$$c_2 = m \times y^r \bmod p$$

密文为$\{c_1,c_2\}$。

3. 解密

计算 $w=(c_1^x)^{-1} \bmod p$

计算明文 $m=c_2 \times w \bmod p$。

破解 ElGamal 公钥密码系统最直接的办法是计算离散对数。当 $p-1$ 的所有因子都是小素数时,可以采用 Pohlig-Hellman 算法。此外可以仿照因子分解算法引入因子库,先计算因子库中素数的离散对数,然后计算期望元素 β 的离散对数,这是比较有效的指标计算方法。

ElGamal 公钥密码系统可以在任何循环群上实现。选择群的标准是:群中的运算容易实现,以保证有效性。在群中离散对数问题在计算上是困难的,以保证安全性。

ElGamal 方法具有以下优点。系统不需要保存秘密参数,所有的系统参数均可公开;同一个明文在不同的时间由相同加密者加密会产生不同的密文(几率式密码系统),但 ElGamal 方法的计算复杂度比 RSA 方法要大。

目前最受关注的群是定义在有限域上椭圆曲线的点所构成的循环群。椭圆曲线公钥密码系统是替代 RSA 公钥密码系统的最佳选择。它比 RSA 和有限域上的公钥密码系统更加有效。因为要达到 1024 位 RSA 安全水平,椭圆曲线公钥密码系统只要 163 位数上的运算就足够了。虽然这里运算比素数域的模运算要复杂,但是密钥要短很多。椭圆曲线群的另一个特点是对同样的基域可以选择不同的椭圆曲线,而这些不同的椭圆曲线可采用相同的芯片来实现域的运算。

5.5 椭圆曲线密码系统

椭圆曲线密码学(Elliptic Curve Cryptosystem, ECC)是基于椭圆曲线数学的一种公钥密码方法。1985 年,Neal Koblitz 和 Victor Miller 分别独立提出了椭圆曲线密码体制(ECC),其依据就是定义在椭圆曲线点群上的离散对数问题的难解性。

ECC 被广泛认为是在给定密钥长度的情况下,最强大的非对称算法,因此在对带宽要求十分紧的连接中会十分有用。

ECC 的主要优势是在某些情况下它比其他的方法使用更小的密钥，比如 RSA 提供了相当的或更高等级的安全。ECC 的另一个优势是可以定义群之间的双线性映射，基于 Weil 对或是 Tate 对；双线性映射已经在密码学中发现了大量的应用，例如基于身份的加密。不过一个缺点是加密和解密操作的实现比其他机制花费的时间长。

国家标准与技术局和 ANSI X9 已经设定了最小密钥长度的要求，RSA 和 DSA 是 1024 位，ECC 是 160 位，相应的对称分组密码的密钥长度是 80 位。NIST 已经公布了一列推荐的椭圆曲线用来保护 5 个不同的对称密钥大小(80，112，128，192，256)。一般而言，二进制域上的 ECC 需要的非对称密钥的大小是相应的对称密钥大小的两倍。

椭圆曲线密码学的许多形式有稍微的不同，所有的都依赖于被广泛承认的解决椭圆曲线离散对数问题的困难性上，对应有限域上椭圆曲线的群。

5.5.1 相关概念

无穷远元素(无穷远点，无穷远直线)平面上任意两相异直线的位置关系有相交和平行两种。引入无穷远点，是两种不同关系的统一。$AB\perp L1$，$L2 /\!/ L1$，直线 AP 由 AB 起绕 A 点依逆时针方向转动，P 为 AP 与 $L1$ 的交点，如图 5-3 所示。$Q=\angle BAP\rightarrow\pi/2$ 则 $AP\rightarrow L2$，可设想 $L1$ 上有一点 P_∞，它为 $L2$ 和 $L1$ 的交点，称之为无穷远点。直线 $L1$ 上的无穷远点只能有一个(因为过 A 点只能有一条平行于 $L1$ 的直线 $L2$，而两直线的交点只能有一个)。

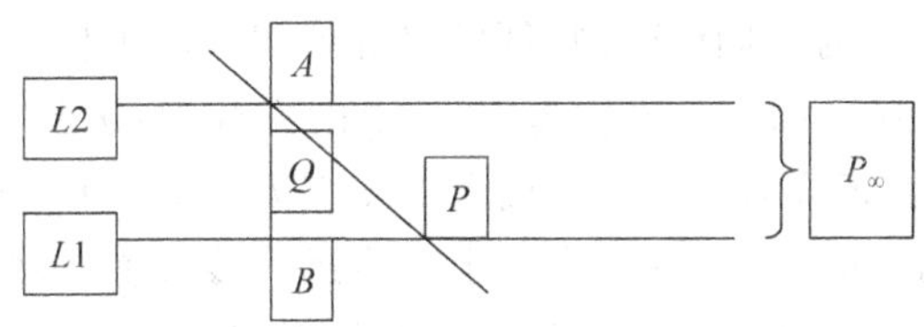

图 5-3 无穷远点

所以，平面上一组相互平行的直线，有公共的无穷远点(为与无穷远点相区别，把原来平面上的点叫做平常点)。

平面上任何相交的两直线 $L1$，$L2$ 有不同的无穷远点。原因是：若否，则 $L1$ 和 $L2$ 有公共的无穷远点 P_∞，则过两相异点 A 和 P_∞ 有相异两直线，与公理相矛盾。

全体无穷远点构成一条无穷远直线。

欧式平面添加上无穷远点和无穷远直线，自然构成射影平面，如图 5-4 所示。

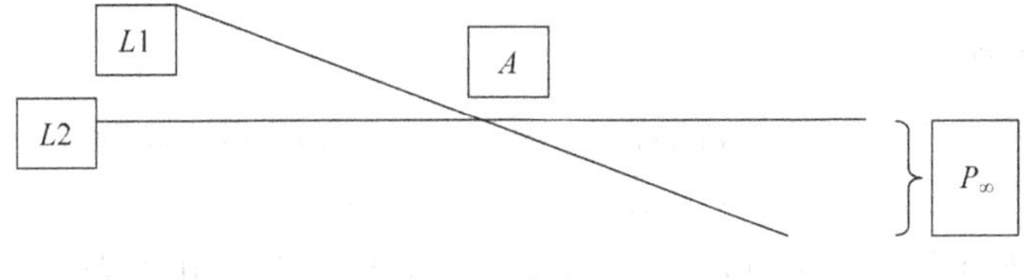

图 5-4 欧式平面

齐次坐标，解析几何中引入坐标系，用代数的方法研究欧氏空间。这样的坐标法也可推广至摄影平面上，建立平面摄影坐标系。

平面上两相异直线 $L1,L2$,其方程分别为

$$L1:\ a_1x+b_1y+c_1=0$$
$$L2:\ a_2x+b_2y+c_2=0$$

其中 a_1,b_1 不同时为 0; a_2,b_2 也不同时为 0。

设

$$\boldsymbol{D}=\begin{vmatrix} a_1 & b_1 \\ a_2 & b_2 \end{vmatrix} \quad \boldsymbol{D}_x=\begin{vmatrix} b_1 & c_1 \\ b_2 & c_2 \end{vmatrix} \quad \boldsymbol{D}_y=\begin{vmatrix} c_1 & a_1 \\ c_2 & a_2 \end{vmatrix}$$

若 $\boldsymbol{D}\neq\boldsymbol{0}$,则两直线 $L1,L2$ 相交于一平常点 $P(x,y)$,其坐标为 $x=\boldsymbol{D}_x/\boldsymbol{D},y=\boldsymbol{D}_y/\boldsymbol{D}$。

这组解可表为 $x/\boldsymbol{D}_x=y/\boldsymbol{D}_y=1/\boldsymbol{D}$。(约定分母 $\boldsymbol{D}_x,\boldsymbol{D}_y$ 有为 0 时,对应的分子也要为 0)上述表示可抽象为$(\boldsymbol{D}_x,\boldsymbol{D}_y,\boldsymbol{D})$。

若 $\boldsymbol{D}=\boldsymbol{0}$,则 $L1/\!/L2$,此时 $L1$ 和 $L2$ 交于一个无穷远点 P_∞。这个点 P_∞ 可用过原点 O 且平行于 $L2$ 的一条直线 L 来指出他的方向,而这条直线 L 的方程就是 $a_2x+b_2y=0$。

为把平常点和无穷远点的坐标统一起来,把点的坐标用(X,Y,Z)表示,X,Y,Z 不能同时为 0,且对平常点(x,y)来说,有 $Z\neq0,x=X/Z,y=Y/Z$,于是有

$$\frac{\frac{X}{Z}}{\boldsymbol{D}_x}=\frac{\frac{Y}{Z}}{\boldsymbol{D}_y}=\frac{1}{\boldsymbol{D}}$$

$X/\boldsymbol{D}_x=Y/\boldsymbol{D}_y=Z/\boldsymbol{D}$,有更好的坐标抽象$(X,Y,Z)$,这样对于无穷远点则有 $Z=0$ 也成立。

若实数 $p\neq0$,则(pX,pY,pZ)与(X,Y,Z)表示同一个点。实质上用$(X:Y:Z)$表示。三个分量中,只有两个是独立的,具有这种特征的坐标就叫齐次坐标。

设有欧氏直线 L,它在平面直角坐标系 Oxy 上的方程为 $ax+by+c=0$,则 L 上任一平常点(x,y)的齐次坐标为(X,Y,Z),$Z\neq0$,代入得 $ax+by+cz=0$。给 L 添加的无穷远点的坐标(X,Y,Z)应满足 $ax+by=0,z=0$;平面上无穷远直线方程自然为 $z=0$。

K 为域,K 上的摄影平面 $P^2(K)$是一些等价类的集合$\{(X:Y:Z)\}$。考虑下面的 Weierstrass 方程(次数为 3 的齐次方程)。

$$y^2z+a_1xyz+a_3yz^2=x^3+a_2x^2z+a_4xz^2+a_6z^3$$

其中,系数 $a_i\in K$,或 $a_i\in K$ 为 K 的代数闭域。

Weierstrass 方程被称为光滑的或非奇异的是指对所有适合以下方程的射影点 $P=(X:Y:Z)\in P^2(K)$来说,

$$F(x,y,z)=y^2z+a_1xyz+a_3yz^2-x^3-a_2x^2z-a_4xz^2-a_6z^3=0$$

在 P 点的三个偏导数之中至少有一个不为 0,否则称这个方程为奇异的。

5.5.2 椭圆曲线

椭圆曲线 E 是一个光滑的 Weierstrass 方程在 $P^2(K)$中的全部解集合。

$$y^2z+a_1xyz+a_3yz^2=x^3+a_2x^2z+a_4xz^2+a_6z^3$$

在椭圆曲线 E 上恰有一个点,称之为无穷远点,即$(0:1:0)$用 θ 表示。椭圆曲线的研究来源于椭圆积分$\int\frac{\mathrm{d}x}{\sqrt{E(x)}}$。

这里,$E(x)$是 x 的三次多项式或四次多项式。这样的积分不能用初等函数来表达,为

此引进所谓的椭圆函数。所谓的椭圆曲线指的是由韦尔斯特拉斯(Weierstrass)方程,可用非齐次坐标的形式来表示,设 $x=X/Z$,$y=Y/Z$,于是原方程可转化为

$$y^2 + a_1xy + a_3y = x^3 + a_2x^2 + a_4x + a_6 \tag{5-1}$$

此时,椭圆曲线 E 就是方程(5-1)在射影平面 $P^2(K)$上的全部平常点解,外加一个无穷远点 θ 组成的集合。

若 $a_1,a_2,a_3,a_4,a_6 \in K$,此时椭圆曲线 E 被称为定义在 K 上,用 E/K 表示。如果 E 被限定在 K 上,那么 E 的 K——有理点集合表示为 $E(K)$,它为 E 中的全体有理坐标点的集合外加无穷远点 θ。

实域 R 上的椭圆曲线。设 $K=R$,此时的椭圆曲线可表为平面上的通常曲线上的点,外加无穷远点 θ。实域 R 上椭圆曲线的点的加法运算法则如下。

设 $L \in P^2(R)$为一条直线。因为 E 的方程是三次的,所以 L 可与 E 在 $P^2(R)$恰有三个交点,记为 P、Q、R(注意:如果 L 与 E 相切,那么 P、Q、R 可以不是相异的)。按下述方式定义 E 上运算$\oplus$。

设 P、$Q \in E$,L 为连接 P、Q 的直线(若 $P=Q$,则 L 取过 P 点的切线);设 R 为L 与 E 的另一个交点;再取连接 R 与无穷远点的直线 L',则 L'与 E 的另一个交点定义为 $P\oplus Q$。

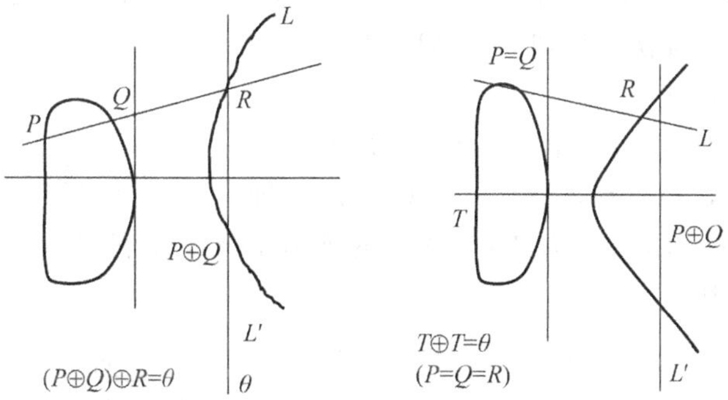

以上的实际图像为椭圆曲线 $y^2=x^3-x$ 的一般化。来自对具体曲线的抽象。对运算更具体一些。

设 $P=(x_1,y_1)$,$Q=(x_2,y_2)$,$P\oplus Q=(x_3,y_3)$,由 $P\oplus Q$ 的定义,设 $y=\alpha x+\beta$ 为通过 P,Q 两点直线 L 的方程,可算出

$$\alpha = (y_2 - y_1)/(x_2 - x_1), \quad \beta = y_1 - \alpha x_1$$

易见,直线 L 上的一个点$(x, \alpha x+\beta)$在椭圆曲线 E 上,当且仅当

$$(\alpha x + \beta)^2 = x^3 - x, \quad P \oplus Q = (x_1,y_1) \oplus (x_2,y_2) = (x_3,y_3) = [x_3, -(\alpha x_3 + \beta)]$$

其中,

$$x_3 = \alpha^2 - x_1 - x_2 = [(y_2 - y_1)/(x_2 - x_1)]^2 - x_1 - x_2$$

$$y_3 = -y_1 + [(y_2 - y_1)/(x_2 - x_1)](x_1 - x_3)$$

当 $P=Q$ 时,$P\oplus Q=(x_3,y_3)$算得

$$x_3 = [(3x_1^2 - 1)/2y_1]^2 - 2x_1; \quad y_3 = -y_1 + ((3x_1^2 - 1)/2y_1)(x_1 - x_3)$$

有结论如下。

(1) 如果直线 L 与 E 相交与三点 P,Q,R(不一定相异),那么 $(P\oplus Q)\oplus R=\theta$(从图中可见);

(2) 任给 $P\in E$,$P\oplus\theta=P$(此时设 $Q=\theta$,易见 $L=L'$);

(3) 任给 $P,Q\in E$ 有 $P\oplus Q=Q\oplus P$;

(4) 设 $P\in E$,那么可以找到 $-P\in E$ 使 $P\oplus -P=\theta$;

(5) 任给 $P,Q,R\in E$,有 $(P\oplus Q)\oplus R=P\oplus(Q\oplus R)$;

综上所述,知 E 对 $\oplus$ 运算形成一个 Abel 群。

(6) 上述规则可开拓到任意域上,特别是有限域上。假定椭圆曲线是定义在有限域 F_q 上($q=pm$),那么:

$E(F_q)=\{(x,y)\in F_q\times F_q \mid y^2+a_1xy+a_3y=x^3+a_2x^2+a_4x+a_6\}\cup\{\theta\}$,它对"$\oplus$"形成一个群,为 Abel 群。

令 F_q 表示 q 个元素的有限域,用 $E(F_q)$ 表示定义在 F_q 上的一个椭圆曲线 E。$E(F_q)$ 的点数用 $\#E(F_q)$ 表示,则 $|\#E(F_q)-q-1|\leqslant 2q^{1/2}$。

F_p(素域,p 为素数)上椭圆曲线,令 $p>3$,$a,b\in F_p$,满足 $4a^3+27b^2\neq 0$,由参数 a 和 b 定义的 F_p 上的一个椭圆曲线方程为

$$y^2=x^3+ax+b \tag{5-2}$$

它的所有解 (x,y),$(x\in Fp, y\in Fp)$,连同一个称为"无穷远点"(记为 θ)的元素组成的集合记为 $E(F_p)$,由 Hass 定理知 $p+1-2p^{1/2}\leqslant \#E(F_p)\leqslant p+1+2p^{1/2}$ 集合 $E(F_p)$ 对应下面的加法规则,且对加法 $\oplus$ 形成一个 Abel 群。

(1) $\theta\oplus\theta=\theta$(单位元素);

(2) $(x,y)\oplus\theta=(x,y)$,任给 $(x,y)\in E(F_p)$;

(3) $(x,y)\oplus(x,-y)=\theta$,任给 $(x,y)\in E(F_p)$,即点 (x,y) 的逆元为 $(x,-y)$;

(4) 令 (x_1,y_1),(x_2,y_2) 为 $E(F_p)$ 中的非互逆元,且满足 $x_1\neq x_2$,则 $(x_1,y_1)\oplus(x_2,y_2)=(x_3,y_3)$,其中

$$\begin{cases} x_3=\lambda^2-x_1-x_2 \\ y_3=\lambda(x_1-x_3)-y_1 \end{cases},\quad \lambda=\frac{y_2-y_1}{x_2-x_1} \tag{5-3}$$

(5) (倍点运算规则)设 $(x_1,y_1)\in E(Fp)$,$y_1\neq 0$,则 $2(x_1,y_1)=(x_3,y_3)$,其中

$$\begin{cases} x_3=\lambda^2-2x_1 \\ y_3=\lambda(x_1-x_3)-y_1 \end{cases},\quad \lambda=\frac{3x_1^2+a}{2y_1} \tag{5-4}$$

若 $\#E(F_p)=p+1$,则曲线 $E(F_p)$ 称为超奇异的,否则称为非超奇异的。

例如,F_{23} 上的一个椭圆曲线,令 $y^2=x^3+x+1$ 是 F_{23} 上的一个方程($a=b=1$),则该椭圆曲线方程在 F_{23} 上的解为($y^2=x^3+x+1$ 的点)。

(0,1),(0,22),(1,7),(1,16),(3,10),(3,13),(4,0),(5,4),(5,19),(6,4),(6,19),(7,11),(7,12),(9,7),(9,16),(11,3),(11,20),(12,4),(12,19),(13,7),(13,16),(17,3),(17,20),(18,3),(18,20),(19,5),(19,18);θ。

群 $E(F_{23})$ 有 28 个点(包括无穷远点 θ)。

5.5.3 利用 ElGamal 的椭圆曲线加密法

1. 密钥产生

令系统公开参数为一个椭圆曲线 E 及模数 p,使用者执行以下操作。

任选一个整数 k，$0<k<p$；

任选一个点 $A\in E$，并计算 $B=kA$；

公钥为 (A,B)，私钥为 k；

注：从 (A,B) 中去推导 k 相当于计算离散对数问题。

2. 加密程序

令明文 M 为 E 上的一点。首先任选一个整数 $r\in Z_p$，然后计算密文 $(C_1,C_2)=(rA,M+rB)$。注：密文为两个点。

3. 解密程序

计算明文 $M=C_2-kC_1$。

例如，

$$p=11,\quad E:y^2=x^3+x+6 \bmod 11$$
$$A=(2,7),\quad k=7\rightarrow B=7A=(7,2)$$

令 $M=(10,9)$，任选的 $r=3$，则

$$\begin{aligned}(C_1,C_2)&=(rA,M+rB)=[3(2,7),(10,9)+3(7,2)]\\&=[(8,3),(10,2)](\text{mod } 11)\end{aligned}$$

解密时，计算明文如下。

$$\begin{aligned}M&=C_2-7C_1=(10,2)-7(8,3)\\&=(10,2)-(3,5)=(10,2)+(3,6)=(10,9)(\text{mod } 11)\end{aligned}$$

5.5.4 利用 Menezes-Vanstone 的椭圆曲线加密法

1. 密钥产生

令系统公开参数为一个椭圆曲线 E 及模数 p，使用者执行以下操作。

任选一个整数 k，$0<k<p$；

任选一个点 $A\in E$，并计算 $B=kA$；

公钥为 (A,B)，私钥为 k。

2. 加密程序

令明文 $M=(m_1,m_2)$ 不需在 E 上。

任选一个数 $r\in Z_H$，其中为 E 所包含的一个循环子群。

计算密文 (C_1,C_2)，其中，

$$C_1=rA$$
$$Y=(y_1,y_2)=rB$$
$$C_2=(c_{21},c_{22})=(y_1\times m_1 \bmod p, y_2\times m_2 \bmod p)$$

3. 解密程序

计算 $Z=(z_1,z_2)=kC_1$。

计算明文 $M=(c_{21}\times z_1^{-1} \bmod p, c_{22}\times z_2^{-1} \bmod p)$。

5.5.5 椭圆曲线共享秘密推导机制

椭圆曲线共享秘密推导机制，主要是针对 IEEE 1363 中的 ECSVDP-DH、ECSVDP-

DHC、ECSVDP-MQV,与ECSVDP-MQVC,说明其中运作机制。IEEE 1363中定义一般密钥协议操作如下。

(1) 建立一个或多组有效领域参数,其中双方密钥对应与这些参数相关。

(2) 选择一个或更多个与领域参数有关联的有效私钥。

(3) 取得一个或更多个对方辅助的公钥。

(4) 视步骤(5)的密码运算(Cryptographic Operation)而定,决定一个适合的方法来验证公钥参数。若验证失败,则输出"无效"并且停止执行。

(5) 使用特定的密码运算于私钥及公钥,以产生一个共享秘密值。

(6) 为了要同意一把共享密钥,则要建立或同意密钥推衍参数并从共享秘密值推衍出一把共享密钥,及使用密钥推衍函数(Key Derivation Function)推衍出密钥推衍参数。

需要特别注意到如下几点。

(1) 一密钥对的重复使用视实际而定,任何一方可能会使用一个给定的私钥/公钥对进行多次的密钥协议运算。

(2) 拥有者的鉴别。获得对方公钥可能包括公钥拥有者的鉴别,这可透过凭证或其他方法来验证。

(3) 领域参数与密钥验证。因为一个密钥协议的方法假设领域参数与公钥皆为有效,所以在该方法里并没有定义验证领域参数的方法。除非领域参数与公钥为无效之情形的概率很低,否则建议执行密钥协议的步骤(4)。

(4) 密钥推衍参数。视密钥推衍函数而定,可使用的密钥推衍参数可能会有安全相关的限制,例如这些参数可包含密钥规格信息,协议相关公开信息,补充及私密信息。为了安全考虑,这些参数的说明必须明确。

5.5.6　椭圆曲线密码体制的优点

与基于有限域上离散对数问题的公钥体制(如Diffie-Hellman密钥交换和ElGamal密码体制)相比,椭圆曲线密码体制有如下优点。

1. 安全性高

攻击有限域上的离散对数问题可以用指数积分法,其运算复杂度为$O[\exp^3\sqrt{(\log p)(\log\log p)^2}]$,其中$p$是模数(为素数)。而它对椭圆曲线上的离散对数问题并不有效。目前攻击椭圆曲线上的离散对数问题的方法只有适合攻击任何循环群上离散对数问题的大步小步法,其运算复杂度为$O[\exp(\log\sqrt{P_{max}})]$,其中,$P_{max}$是椭圆曲线所形成的Abel群的阶的最大素因子。因此,椭圆曲线密码体制比基于有限域上的离散对数问题的公钥体制更安全。

2. 密钥量小

由攻击两者的算法复杂度可知,在实现相同的安全性能条件下,椭圆曲线密码体制所需的密钥量远比基于有限域上的离散对数问题的公钥体制的密钥量小。

3. 灵活性好

有限域GF(q)一定的情况下,其上的循环群(即GF(q)$-\{0\}$)就定了,而GF(q)上的椭圆曲线可以通过改变曲线参数,得到不同的曲线,形成不同的循环群。因此,椭圆曲线具有丰富的群结构和多选择性。

正是由于椭圆曲线具有丰富的群结构和多选择性，并可在保持和 RSA/DSA 体制同样安全性能的前提下大大缩短密钥长度（目前 160 比特足以保证安全性），因而在密码领域有着广阔的应用前景。

习　题

1. 公钥密码体制的三种应用是什么？

2. 在公钥密码体制中，哪些参数是可以公开的？哪些参数是必须保密的？

3. 在使用 RSA 的公钥体制中，已截获发给某用户的密文 $C=10$，该用户的公钥 $e=5$，$n=35$，那么明文 M 等于多少？

4. 在 RSA 密码体制中，某给定用户的公钥 $e=31$，$n=3599$，那么该用户的私钥等于多少？

第6章 序列密码

序列密码(流密码)是密码学中一个重要的密码体制。它的起源可以追溯到20世纪20年代的Vernam体制,即古典密码学中Vernam体制。将明文流和密文流都转化成二进制,然后进行异或处理,但是Vernam体制每次加密的密钥量都是相同的,这很容易被破译。

1949年,Shannon(香农)证明了只有一次一密的密码体制才是绝对安全的。这给序列密码技术以强有力的支持,序列密码就是模仿"一次一密"进行设计的。

序列密码属于"一次一密",但每次加解密的密钥都是相同的,可以将其归结为分组密码的一种形式,相对于分组密码,序列密码的特点如下。

(1) 分组密码以固定大小的分组作为每次处理的单元,而序列密码则是以每次一个元素(一个字母或者一个比特)作为基本单元;

(2) 分组密码的加密特性不随时间而变化,扩散性好,但是加解密处理速度慢,而序列密码是一个随时间变化的加密变换,扩散性不够好,但是加解密速度快;

(3) 分组密码相对复杂,而序列密码具有软件实现简单,同时还便于硬件实现的特点。

6.1 序列密码模型

如何做到"一次一密"?

如果每次加密的密钥都是随机产生的,就可以保证"一次一密"。但是如果加密密钥是随机的,如何确保解密也是相同的呢?需要同步处理,即在保密通道中进行同步处理。

根据加密过程是否依赖于明文字符,序列密码分为同步和自同步两种。如果独立于明文字符就叫做同步序列密码,如图6-1所示;否则叫做自同步序列密码,如图6-2所示。

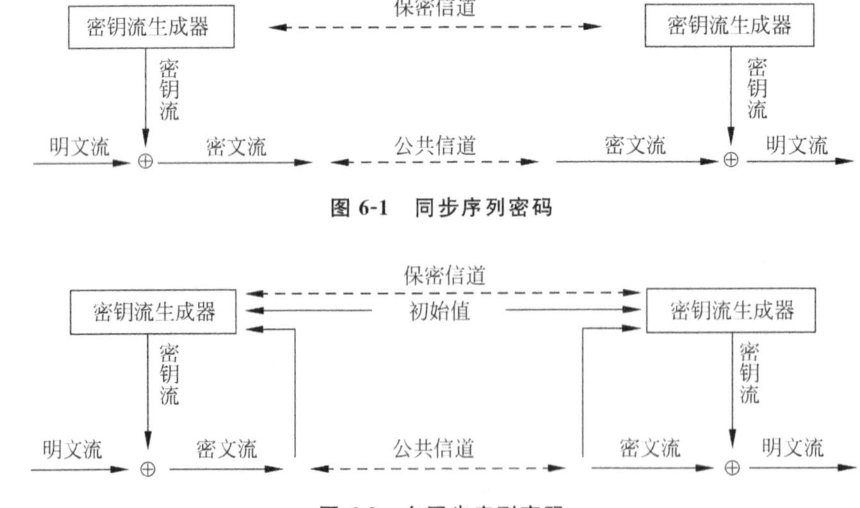

图6-1 同步序列密码

图6-2 自同步序列密码

在同步序列密码中，如果传输过程一个密文发生丢失，那么之后的解密将失败。收发双方必须重新同步，即从丢失的密文字符开始，收发双方的密钥流生成器重新从一个相同的初态开始同步。

在自同步序列密码中，如果传输过程一个密文发生丢失，只会导致相应的若干位解密错误，不会影响后续位的解密。从这个意义上讲，自同步序列密码是优于同步序列密码的，但是自同步序列密码的密钥流与明文有关，这在实际加密中存在诸多实际问题，所以目前大多数的研究成果主要还是同步序列密码。

6.2 随　机　性

序列密码的安全性取决于密钥流的安全性，希望密钥流有尽可能大的周期，至少应和明文的长度相同，并且具有随机性，以使密码分析者对它无法预测。也就是说，即使截获其中一段，也无法推测后面的序列。如果密钥流是周期的，要完全做到随机是不现实的，只能要求截获比周期短的一段时不会泄露更多的信息，这样的序列称为伪随机序列。

对于 0-1 序列来说，如何定义随机性呢？如果掷 1000 次硬币，每次都是正面，不能称之为随机性。正反面的概率应该是差不多的，即等概率事件。

这里涉及三个概念，即周期、游程和异相自相关函数。

对序列来讲，周期是重复一个序列的最小者，如序列"001011100101110010111"，周期是最小的序列"0010111"，即周期为 7。

在序列的一个周期中，形如"100…001"的一段，叫做 0 游程。若"0"的个数为 r，叫做长为 r 的 0 游程，记为 0 的 r-游程。

同理，形如"011…110"的一段，叫做 1 游程。若"1"的个数为 r，叫做长为 r 的 1 游程，记为 1 的 r-游程。

在上述周期为 7 的序列"0010111"中，包含 1 个 0 的 2-游程；1 个 1 的 1-游程；1 个 0 的 1-游程；1 个 1 的 3-游程。

异相自相关函数 R_τ 可以表示为：

$$R_\tau = \frac{2n_\tau}{p} - 1 \tag{6-1}$$

其中，n_τ 是延迟 τ 个比特后的序列与原序列相同比特的个数。

例如，对于序列"0010111"，延迟 1 个比特后的序列为"1001011"，$n_\tau=3$。

针对伪随机序列，Golomb 提出了一个 0-1 序列(一个周期 p)的三条假设。

(1) 若 p 为偶数，则 0 和 1 的个数相同，若 P 为奇数，则 0 和 1 的个数相差 1；

(2) r-游程个数占总游程个数的 $1/2^r$；

(3) 异相自相关函数是一个常数。

满足这些假设并不足以说明该序列是伪随机序列，但这些是基本要求。

例 6-1　讨论一个周期内序列"010011010001100111"的随机性。

【解】

(1) 周期 18，0 的个数为 9，1 的个数为 9。

(2) 0 的 1 游程有 2 个；1 的 1 游程有 2 个；

0的2游程有2个；1的2游程有2个；

0的3游程有1个；1的3游程有1个；

即1游程共有4个，占总游程的比例为 $4/10 \neq 1/2$。

为了进一步证明该序列随机性，计算异相自相关函数。

(3)
$$R(1)=\frac{2\times 9}{18}-1=0$$
$$R(2)=\frac{2\times 6}{18}-1=-\frac{1}{3}$$
$$R(3)=\frac{2\times 8}{18}-1=-\frac{1}{9}$$

即异相自相关函数不是一个常数。

所以该序列不是伪随机序列。

例 6-2 讨论一个周期内序列"1010111011000111110011010010000"的随机性。

【解】

(1) 周期31，0的个数为15，1的个数为16。

(2) 0的1游程有4个；1的1游程有4个；

0的2游程有2个；1的2游程有2个；

0的3游程有1个；1的3游程有1个；

0的4游程有1个；1的4游程有0个；

0的5游程有0个；1的5游程有1个；

即总游程为16，其中1游程共有8个，占总游程的比例为1/2；

2游程共有4个，占总游程的比例为1/4；

3游程共有2个，占总游程的比例为1/8；

4游程共有1个，占总游程的比例为1/16；

5游程共有1个，占总游程的比例为1/16。

(注：按照第二条假设，5游程应该有0.5个，不符合规则，所以只考虑大于1的情况。)

(3)
$$R(1)=\frac{2\times 15}{31}-1=-\frac{1}{31}$$
$$R(2)=\frac{2\times 15}{31}-1=-\frac{1}{31}$$
$$R(3)=\frac{2\times 15}{31}-1=-\frac{1}{31}$$
$$\vdots$$
$$R(30)=\frac{2\times 15}{31}-1=-\frac{1}{31}$$

即异相自相关函数是一个常数。

所以该序列是伪随机序列。

6.3 线性反馈移位寄存器

序列密码的关键是设计一个随机性好的密钥流生成器。1965年，挪威的密码学家提出了移位寄存器理论，是随机流的主要数学工具。

移位寄存器是指具有存储数据和移位功能的寄存器，如果有 n 个存储单元，记为 n-级移位寄存器，如图 6-3 所示。所有存储单元的值可以统一向右移动一个位置，记 1 拍，图中 a_1 被首先输出。

反馈移位寄存器是由 n-级移位寄存器和一个反馈函数组成的，如图 6-4 所示。

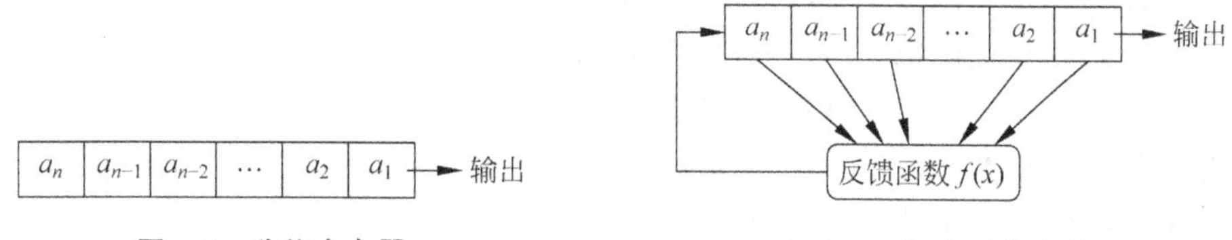

图 6-3　移位寄存器　　**图 6-4　反馈移位寄存器**

在图 6-4 中，反馈函数 $f(x)$ 由 $a_1,a_2,\cdots,a_n$ 通过某种函数关系产生 1 位，$a_1,a_2,\cdots,a_n$ 统一向右移动 1 位，a_1 被输出，由函数产生的 1 位补充到 a_n 的位置。

例 6-3　如图 6-5 所示是一个 3-级反馈移位寄存器，反馈函数 $f(x)=a_3\oplus a_2$，初态为"100"，即 $a_3=1,a_2=0,a_1=0$，求其输出序列的前 8 位。

【解】

状态 1(初始状态)为 100，反馈函数 $f(1)=a_3\oplus a_2=1$，输出为 0；

状态 2 为 110，反馈函数 $f(2)=0$，输出为 0；

状态 3 为 011，反馈函数 $f(3)=1$，输出为 1；

状态 4 为 101，反馈函数 $f(4)=1$，输出为 1；

状态 5 为 110，反馈函数 $f(5)=0$，输出为 0；

状态 6 为 011，反馈函数 $f(6)=0$，输出为 1；

状态 7 为 101，反馈函数 $f(7)=0$，输出为 1；

状态 8 为 110，反馈函数 $f(8)=0$，输出为 0；

所以前 8 位分别为"00110110"，周期为 3，即"011"。

将例 6-3 中的反馈函数推广到一般形式为

$$f(x)=c_na_1\oplus c_{n-1}a_2\oplus\cdots\oplus c_1a_n \tag{6-2}$$

其中，常数 $c_i=0,1$。c_i 可以用开关的断开和闭合来实现，如图 6-6 所示。

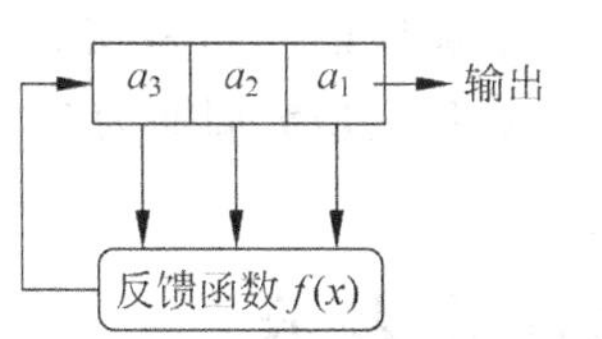

图 6-5　反馈移位寄存器

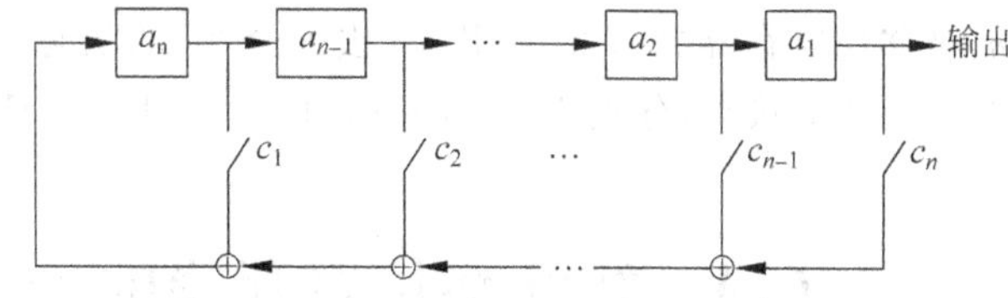

图 6-6　反馈函数的一般形式

在图 6-6 中，反馈函数是寄存器中某些位的异或，即线性形式，则把这种反馈移位寄存器称为线性反馈移位寄存器，简称 LFSR(Linear Feedback Shift Register)。而非线性反馈移位寄存器相对较复杂，不仅仅是位之间的异或，还有其他运算。

接下来讨论，对于同级的线性反馈移位寄存器，初态以及反馈函数的变化会带来什么样的变化。

例 6-4 如图 6-5 所示是一个 3-级反馈移位寄存器,反馈函数 $f(x)=a_3 \oplus a_1$,初态为"100",求其输出序列的前 8 位。

【解】

状态 1(初始状态)为 100,反馈函数 $f(1)=a_3 \oplus a_1=1$,输出为 0;

状态 2 为 110,反馈函数 $f(2)=1$,输出为 0;

状态 3 为 111,反馈函数 $f(3)=0$,输出为 1;

状态 4 为 011,反馈函数 $f(4)=1$,输出为 1;

状态 5 为 101,反馈函数 $f(5)=0$,输出为 1;

状态 6 为 010,反馈函数 $f(6)=0$,输出为 0;

状态 7 为 001,反馈函数 $f(7)=1$,输出为 1;

状态 8 为 100,反馈函数 $f(8)=1$,输出为 0;

所以前 8 位分别为"00111010",周期为 7,即"0011101"。

通过例 6-3 和例 6-4 可以看出,相同的初态,不同的反馈函数,输出序列的周期是不同的。

例 6-5 如图 6-5 所示是一个 3-级反馈移位寄存器,反馈函数 $f(x)=a_3 \oplus a_1$,初态为"011",求其输出序列的前 8 位。

【解】

状态 1(初始状态)为 011,反馈函数 $f(1)=a_3 \oplus a_1=1$,输出为 1;

状态 2 为 101,反馈函数 $f(2)=0$,输出为 1;

状态 3 为 010,反馈函数 $f(3)=0$,输出为 0;

状态 4 为 001,反馈函数 $f(4)=1$,输出为 1;

状态 5 为 100,反馈函数 $f(5)=1$,输出为 0;

状态 6 为 110,反馈函数 $f(6)=1$,输出为 0;

状态 7 为 111,反馈函数 $f(7)=0$,输出为 1;

状态 8 为 011,反馈函数 $f(8)=1$,输出为 1;

所以前 8 位分别为"11010011",周期为 7,即"1101001"。

可以看出,相同的反馈函数,不同的初态,输出序列的周期不因初态的改变而变化。

输出序列的周期越大,随机性越好。对于 n-级移位寄存器来说,如果给定一个初态,当输出序列遍历所有状态之后再次回到初态为最大周期。

n-级移位寄存器共有 2^n 个状态,去掉全"0"的状态,2^n-1 是最大周期。如 3-级移位寄存器有 $2^3=8$ 个状态,分别为 000,001,010,011,100,101,110,111,那么最大周期为 7。

6.4 线性移位寄存器的一元多项式表示

设 n 级线性移位寄存器的输出序列 $\{a_i\}$ 满足递推关系

$$a_{k+n}=c_1 a_{k+n-1} \oplus c_2 a_{k+n-2} \oplus \cdots \oplus c_n a_k \tag{6-3}$$

对任何 $k \geqslant 1$ 成立。这种递推关系可用一个一元 n 次多项式表示

$$p(x)=1+c_1 x+c_2 x^2+c_n x^n \tag{6-4}$$

称式(6-4)为该线性寄存器的联系多项式或特征多项式。

设 n 级线性移位寄存器对应于递推关系，则有 2^n 个递推序列，其中非恒为 0 的序列有 2^n-1 个。令这非零的序列全体为 $G[P(x)]$。对 $G[P(x)]$中任一序列 a_j，有母函数 $A(X)=\sum_{i=1}^{\infty}a_ix^{i-1}$。

定理 6-1　设 $p(x)=1+c_1x+c_2x^2++c_nx^n$ 是 GF(2)上的多项式，且递推序列 $\{a_i\}\in G[P(x)]$，令

$$A(x)=\sum_{i=1}^{\infty}a_ix^{i-1}$$

则

$$A(x)=\frac{\phi(x)}{p(x)}$$

其中

$$\phi(x)=\sum_{i=1}^{n}c_{n-i}x^{n-i}\sum_{j=1}^{i}a_jx^{j-1}$$

根据定理，若序列 $\{a_t\}\in G[p_n(x)]$，其中 $p_n(x)$ 是 n 级线性移位寄存器的特征多项式，则母函数为 $A(x)=\phi(x)/p(x)$，其中的次数低于 n，最多为 $n-1$ 次。

定理 6-2　$p(x)|q(x)$的充要条件是 $G[p(x)]\subset G[q(x)]$。

定理说明 n 级线性移位寄存器产生的序列可用级数更多的线性移位寄存器来实现。

定义 6-1　设 $p(x)$为 GF(2)上的 n 次多项式，使 $p(x)|x^p-1$ 的最小 p 称为 $p(x)$的周期或 $p(x)$的阶。

定理 6-3　设 $p(x)$为 GF(2)上的 n 次多项式，且 $p(x)$是序列$\{a_i\}$的特征多项式，p 为 $p(x)$的阶，则$\{a_i\}$的周期为 $r|p$。

n 级线性移位寄存器输出序列的周期 r 不依赖于初始条件，而依赖于特征多项式$p(x)$。

定理 6-4　若 $p(x)$是 n 次不可约多项式，且 $p(x)$的阶为 m，$\{a_i\}\in G[p(x)]$则序列$\{a_i\}$的周期为 m。

定理说明了特征多项式满足什么条件，n 级线性移位寄存器的输出序为 m 序列。

定理 6-5　n 级线性移位寄存器产生的状态序列最大周期为 2^n-1 的必要条件是其特征多项式是不可约的。

6.5　m 序列密码的破译

利用线性移位寄存器产生的 m 序列设计加密算法，其构思如图 6-7 所示。

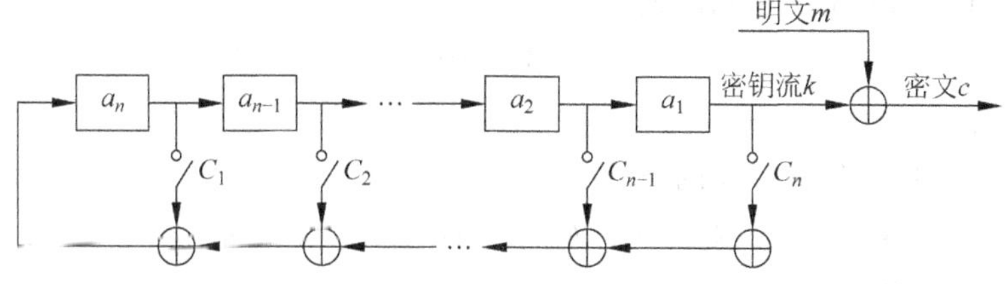

图 6-7　m 序列设计加密算法

算法的密钥取决于初始状态和 $C_1, C_2, \cdots, C_n$ 的值。

n 级线性移位寄存器对应的多项式是本原多项式，有 $\lambda(n)$ 个，非零初始状态有 2^n-1 个，故不同的密钥或密钥流共有 $\lambda(n)(2^n-1)$ 个。

特征多项式 $p(x)$ 决定了线性移位寄存器输出序列的性质。当特征多项式为本原多项式时，线性移位寄存器输出序列周期最长为 2^n-1，随机性良好。但是，线性移位寄存器在已知明文攻击中是可破译的。

设 $\boldsymbol{S}_h$ 和 $\boldsymbol{S}_{h+1}$ 表示线性移位寄存器输出序列任意连续的两个向量

$$\boldsymbol{S}_h = \begin{bmatrix} a_h \\ a_{h+1} \\ \vdots \\ a_{h+n-1} \end{bmatrix}, \quad \boldsymbol{S}_{h+1} = \begin{bmatrix} a_{h+1} \\ a_{h+2} \\ \vdots \\ a_{h+n} \end{bmatrix}$$

假定序列 $\{a_j\}$ 满足线性递推关系

$$a_{h+n} = C_1 a_{h+n-1} \oplus C_2 a_{h+n-2} \oplus \cdots \oplus C_n a_h \tag{6-5}$$

式(6-5)可以表示成

$$\begin{bmatrix} a_{h+1} \\ a_{h+2} \\ \vdots \\ a_{h+n-1} \\ a_{h+n} \end{bmatrix} = \begin{bmatrix} 0 & 1 & 0 & \cdots & 0 \\ 0 & 0 & 1 & \cdots & 0 \\ \vdots & \vdots & \vdots & \ddots & \vdots \\ 0 & 0 & 0 & \cdots & 1 \\ C_n & C_{n-1} & C_{n-2} & \cdots & C_1 \end{bmatrix} \begin{bmatrix} a_h \\ a_{h+1} \\ \vdots \\ a_{h+n-2} \\ a_{h+n-1} \end{bmatrix}$$

或

$$\boldsymbol{S}_{h+1} = \boldsymbol{M}\boldsymbol{S}_h$$

式中

$$\boldsymbol{M} = \begin{bmatrix} 0 & 1 & 0 & \cdots & 0 \\ 0 & 0 & 1 & \cdots & 0 \\ \vdots & \vdots & \vdots & \ddots & \vdots \\ 0 & 0 & 0 & \cdots & 1 \\ C_n & C_{n-1} & C_{n-2} & \cdots & C_1 \end{bmatrix}$$

矩阵 $\boldsymbol{M}$ 称为反馈多项式 $p(x)=1+C_1x+C_2x^2+\cdots+C_nx^n$ 的伴侣矩阵，$\boldsymbol{M}$ 和 $p(x)$ 可以互相确定。

假定破译者知道了一段长 $2n$ 位的明密文对，即已知

$$m = m_1 m_2 \cdots m_{2n}, c = c_1 c_2 \cdots c_{2n}$$

于是，可求出一段长 $2n$ 位的密钥序列

$$K = k_1 k_2 \cdots k_{2n}$$

其中 $k_i = m_i \oplus c_i$。

由此可推出线性移位寄存器的连续 $n+1$ 个状态：

$$\boldsymbol{S}_1 = (k_1 \quad k_2 \quad \cdots \quad k_n)' = (a_1 \quad a_2 \quad \cdots \quad a_n)'$$

$$\boldsymbol{S}_2 = (k_2 \quad k_3 \quad \cdots \quad k_{n+1})' = (a_2 \quad a_3 \quad \cdots \quad a_{n+1})'$$

$$\cdots$$

$$\boldsymbol{S}_n=(k_{n+1}\quad k_{n+2}\quad \cdots\quad k_{2n})'=(a_{n+1}\quad a_{n+2}\quad \cdots\quad a_{2n})'$$

作矩阵

$$\boldsymbol{X}=(S_1\quad S_2\quad \cdots\quad S_n)$$

因为

$$(a_{n+1}\quad a_{n+2}\quad \cdots\quad a_{2n})=(C_n\quad C_{n-1}\quad \cdots\quad C_1)\begin{bmatrix} a_1 & a_2 & \cdots & a_n \\ a_2 & a_3 & \cdots & a_{n+1} \\ \vdots & \vdots & \ddots & \vdots \\ a_n & a_{n+1} & \cdots & a_{2n} \end{bmatrix}$$

$$=(C_n\quad C_{n-1}\quad \cdots\quad C_1)\boldsymbol{X}$$

若 $\boldsymbol{X}$ 可逆，则

$$(C_n\quad C_{n-1}\quad \cdots\quad C_1)=(a_{n+1}\quad a_{n+2}\quad \cdots\quad a_{2n})\boldsymbol{X}^{-1}$$

例 6-6　假设破译者得到密文串 101101011110010 和相应的明文串 011001111111001。同时假定攻击者也知道密钥流是使用 5 级线性移位寄存器产生的，试破译该密码系统。

【解】　有明文(15 位)、密文(15 位)对可求出长为 15 位的密钥序列。

m_i	0	1	1	0	0	1	1	1	1	1	1	1	0	0	1
c_i	1	0	1	1	0	1	0	1	1	1	1	0	0	1	0
$k_i=m_i\oplus c_i$	1	1	0	1	0	0	1	0	0	0	0	1	0	1	1

由开始 10 个密钥流比特得到上述矩阵方程。

$$(a_6\quad a_7\quad a_8\quad a_9\quad a_{10})=(C_5\quad C_4\quad C_3\quad C_2\quad C_1)\begin{bmatrix} a_1 & a_2 & a_3 & a_4 & a_5 \\ a_2 & a_3 & a_4 & a_5 & a_6 \\ a_3 & a_4 & a_5 & a_6 & a_7 \\ a_4 & a_5 & a_6 & a_7 & a_8 \\ a_5 & a_6 & a_7 & a_8 & a_9 \end{bmatrix}$$

推出线性移位寄存器的连续 6 个状态为

$$\boldsymbol{S}_1=(k_1\quad k_2\quad k_3\quad k_4\quad k_5)=(a_1\quad a_2\quad a_3\quad a_4\quad a_5)$$
$$=(1\quad 1\quad 0\quad 1\quad 0)$$
$$\boldsymbol{S}_2=(k_2\quad k_3\quad k_4\quad k_5\quad k_6)=(a_2\quad a_3\quad a_4\quad a_5\quad a_6)$$
$$=(1\quad 0\quad 1\quad 0\quad 0)$$
$$\boldsymbol{S}_3=(k_3\quad k_4\quad k_5\quad k_6\quad k_7)=(a_3\quad a_4\quad a_5\quad a_6\quad a_7)$$
$$=(0\quad 1\quad 0\quad 0\quad 1)$$
$$\boldsymbol{S}_4=(k_4\quad k_5\quad k_6\quad k_7\quad k_8)=(a_4\quad a_5\quad a_6\quad a_7\quad a_8)$$
$$=(1\quad 0\quad 0\quad 1\quad 0)$$
$$\boldsymbol{S}_5=(k_5\quad k_6\quad k_7\quad k_8\quad k_9)=(a_5\quad a_6\quad a_7\quad a_8\quad a_9)$$
$$=(0\quad 0\quad 1\quad 0\quad 0)$$
$$\boldsymbol{S}_6=(k_6\quad k_7\quad k_8\quad k_9\quad k_{10})=(a_6\quad a_7\quad a_8\quad a_9\quad a_{10})$$
$$=(0\quad 1\quad 0\quad 0\quad 0)$$

故上述矩阵方程可写为

$$(0\quad 1\quad 0\quad 0\quad 0)=(C_5\quad C_4\quad C_3\quad C_2\quad C_1)\begin{bmatrix}1&1&0&1&0\\1&0&1&0&0\\0&1&0&0&1\\1&0&0&1&0\\0&0&1&0&0\end{bmatrix}$$

所以

$$(C_5\quad C_4\quad C_3\quad C_2\quad C_1)=(0\quad 1\quad 0\quad 0\quad 0)\begin{bmatrix}1&1&0&1&0\\1&0&1&0&0\\0&1&0&0&1\\1&0&0&1&0\\0&0&1&0&0\end{bmatrix}^{-1}$$

又因

$$\begin{bmatrix}1&1&0&1&0\\1&0&1&0&0\\0&1&0&0&1\\1&0&0&1&0\\0&0&1&0&0\end{bmatrix}^{-1}=\begin{bmatrix}0&1&0&0&1\\1&0&0&1&0\\0&0&0&0&1\\0&1&0&1&1\\1&0&1&1&0\end{bmatrix}$$

从而得

$$(C_5\quad C_4\quad C_3\quad C_2\quad C_1)=(0\quad 1\quad 0\quad 0\quad 0)\begin{bmatrix}0&1&0&0&1\\1&0&0&1&0\\0&0&0&0&1\\0&1&0&1&1\\1&0&1&1&0\end{bmatrix}$$

$$=(1\quad 0\quad 0\quad 1\quad 0)$$

由此可得该密码系统的密钥流产生迭代公式为

$$a_{i+5}=C_5a_i\oplus C_2a_{i+3}$$

6.6　非线性反馈移位寄存器

非线性反馈移位寄存器主要包括Geffe序列生成器、JK触发器、Press生成器和钟控生成器等形式。

1. Geffe序列生成器

Geffe序列生成器由三个LFSR组成，其中LFSR2作为控制生成器使用，如图6-8所示。

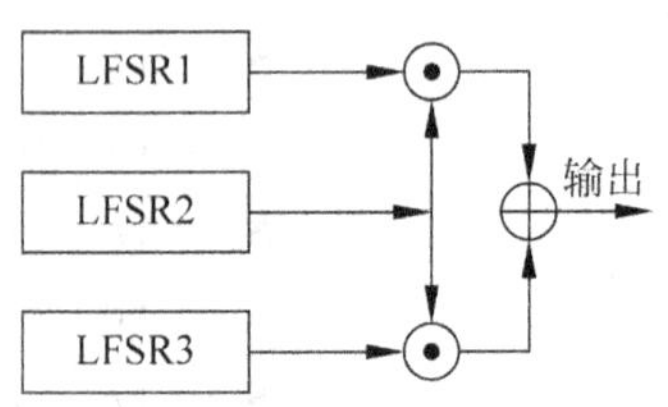

图6-8　Geffe序列生成器

当LFSR2输出1时，LFSR2与LFSR1相连接；当LFSR2输出0时，LFSR2与LFSR3相连接。若设LFSRi的输出序列为$\{a_k^{(1)}\}(i=1,2,3)$，则输出序列$\{b_k\}$可以表

示为

$$b_k = a_k^{(1)} a_k^{(2)} + a_k^{(3)} \overline{a_k^{(2)}} = a_k^{(1)} a_k^{(2)} + a_k^{(3)} a_k^{(2)} + a_k^{(3)} \tag{6-6}$$

Geffe 序列生成器也可以表示为图 6-9 的形式，其中 LFSR1 和 LFSR3 作为多路复合器的输入，LFSR2 控制多路复合器的输出。

2. *JK* 触发器

JK 触发器如图 6-10 所示，它的两个输入端分别用 J 和 K 表示，其输出 c_k 可表示为

$$c_k = \overline{(x_1 + x_2)} c_{k-1} + x_1 \tag{6-7}$$

其中，x_1 和 x_2 分别是 J 和 K 端的输入。由式(6-7)可以得到 *JK* 触发器的真值表，如表 6-1 所示。

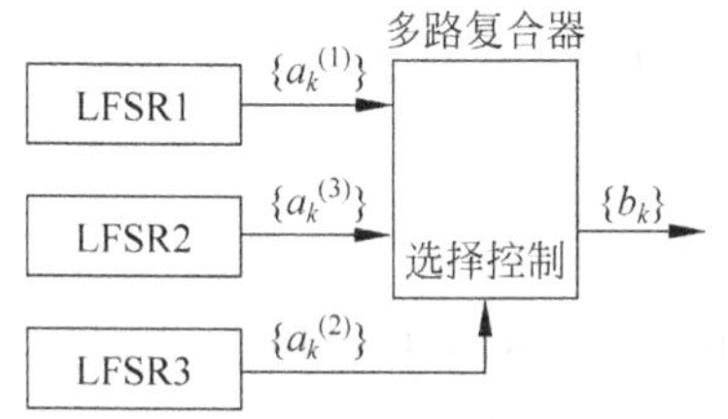

图 6-9　多路复合器表示的 Geffe 序列生成器

表 6-1　*JK* 触发器真值表

J	K	c_k
0	0	c_{k-1}
0	1	0
1	0	1
1	1	$\overline{c_{k-1}}$

利用 *JK* 触发器的非线性序列生成器如图 6-11 所示。

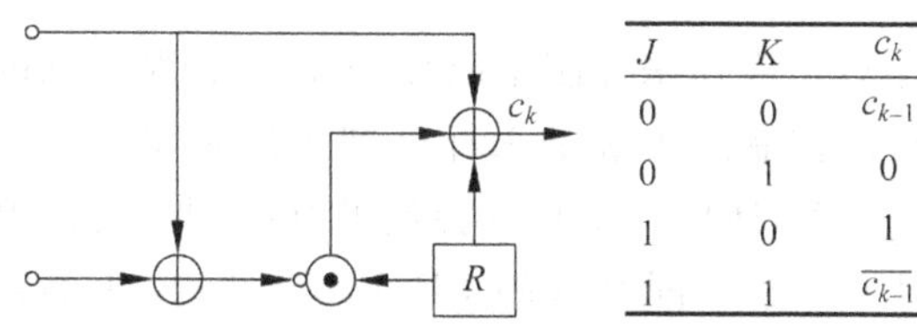

J	K	c_k
0	0	c_{k-1}
0	1	0
1	0	1
1	1	$\overline{c_{k-1}}$

图 6-10　*JK* 触发器

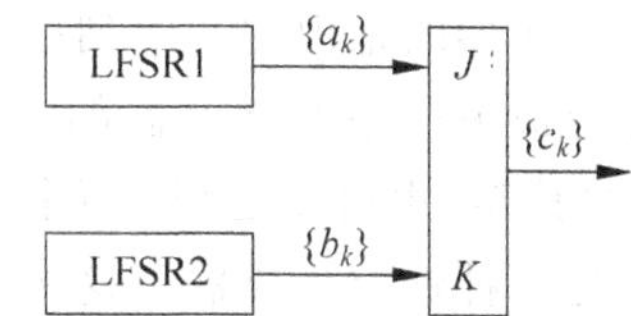

图 6-11　利用 *JK* 触发器的非线性序列生成器

LFSR1 是 m 级线性反馈移位寄存器，LFSR2 是 n 级反馈移位寄存器。$\{c_k\}$可表示为

$$c_k = \overline{(a_k + \overline{b_k})} c_{k-1} + a_k = (a_k + b_k + 1) c_{k-1} + a_k \tag{6-8}$$

由于 *JK* 触发器的输出有时和前一项有关，通常令 $c_{-1}=0$，则输出序列的最初三项为

$$c_0 = a_0$$

$$c_1 = (a_1 + b_1 + 1) a_0 + a_1$$

$$c_2 = (a_2 + b_2 + 1)[(a_1 + b_1 + 1) a_0 + a_1] + a_2$$

当 m 与 n 互素且 $a_0 + b_0 = 1$ 时，序列$\{c_k\}$的周期为$(2^m - 1)(2^n - 1)$。

这种体制虽然在随机性方面比较好，然后只要知道它的序列的一部分，就可能求出其他部分。

为了克服这一缺点，Pless 提出了由多个 *JK* 触发器序列驱动的多路符合序列方案，成为 Press 生成器。

3. Press 生成器

Press 生成器由 8 个线性移位寄存器组成 4 组 *JK* 触发器，以及一个循环计数器构成，

如图6-12所示。

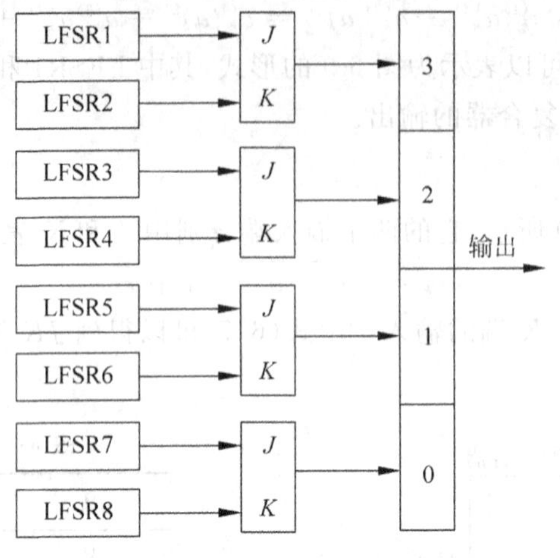

图6-12 Press生成器

循环计数器的作用是决定在每一个时间脉冲作用下输出的单位。Press生成器的密钥是8个移位寄存器和它们的初态、JK触发器的初态以及输出单元的顺序。

Press生成器中8个线性移位寄存器的级数，不仅要求各对之间达到级数互素，而且各JK触发器的输出周期元素要达到最后输出的周期为各个周期的乘积。

4. 钟控生成器

钟控生成器的是由控制序列(由一个或多个以寄存器来控制生成)组成的。控制序列的当前值确定被采样序列寄存器的时钟脉冲数目。控制序列和被采样序列可以是源于一个LFSR的自控型，也可以是源于不同LFSR的它控型，还可以是相互控制的互控型。交错停走生成器是一种钟控生成器。这个生成器使用了三个不同级数的LFSR。当LFSR1的输出是1时，LFSR2被时钟驱动；当LFSR1的输出是0时，LFSR3被时钟驱动。这个生成器的输出是LFSR2和LFSR3输出的异或，如图6-13所示。最后的输出作为密钥流的组成部分。这个生成器具有长的周期和大的线性复杂性。

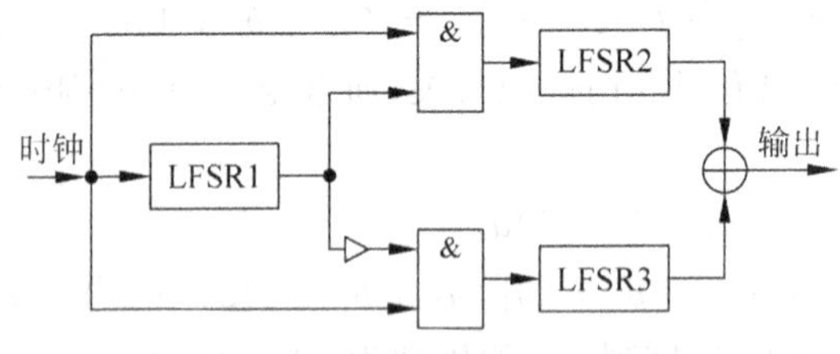

图6-13 交错停走生成器

6.7 基于LFSR的序列密码加密体制

基于LFSR的序列密码加密体制如图6-14所示，明文以比特的形式进入加密系统，每一比特与反馈移位寄存器运算，得到每一比特的密文。密文同时作为移位寄存器的下一个输入。基于 LFSR 的序列密码解密体制如图 6-15 所示，移位寄存器不变，明文和密文的顺序正好相反。

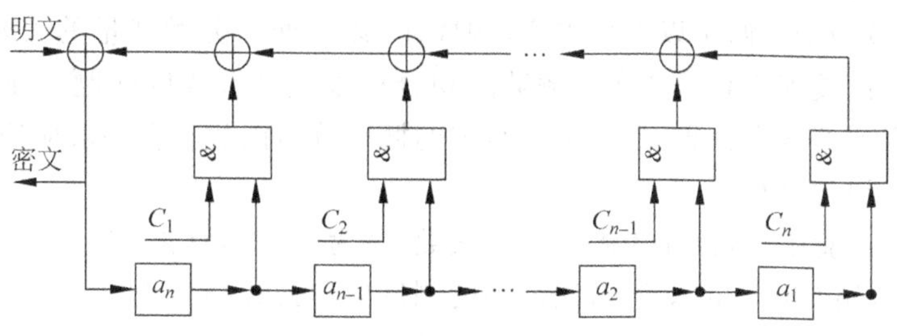

图 6-14　基于 LFSR 的序列密码加密体制

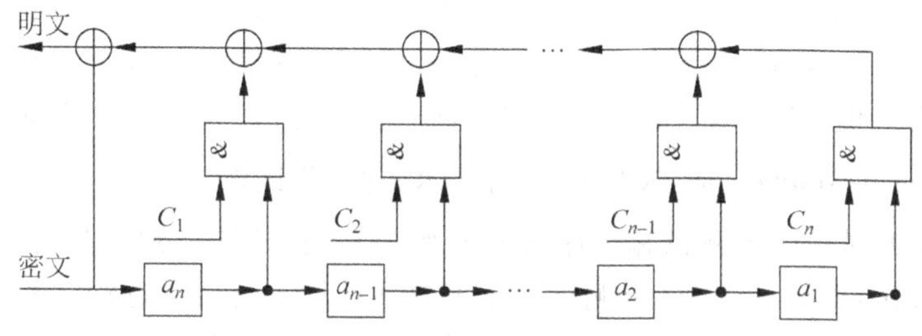

图 6-15　基于 LFSR 的序列密码解密体制

例 6-7　利用图 6-13 的加密体制加密明文(m)字母 A，10-级反馈移位寄存器，其中参数及初态分别为$(c_1c_2\cdots c_{n-1}c_n)=(1000111001)$，$(a_na_{n-1}\cdots a_2a_1)=(0011101001)$，求密文($e$)。

【解】

(1) 将字母 A 转化为 ASCII 码为 65，进而转化成二进制为“01000001”。

(2) 由参数及初态可知，反馈函数 $f(x)=a_{10}\oplus a_6\oplus a_5\oplus a_4\oplus a_1$。

(3) 明文 m 第一个进入系统的是 $m_1=0$；$f(1)=1$；密文 $e_1=1$。

(4) $m_2=1$；$f(2)=1$；密文 $e_2=0$。

(5) $m_3=0$；$f(3)=1$；密文 $e_3=1$。

(6) $m_4=0$；$f(4)=0$；密文 $e_4=0$。

(7) $m_5=0$；$f(5)=1$；密文 $e_5=1$。

(8) $m_6=0$；$f(6)=1$；密文 $e_6=1$。

(9) $m_7=0$；$f(7)=1$；密文 $e_7=1$。

(10) $m_8=1$；$f(8)=1$；密文 $e_8=1$。

所以密文为“10101111”。

6.8　随机数产生器的安全性评估

评价随机数产生器的优劣主要从以下两个方面进行衡量。周期是否足够大；是否具有不可预测性。评估的方法主要有统计测试，包括 Chi-Square 测试法和 Kolmogorov-Smirnov 测试法；线性复杂度测试。

1. Chi-Square(卡方)测试法

Chi-Square 测试法是一种用途很广的计数资料的假设检验方法。它属于非参数检验的范畴,主要是比较两个及两个以上样本率(构成比)以及两个分类变量的关联性分析。其根本思想就是在于比较理论频数和实际频数的吻合程度或拟合优度问题。在序列密码中,主要是测试输出序列的概率分布,是否接近给定的概率分布函数。在一般应用场合中,常假设此种概率分布为均匀分布。

在掷骰子的试验中,若设 n 为测试的总次数;i 为骰子的点数;Y_i 为 i 出现的次数;p_i 为 i 出现的概率,用 Chi-Square 测试法得到的测试值如公式(6-9)所示。

$$V = \sum_{1\leqslant i\leqslant k} \frac{(Y_i - np_i)^2}{np_i} \tag{6-9}$$

其中,$Y_1+Y_2+\cdots+Y_k=n$,$p_1+p_2+\cdots+p_k=1$。

为了使 Chi-Square 测试能更准确,n 值必须足够大,一般而言,n 要大到使 np_i 至少为 5 或更大。测试最好做两次以上,而且每次取不同的样本,这样判定能更准确。

2. Kolmogorov-Smirnov(柯尔莫诺夫-斯米尔诺夫)测试法

Chi-Square 测试法主要测试输出序列的概率分布,在整体上判定是否接近给定的概率分布函数,而 Kolmogorov-Smirnov 测试法主要是在区域上是否接近给定的概率分布函数。

Kolmogorov-Smirnov 测试法基于累计分布函数,用以检验两个经验分布是否不同或一个经验分布与另一个理想分布是否不同。

Kolmogorov 分布是随机变量的一种分布。

$$K = \sup_{t\in[0,1]} |B(t)| \tag{6-10}$$

其中,$B(t)$是 Brown 桥。K 的累积分布函数由下式给出

$$P_r(K \leqslant x) = 1 - 2\sum_{i=1}^{\infty}(-1)^{i-1}\mathrm{e}^{-2i^2x^2} = \frac{\sqrt{2\pi}}{x}\sum_{i=1}^{\infty}\mathrm{e}^{-(2i-1)^2\pi^2/(8x^2)} \tag{6-11}$$

3. 线性复杂度

线性复杂度是指对于一串序列 $s_0, s_1, \cdots, s_{N-1}$,能够用最少移位寄存器的 LFSR 产生此序列时,移位寄存器的数目,此数目称为此序列的线性复杂度。一般而言,对于任意周期性的序列而言,若其线性复杂度 L 已知,则可以很容易地从 $2L$ 个输出序列($a_{n-L}, \cdots, a_n, \cdots, a_{n+L-1}$),求出特征多项式的系数 $c_1, c_2, \cdots, c_L$。

$$\begin{bmatrix} a_{n-1} & a_{n-2} & \cdots & a_{n-L} \\ a_n & a_{n-1} & \cdots & a_{n-L+1} \\ \vdots & \vdots & \vdots & \vdots \\ a_{n+L-2} & a_{n+L-3} & \cdots & a_{n-1} \end{bmatrix} \begin{bmatrix} c_1 \\ c_2 \\ \vdots \\ c_L \end{bmatrix} = \begin{bmatrix} a_n \\ a_{n+1} \\ \vdots \\ a_{n+L-1} \end{bmatrix}$$

所以,可以利用已知明文攻击法对此序列进行攻击。为了防止被攻击,可以将序列加密算法使用非线性组合而增加其线性复杂度。然而,对于任意的线性周期序列所做的非线性组合还是周期性的,因此可以用 LFSR 来实现。并利用 Berlekamp-Massey 算法找出其线性复杂度及其特征多项式的系数。一般而言,输出序列的线性复杂度越大越好。

总之,设计一个性能良好的序列密码是一项十分困难的任务,最基本的设计原则是"密钥生成器的不可预测性",它可分解为众多基本原则,长周期、高线性复杂度、统计性能良好、

足够的“混乱”、足够的“扩散”以及抵抗不同形式的攻击等。

6.9　序列密码的攻击方法

插入攻击法是序列密码的一个比较典型的攻击方法。

插入攻击法的攻击需求是可以在明文流插入一位，并截获密文流。假设原始的明文流、密钥流和密文流分别为

$$\begin{aligned}&p_1,p_2,p_3,p_4,p_5,\cdots\\&k_1,k_2,k_3,k_4,k_5,\cdots\\&c_1,c_2,c_3,c_4,c_5,\cdots\end{aligned}\tag{6-12}$$

攻击者可以在明文流中插入一个已知位 p。如插入在第一位的后面，用同样的密钥加密后发送，得到的明文流、密钥流和密文流分别为

$$\begin{aligned}&p_1,p,p_2,p_3,p_4,p_5,\cdots\\&k_1,k_2,k_3,k_4,k_5,k_6,\cdots\\&c_1,c_2,c_3,c_4,c_5,c_6,\cdots\end{aligned}\tag{6-13}$$

由于攻击者知道 p 和密文流 $c_1,c_2,c_3,c_4,c_5,c_6,\cdots$，所以可以通过建立方程组来进行求解。

在公式(6-10)中，可以求出 k_2。

$$p\oplus k_2=c_2\Rightarrow k_2=p\oplus c_2\tag{6-14}$$

在公式(6-9)中，用 k_2 可以求出 p_2。

$$p_2\oplus k_2=c_2\Rightarrow p_2=k_2\oplus c_2\tag{6-15}$$

在公式(6-10)中，用 p_2 可以求出 k_3。

$$p_2\oplus k_3=c_3\Rightarrow k_3=p_2\oplus c_3\tag{6-16}$$

同理，可以依次求出 $k_4,k_5,\cdots$；$p_3,p_4,\cdots$

例如，原始的明文密文流为

$$\begin{aligned}&p_1,p_2,p_3,p_4,p_5,\cdots=10110\cdots\\&k_1,k_2,k_3,k_4,k_5,\cdots=01001\cdots\\&c_1,c_2,c_3,c_4,c_5,\cdots=11111\cdots\end{aligned}\tag{6-17}$$

插入一位 $p=1$，得到

$$\begin{aligned}&p_1,p,p_2,p_3,p_4,p_5,\cdots=110110\cdots\\&k_1,k_2,k_3,k_4,k_5,k_6,\cdots=010010\cdots\\&c_1,c_2,c_3,c_4,c_5,c_6,\cdots=100100\cdots\end{aligned}\tag{6-18}$$

这里只知道两个密文流以及 p，由上述分析得

$$\begin{aligned}&p\oplus k_2=c_2\Rightarrow k_2=p\oplus c_2=1\\&p_2\oplus k_2=c_2\Rightarrow p_2=k_2\oplus c_2=0\\&p_2\oplus k_3=c_3\Rightarrow k_3=p_2\oplus c_3=0\end{aligned}$$

依次可以得到明文序列和密钥序列，当然这里只能得到插入位后的序列。

6.10 RC4 和 RC5

6.10.1 RC4

RC4 加密算法是大名鼎鼎的 RSA 三人组中的头号人物 Ron Rivest 在 1987 年设计的密钥长度可变的流加密算法簇。之所以称其为簇，是由于其核心部分的 *S*-box 长度可为任意，但一般为 256 字节。该算法的速度可以达到 DES 加密的十倍左右。

RC4 算法本身很简单，对于 n 位长的字，它有总共 $n=2^k$ 个可能的内部置换状态矢量 $\boldsymbol{S}$，这些状态是保密的。典型地 $n=8$，即以一个字节为单位，此时，用从 1 到 256 个字节(即 8 到 2048 位)的可变长度密钥初始化一个 256 个字节的状态矢量 $\boldsymbol{S}$。$\boldsymbol{S}$ 的元素记为 $\boldsymbol{S}[0]$，$\boldsymbol{S}[1]$，…，$\boldsymbol{S}[255]$，自始至终置换后的 $\boldsymbol{S}$ 包含从 0 到 255 的所有 8 比特数。密钥流 $\boldsymbol{K}$ 由 $\boldsymbol{S}$ 中 256 个元素按一定方式选出一个元素而生成，每生成一个 $\boldsymbol{K}$ 值，$\boldsymbol{S}$ 中的元素就被重新置换一次。

RC4 有两个主要的算法。密钥调度算法(KSA)和伪随机数生成算法(PRGA)。

KSA 开始初始化 $\boldsymbol{S}$，即 $\boldsymbol{S}(i)=i(i=0\sim255)$。通过选取一系列数字，并加载到密钥数组 $\boldsymbol{K}(0)\sim\boldsymbol{K}(255)$。不用去选取这 256 个数，只要不断重复直到 $\boldsymbol{K}$ 被填满。数组 $\boldsymbol{S}$ 可以利用以下程序来实现随机化。

```
j := 0;
for i := 0 to 255 do begin
   j := i + S(i) + K(i)(mod 256)
   swap (S(i),S(j))
end
```

一旦 KSA 完成了 $\boldsymbol{S}$ 的初始随机化，PRGA 就将接手工作，它为密钥流选取字节，即从 $\boldsymbol{S}$ 中选取随机元素，并修改 $\boldsymbol{S}$ 以便下一次选取。选取过程取决于索引 i 和 j，这两个索引值都是从 0 开始的。下面程序就是选取密钥流的每个字节。

```
i := i + 1(mod 256)
j := j + S(i)(mod 256)
swap(S(i),S(j))
  t := S(i) + S(j)(mod 256)
k := S(t)
```

以 3 位(0～7)的 RC4 为例，其操作是对 8 取模，而不是 256。数组 $\boldsymbol{S}$ 有 8 个元素，如果选取 5、6 和 7 作为密钥，利用循环构建实际的 $\boldsymbol{S}$ 数组。

```
j = 0;
for i = o to 7 do
j = (j + S(i) + K(i)) mod 8;
swap (S(i),S(j));
```

该循环以 $j=0$ 和 $i=0$ 开始，使用更新公示后 j 为

$$j=[0+\boldsymbol{S}(0)+\boldsymbol{K}(0)]\bmod 8=(0+0+5)\bmod 8=5$$

因此，$\boldsymbol{S}$ 数组的第一个操作是将 $\boldsymbol{S}(0)$ 与 $\boldsymbol{S}(5)$ 互换。

索引 i 加 1 后，j 的下一个值为

$$j = [5 + \boldsymbol{S}(1) + \boldsymbol{K}(1)] \bmod 8 = (5 + 1 + 6) \bmod 8 = 4$$

因此，$\boldsymbol{S}$ 数组的 $\boldsymbol{S}(1)$ 与 $\boldsymbol{S}(4)$ 互换。

当循环执行后，数组 $\boldsymbol{S}$ 被随机化用来生成随机数序列。从 $j=0$ 和 $i=0$ 开始，RC4 按照下述计算第一个随机数。

$i = (i + 1) \bmod 8 = (0 + 1) \bmod 8 = 1$

$j = [j + \boldsymbol{S}(i)] \bmod 8 = [0 + S(1)] \bmod 8 = (0 + 4) \bmod 8 = 4$

swap $\boldsymbol{S}(1)$and $\boldsymbol{S}(4)$

$t = [\boldsymbol{S}(j) + \boldsymbol{S}(i)] \bmod 8 = [\boldsymbol{S}(4) + \boldsymbol{S}(1)] \bmod 8 = (1 + 4) \bmod 8 = 5$

$k = \boldsymbol{S}(t) = \boldsymbol{S}(5) = 6$

第一个随机数为 6，其二进制表示为 110。反复进行该过程，知道生成的二进制位等于明文的位。

常见的 RC4 实现是基于 $n=8$ 的，这种系统的初始密钥是 0～256 的整数，共有 2^{1600} 种可能。这相当于使用了一个 1600 位的密钥，使强力攻击法变得不可能。

6.10.2　RC5

RC5 分组密码算法是在 RC4 的基础上进行改进的，它是参数可变的分组密码算法，三个可变的参数是：分组大小、密钥大小和加密轮数。在此算法中使用了三种运算：异或、加和循环。

RC5 是种比较新的算法，Rivest 设计了 RC5 的一种特殊的实现方式，因此 RC5 算法有一个面向字的结构：RC5-$w/r/b$，这里 w 是字长，其值可以是 16、32 或 64 对于不同的字长明文和密文块的分组长度为 $2w$ 位，r 是加密轮数，b 是密钥字节长度。由于 RC5 一个分组长度可变的密码算法，为了便于说明在本文中主要是针对 64 位的分组 $w=32$ 进行处理的，下面详细说明 RC5 加密解密的处理过程。

1. 创建密钥组

RC5 算法加密时使用了 $2r+2$ 个密钥相关的 32 位字，这里 r 表示加密的轮数。创建这个密钥组的过程是非常复杂的但也是直接的，首先将密钥字节拷贝到 32 位字的数组 $\boldsymbol{L}$ 中(此时要注意处理器是 little-endian 顺序还是 big-endian 顺序)，如果需要，最后一个字可以用零填充。然后利用线性同余发生器模 2 初始化数组 $\boldsymbol{S}$。

对于 $i=1$ 到 $2(r+1)-1$(本应模，本文中令 $w=32$)。

其中对于 16 位字 32 位分组的 RC5，$P=$0xb7e1，$Q=$0x9e37。

对于 32 位字和 64 位分组的 RC5，$P=$0xb7e15163，$Q=$0x9e3779b9。

对于 64 位字和 128 位分组，$P=$0xb7151628aed2a6b，$Q=$0x9e3779b97f4a7c15。

最后将 $\boldsymbol{L}$ 与 $\boldsymbol{S}$ 混合，混合过程如下。

$i=j=0$

$A=B=0$

处理 $3n$ 次(这里 n 是 $2(r+1)$和 c 中的最大值，其中 c 表示输入的密钥字的个数)。

2. 加密处理

在创建完密钥组后开始进行对明文的加密，加密时，首先将明文分组划分为两个32位字：A和B(在假设处理器字节顺序是little-endian、$w=32$的情况下，第一个明文字节进入A的最低字节，第四个明文字节进入A的最高字节，第五个明文字节进入B的最低字节，以此类推)，其中操作符<<<表示循环左移，加运算是模（本应模，本文中令$w=32$)的。

输出的密文是在寄存器A和B中的内容。

3. 解密处理

解密也是很容易的，把密文分组划分为两个字：A和B(存储方式和加密一样)，这里符合>>>是循环右移，减运算也是模（本应模，本文中令$w=32$)的。

RSA试验室花费了相当的时间来分析64位分组的RC5算法，在5轮后统计特性看起来非常好。在8轮后，每一个明文位至少影响一个循环。对于5轮的RC5，差分攻击需要2^{24}个选择明文；对10轮需要2^{45}个；对于12轮需要2^{53}个；对15轮需要2^{68}个。而对于64位的分组只有2^{64}个可能的明文，所以对于15轮或以上的RC5的差分攻击是失败的。在6轮后线性分析就是安全的了，Rivest推荐至少12轮，甚至可能是16轮。这个轮数可以进行选择。

解密函数定义如下。

```
void RC5_Block_Decrypt (RC5_WORD * S, int R, char * in, char * out)
{
int i;
RC5_WORD A,B;
A = in[0] & 0xFF;
A + = (in[1] & 0xFF) << 8;
A + = (in[2] & 0xFF) << 16;
A + = (in[3] & 0xFF) << 24;
B = in[4] & 0xFF;
B + = (in[5] & 0xFF) << 8;
B + = (in[6] & 0xFF) << 16;
B + = (in[7] & 0xFF) << 24;
for(i = R; i >= 1; i-- ){
B = ROTR((B - S[2 * i + 1]), A, W);
B = B ^ A;
A = ROTR((A - S[2 * i]), B, W);
A = A ^ B;
}
B = B - S[1];
A = A - S[0];
out[0] = (A >> 0) & 0xFF;
out[1] = (A >> 8) & 0xFF;
out[2] = (A >> 16) & 0xFF;
out[3] = (A >> 24) & 0xFF;
out[4] = (B >> 0) & 0xFF;
out[5] = (B >> 8) & 0xFF;
out[6] = (B >> 16) & 0xFF;
out[7] = (B >> 24) & 0xFF;
return;
}/ * End of RC5_Block_Decrypt * /
```

```
int RC5_CBC_Decrypt_Init (pAlg, pKey)
rc5CBCAlg * pAlg;
rc5UserKey * pKey;
{
if ((pAlg == ((rc5CBCAlg * ) 0)) ||
(pKey == ((rc5UserKey * ) 0)))
return (0);
RC5_Key_Expand (pKey -> keyLength, pKey -> keyBytes, pAlg -> R, pAlg -> S);
return (RC5_CBC_SetIV(pAlg, pAlg -> I));
}
int RC5_CBC_Decrypt_Update(rc5CBCAlg * pAlg, int N, char * C, int * plainLen, char * P)
{
int plainIndex, cipherIndex, j;
plainIndex = cipherIndex = 0;
for(j = 0;j < BB;j++)
{
P[plainIndex] = pAlg -> chainBlock[j];
plainIndex++;
}
plainIndex = 0;
while(cipherIndex < N)
{
if(pAlg -> inputBlockIndex < BB)
{
pAlg -> inputBlock[pAlg -> inputBlockIndex] = C[cipherIndex];
pAlg -> inputBlockIndex++;
cipherIndex++;
}
if(pAlg -> inputBlockIndex == BB)
{
pAlg -> inputBlockIndex = 0;
RC5_Block_Decrypt (pAlg -> S, pAlg -> R, pAlg -> inputBlock, pAlg -> chainBlock);
for(j = 0;j < BB;j++)
{
if(plainIndex < BB)
P[plainIndex]^ = pAlg -> chainBlock[j];
else
P[plainIndex] = C[cipherIndex - 16 + j]^pAlg -> chainBlock[j];
plainIndex++;
}
}
}
* plainLen = plainIndex;
return (1);
}/ * End of RC5_CBC_Decrypt_Update * /
```

习　　题

1. 同步序列密码和自同步序列密码的区别是什么？
2. 序列密码和分组密码的区别是什么？

3. 判断序列 110101100100011 的随机性。

4. 如图 6-5 所示是一个 3-级反馈移位寄存器,反馈函数 $f(x)=a_3\oplus a_1$,初态为"110",求其输出序列的前 8 位。

5. 利用图 6-13 的加密体制加密明文(m)字母 B,10-级反馈移位寄存器,其中参数及初态分别为($c_1c_2\cdots c_{n-1}c_n$)=(1000111001),($a_na_{n-1}\cdots a_2a_1$)=0011101001,求密文(e)。

第7章 数字签名

数字签名由公钥密码发展而来，它在网络安全，包括身份认证、数据完整性、不可否认性以及匿名性等方面有着重要应用。

7.1 数字签名概述

7.1.1 数字签名的产生

信息安全所面临的基本攻击类型，包括被动攻击（获取消息的内容、业务流分析）和主动攻击（假冒、重放、消息的篡改、业务拒绝）。抗击被动攻击的方法是加密，抗击主动攻击的方法是消息认证。

消息认证是一个过程，用以验证接收消息的真实性（的确是由它所声称的实体发来的）和完整性（未被篡改、插入、删除），同时还用于验证消息的顺序性和时间性（未重排、重放、延迟）。

报文认证用以保护双方之间的数据交换不被第三方侵犯，但它并不保证双方自身的相互欺骗。假定A发送一个认证的信息给B，双方之间的争议可能有多种形式。

B伪造一个不同的消息，但声称是从A收到的；

A可以否认发过该消息，B无法证明A确实发了该消息。

为了进一步确认双方的真实性，数字签名应运而生，数字签名是认证的重要工具。

数字签名不是指将你的签名扫描成数字图像，或者用触摸板获取的签名，更不是你的落款。经过数字签名的文件的完整性是很容易验证的（不需要骑缝章，骑缝签名，也不需要笔迹专家），而且数字签名具有不可抵赖性（不需要笔迹专家来验证）。

简单地说，所谓数字签名就是附加在数据单元上的一些数据，或是对数据单元所做的密码变换。这种数据或变换允许数据单元的接收者用以确认数据单元的来源和数据单元的完整件并保护数据，防止被人（例如接收者）进行伪造。它是对电子形式的消息进行签名的一种方法，一个签名消息能在一个通信网络中传输。

数字签名与消息认证的区别主要体现在以下几方面。

数字签名，第三者可以确认收发双方的消息传送；

消息认证，只有收发双方才能确认消息的传送。

数字签名与手工签名的区别主要体现在以下几方面。

数字签名，数字的，因消息而异；

手工签名，模拟的，因人而异。

7.1.2 数字签名的原理

1. 数字签名应具有的性质

(1) 收方能确认或证实发方的签字，但不能伪造；

(2) 发方发出签名后的消息,就不能否认所签的消息;

(3) 收方对已收到的消息不能否认;

(4) 第三者可以确认收发双方之间的消息传送,但不能伪造这一过程;

(5) 必须能够验证签名者及其签名的日期时间;

(6) 必须能够认证被签名消息的内容;

(7) 签名必须能够由第三方验证,以解决争议。

2. 数字签名应满足的要求

(1) 签字的产生必须使用发方独有的一些信息以防伪造和否认;

(2) 签字的产生应较为容易;

(3) 签字的识别和验证应较为容易;

(4) 对已知的数字签名构造一新的消息或对已知的消息构造一假冒的数字签名在计算上都是不可行的。

3. 数字签名的流程

数字签名的流程如图 7-1 所示,具体的签名步骤如下。

(1) 发送方将明文信息通过 Hash 函数变成消息摘要;

(2) 将消息摘要用私钥进行加密;

(3) 将加密后的摘要连同明文一起发送给接收方;

(4) 接收方也将明文信息通过 Hash 函数变成消息摘要;

(5) 将加密后的摘要用发送方的公钥进行解密;

(6) 比较解密的信息是否与消息摘要吻合,如果吻合即成功签名。

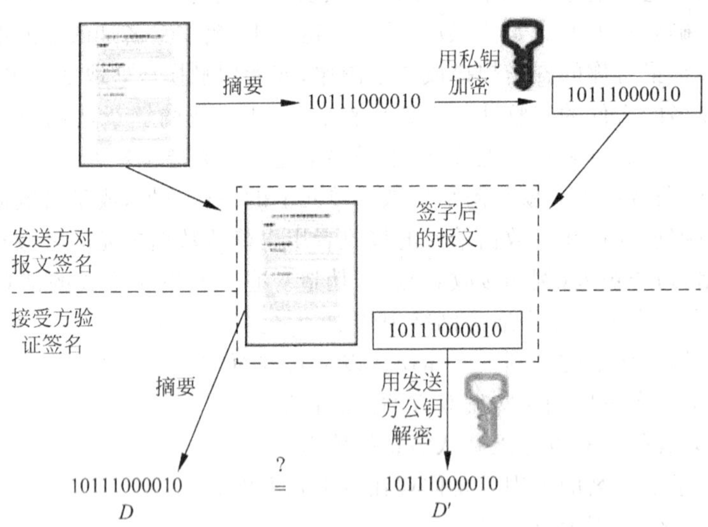

图 7-1　数字签名的流程

4. 数字签名的执行方式

数字签名的执行方式有两类:直接方式和具有仲裁的方式。直接数字签名仅涉及通信双方,有效性依赖发方密钥的安全性;仲裁数字签名使用第三方认证。

直接方式是指数字签名的执行过程只有通信双方参与,并假定双方有共享的秘钥或接收一方知道发方的公钥。

直接数字签名的缺点是验证模式依赖于发送方的保密密钥，发送方要抵赖发送某一消息时，可能会声称其私有密钥丢失或被窃，从而他人伪造了他的签名。通常需要采用与私有密钥安全性相关的行政管理控制手段来制止或至少削弱这种情况，但威胁在某种程度上依然存在。

改进的方法可以要求被签名的信息包含一个时间戳（日期与时间），并要求将已暴露的密钥报告给一个授权中心。例如 X 的私有密钥确实在时间 T 被窃取，敌方可以伪造 X 的签名并附上早于或等于时间 T 的时间戳。

引入仲裁者，通常的做法是所有从发送方 X 到接收方 Y 的签名消息首先送到仲裁者 A，A 将消息及其签名进行一系列测试，以检查其来源和内容，然后将消息加上日期并与已被仲裁者验证通过的指示一起发给 Y。

仲裁者在这一类签名模式中扮演敏感和关键的角色，所有的参与者必须极大地相信这一仲裁机制工作正常。

7.2 利用 RSA 公钥密码体制实现数字签名

利用 RSA 公钥密码体制可以很容易的实现数字签名。

设 A 是发送方，B 是接收方，M 为明文，$K_{e_A}=<e,n>$是 A 的公开密钥，$K_{d_A}=<d,p,q,\varphi(n)>$是 A 的保密密钥，则 A 对 M 的签名过程如下。

$$S_A = D(M,K_{d_A}) = (M^d) \bmod n$$

验证签名的过程为

$$E(S_A,K_{e_A}) = (M^d)^e \bmod n = M$$

如果要同时确保数据的秘密性和真实性，则可以采用先签名后加密的方案，即

(1) A 对 M 签名。$S_A=D(M,K_{d_A})$。

(2) A 对签名加密。$E(S_A,K_{e_B})$。

(3) A 将 $E(S_A,K_{e_B})$发送给 B。

RSA 的数字签名很简单，但要实际应用还要注意很多问题。

1. 一般攻击

由于 RSA 密码的加密运算和解密运算具有相同的形式，都是模幂运算。设 e 和 n 是用户 A 的公开密钥，所以任何人都可以获得并使用 e 和 n。攻击者首先随意选择一个数据 Y，并用 A 的公开密钥计算 $X=(Y)^e \bmod n$，于是便可以用 Y 伪造 A 的签名。因为 X 是 A 对 Y 的一个有效签名。

这种攻击实际上的成功率是不高的。因为对于随意选择的 Y，通过加密运算后得到的 X 具有正确语义的概率是很小的。可以通过认真设计数据格式或采用 Hash 函数与数字签名相结合的方法阻止这种攻击。

2. 利用已有的签名进行攻击

假设攻击者想要伪造 A 对 M_3 的签名，可以很容易地找到另外两个数据 M_1 和 M_2，

使得

$$M_3 = M_1 M_2 \bmod n$$

首先设法让 A 分别对 M_1 和 M_2 进行签名。

$$S_1 = (M_1)^d \bmod n$$

$$S_2 = (M_2)^d \bmod n$$

这时攻击者就可以用 S_1 和 S_2 计算出 A 对 M_3 的签名 S_3。

$$(S_1 S_2) \bmod n = [(M_1)^d (M_2)^d] \bmod n = [(M_3)^d] \bmod n = S_3$$

对付这种攻击的方法是用户不要轻易地对其他人提供的随机数据进行签名。更有效的方法是不直接对数据签名,而是对数据的 Hash 值签名。

3. 利用签名进行攻击获得明文

如果攻击者截获了密文 C,$C=M^e \bmod n$,想要求出明文 M,可以通过选择一个小的随机数 r,计算

$$x = r^e \bmod n$$

$$y = xC \bmod n$$

$$t = r^{-1} \bmod n$$

因为 $x=r^e \bmod n$,所以

$$x^d = (r^e)^d \bmod n \Rightarrow x^d = r \bmod n$$

可以让发送者对 y 签名,于是攻击者又获得

$$S = y^d \bmod n$$

计算

$$tS \bmod n = r^{-1} y^d \bmod n = r^{-1} x^d C^d \bmod n = C^d \bmod n = M$$

于是明文 M 可求。

对付这种攻击的方法也是用户不要轻易地对其他人提供的随机数据进行签名。最好是不直接对数据签名,而是对数据的 Hash 值签名。

4. 对先加密后签名方案的攻击

假设用户 A 采用先加密后签名的方案把 M 发送给用户 B,则先用 B 的公开密钥 e_B 对 M 加密,然后用自己的私钥 d_A 签名。再设 A 的模为 n_A,B 的模为 n_B。于是 A 发送数据给 B。

$$[(M)^{e_B} \bmod n_B]^{d_A} \bmod n_A$$

如果 B 是不诚实的,则他可以用 M_1 抵赖 M,而 A 无法争辩。因为 n_B 是 B 的模,所以 B 知道 n_B 的因子分解,于是就能计算模 n_B 的离散对数。然后可以公布新公开的密钥为 xe_B。这时就可以宣布收到的是 M_1 而不是 M。

A 无法争辩的原因在于下式成立。

$$[(M_1)^{xe_B} \bmod n_B]^{d_A} \bmod n_A = [(M)^{e_B} \bmod n_B]^{d_A} \bmod n_A$$

为了对付这种攻击,发送者应当在发送的数据中加入时间戳,从而证明是用 e_B 对 M 加密,而不是用新公开的密钥 xe_B 对 M_1 加密。另一个对付这种攻击的方法是经过 Hash 处理后再签名。

总之,对付对数字签名攻击最好的方法是不要直接对数据签名,而是对数据的 Hash 值签名;其次是要采用先签名后加密的数字签名方案,而不是采用先加密后签名的数字签名方案。

7.3　数字签名标准

数字签名标准 DSS(Digital Signature Standard)是 1991 年 8 月由美国 NIST 公布，1994 年 5 月 19 日的正式公布，并于 1994 年 12 月 1 日采纳为美国联邦信息处理标准。DSS 为 ElGamal 和 Schnorr 签名方案的改进，其使用的算法记为 DSA(Digital Signature Algorithm)，此算法由 D. W. Kravitz 设计。DSS 使用了 SHA，安全性是基于求离散对数的困难性的。

7.3.1　DSS 的基本方式

RSA 算法既能用于加密和签字，又能用于密钥交换。与此不同，DSS 使用的算法只能提供数字签名功能。图 7-2 用于比较 RSA 签字和 DSS 签字的不同方式。

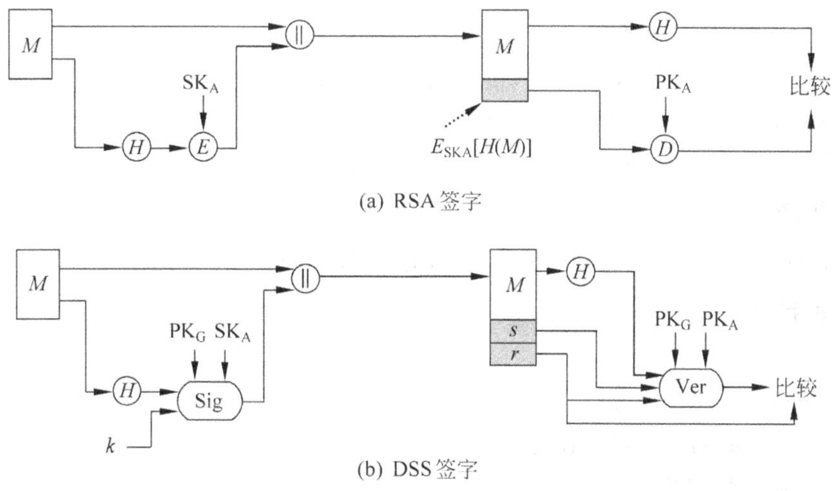

图 7-2　RSA 签字与 DSS 签字的不同方式

采用 RSA 签字时，将消息输入到一个杂凑函数以产生一个固定长度的安全杂凑值，再用发方的密钥加密杂凑值就形成了对消息的签字。消息及其签字被一起发给收方，收方得到消息后再产生出消息的杂凑值，且使用发方的公钥对收到的签字解密。这样收方就得了两个杂凑值，如果两个杂凑值是一样的，则认为收到的签字是有效的。

DSS 签字也利用一杂凑函数产生消息的一个杂凑值，杂凑值连同一随机数 k 一起作为签字函数的输入，签字函数还需使用发送方的密钥 SK_A 和供所有用户使用的一族参数，称这一族参数为全局公钥 PK_G。签字函数的两个输出 s 和 r 就构成了消息的签字(s,r)。接收方收到消息后再产生出消息的杂凑值，将杂凑值与收到的签字一起输入验证函数，验证函数还需输入全局公钥 PK_G 和发送方的公钥 PK_A。验证函数的输出如果与收到的签字成分 r 相等，则验证了签字是有效的。

7.3.2　DSA 算法

DSA 算法的签字过程和验证过程如图 7-3 所示，其具体的步骤如下。

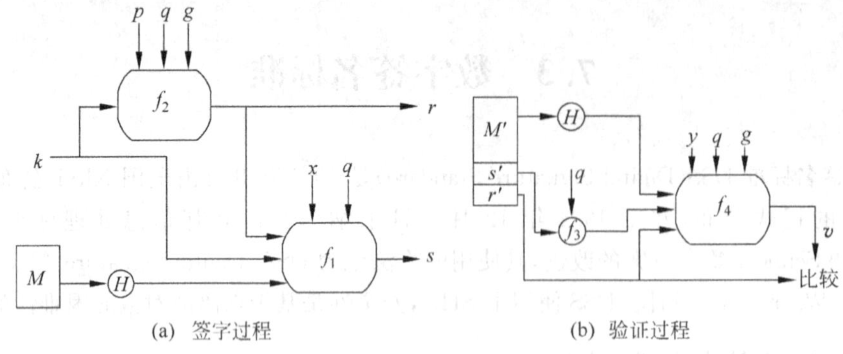

图 7-3 DSA 算法的签字过程和验证过程

1. 公开参数

p 是 512～1024 位的大质数；

q 是 160 位的 $p-1$ 之质因子；

g 是 $g=w^{(p-1)/q} \bmod p$，其中 $w<p-1$ 且 $w^{p-1/q} \bmod p>1$；

h 是一个单向杂凑函数，输出值为 160 位。

注：搭配 DSA 的单向杂凑函数标准为 SHA-1。

2. 密钥产生

每一个使用者任选一个整数 $x\in Z_q$ 为私钥，并计算公钥 $y=g^x \bmod p$。

3. 签署程序

任选一数 $k<q$。

计算 $r=(g^k \bmod p) \bmod q$。

计算 $s=k^{-1}[h(M)+xr] \bmod q$。

(r,s)为 M 的数字签章。

4. 验证程序

计算

$$
\begin{aligned}
a &= s^{-1} \bmod q \\
b &= ah(M) \bmod q \\
c &= ra \bmod q \\
d &= (g^b \times y^c \bmod p) \bmod q
\end{aligned}
$$

若 $d=r$，则(r,s)通过验证。

7.4 其他签字方案

7.4.1 GOST 数字签名算法

GOST 数字签名算法是俄罗斯于 1995 年公布的数字签名标准，其做法与 DSA 很类似，但具有使用弹性，安全度也较高，其具体的步骤如下。

1. 算法参数

p 是介于 509～512 位或 1020～1024 位的一个大质数。

q 是 254～256 位的 $p-1$ 之质因子。

g 为任意小于 $p-1$ 的整数，满足 $g^q \bmod p=1$。

h 为一个单向杂凑函数。

GOST 数字签名算法使用一个单向 Hash 函数。

2. 密钥产生

每一个使用者任选一个整数 $x \in Z_q$ 为私钥，并计算公钥 $y=g^x \bmod p$。

3. 签署程序

任选一数 $k<q$。

计算

(1) $r=(g^k \bmod p) \bmod q$

(2) $s=(xr+kh(M)) \bmod q$

(3) 若 $h(M) \bmod q=0$，则令 $h(m)=1$；

(4) 若 $r=0$，则重复回步骤(1)执行。

(r,s) 为 M 的数字签名。

4. 验证程序

计算以下参数。

$$a = h(M)^{q-2} \bmod q$$
$$b = sa \bmod q$$
$$c = a(q-r) \bmod q$$
$$d = (g^b \times y^c \bmod p) \bmod q$$

若 $d=r$，则 (r,s) 通过验证。

理论上 GOST 签名与 ElGamal 签名和 DSS 类似。为了更加安全，GOST 签名采用了更大的素数 q。一般学者认为 160 位的 q 就足够了，因此 DSS 采用 160 位，但 GOST 签名却采用了 256 位的 q，这说明俄罗斯希望自己的签名标准更安全。由于参数 q 较大，故其签名速度比 DSS 慢。在 DSS 中采用的签名公式为 $s=\{sr+k^{-1}[\mathrm{SHA}(M)]\} \bmod q$，而在 GOST 签名中却采用了 $s=[xr+kh(M)] \bmod q$，其区别为一个使用参数 k，一个使用参数 k^{-1}，从而导致签名的验证过程也不同。

7.4.2 不可否认的数字签名算法

不可否认的数字签名是 1989 年由 Chaum 和 Antwerpen 提出的。不可否认的数字签名是一种特殊的数字签名，它具有一些新颖的特征，没有签名者的合作，接收者就无法验证签名，在某种程度上保护了签名者的利益。不可否认的数字签名有一些特定的应用场合，例如软件开发者可利用不可否认的数字签名对他们的软件进行保护，使得只有付了钱的顾客才能验证签名并相信开发者仍然对软件负责。

一个不可否认的签名的真伪性是通过接收者和签名者执行一个协议来推断的，这个协议称做否认协议。因为签名者可声称一个合法的签名是伪造的,在这种情况下,如果签名者拒绝参加验证,就可以认为签名者有欺骗行为。如果签名者参加验证,由否认协议就可推断出签名者的真伪性。

一个不可否认的数字签名方案由三部分组成:签名算法、验证协议和否认协议。签名算法和验证的步骤如下。

1. 系统公开参数

p 是大质数;

g 为 mod p 的一个本原元。

2. 密钥产生

私钥 $x \in Z_p$。

公钥 $y = g^x \bmod p$。

3. 签署程序

签名 $z = m^x \bmod p$,(欲签署信息为 m)。

4. 验证签名程序

验证者任选二数 $a, b < p$,计算 $c = z^a (g^x)^b \bmod p$,并将 c 送给原签署者。

原签署者计算 $d = c^x \bmod p$,并将之送给验证者。

验证者检验是否 $d = m^a g^b \bmod p$。若成立,则 z 通过验证。

7.4.3 Fail-Stop 数字签名算法

Fail-Stop 数字签名的不可伪造性依赖于一个计算假设,但是如果一个签名被伪造,那么假定的签名者能证明这个签名是一个伪造签名。更精确地说,能证明做基础的计算假设一定被攻破,这个证明伪造的能力不依赖于任何密码假设并独立于伪造者的计算能力,这样能保护一个多项式界定签名者免遭具有无限计算能力的伪造者的攻击。再者,在第一次伪造之后,系统的所有参加者或系统操作人员都知道签名方案已被攻破,因此系统将终止工作,这也是这个系统为什么称做 Fail-Stop(失败-停止)的原因。

Fail-Stop 数字签名方案适合于联用对电子支付系统,在这个系统中可使顾客无条件地安全,顾客无需担心银行能攻破签名方案的基础假设。

一个 Fail-Stop 数字签名方案主要由三个算法组成:签名算法、验证算法和伪造证明。一个安全的 Fail-Stop 数字签名方案应具有如下特性。

(1) 如果签名者正确地签一个消息,那么接收者接收这个签名;

(2) 一个多项式界定 DF 伪造者不能构造签名使之通过验证;

(3) 如果一个具有无限计算能力的伪造者成功地构造了一个签名使之通过验证,那么这个概率是极小的,签名者能产生一个伪造证明使得第三方相信一个伪造已经发生;

(4) 一个多项式界的签名者不能构造一个假签名使后来证明是一个伪造。

达到这些特性的基本观点是相应于每个公钥有许多密钥,并且对同一个消息不同的密钥给出不同的签名。签名者恰好知道这些密钥中的一个,并且对一个给定的消息只能构造可能签名中的一个。然而,对一个新消息即使一个具有无限计算能力的伪造者也没有充分的消息确定签名者能构造众多可能的签名中的哪一个。因此，一个伪造签名以很高的概率不同于签名者已经构造的签名。而对同一个消息的两个不同签名的知识产生了一个伪造证明。

7.4.4　基于离散对数问题的数字签名法

基于离散对数问题的数字签名法是以 ElGamal 方法为主要代表，其具体的步骤如下。

1. 公开参数

p 为一个大质数。

q 为 $p-1$ 或 $p-1$ 的一个大质因子。

g 为 $1<g<q$，满足 $g^q=1 \bmod p$。

h 为一个单向杂凑函数。

2. 密钥产生

每一个使用者任选一个整数 $x\in Z_q$ 为私钥，并计算公钥 $y=g^x \bmod p$。

3. 签署及验证签章

签署一个信息 m 时（通常 m 需经过 h 转换以防止选择密文攻击），签署者首先任选一个随机数 $k\in Z_q$，满足 $\gcd(k,q)=1$；接下来，计算 $r=g^k \bmod p$ 与 $r \bmod q$。

数字签章(r,s)产生与验证公式如表 7-1 所示。

表 7-1　签章产生与验证式

签章产生式	签章验证式	签章产生式	签章验证式
$r'k=s+mx \pmod q$	$r^{r'}=g^s\times y^m \pmod p$	$sk=m+r'x \pmod q$	$r^s=g^m\times y^{r'} \pmod p$
$r'k=m+sx \pmod q$	$r^{r'}=g^m\times y^s \pmod p$	$mk=s+r'x \pmod q$	$r^m=g^s\times y^{r'} \pmod p$
$sk=r'+mx \pmod q$	$r^s=g^{r'}\times y^m \pmod p$	$mk=r'+sx \pmod q$	$r^m=g^{r'}\times y^s \pmod p$

7.4.5　Ong-Schnorr-Shamir 签章法

Ong Schnorr-Shamir 签章法是由 Ong. Schnorr 与 Shamir 于 1984 年所提出，但在 1987 年被证明为不安全，直到 1993 年才有人提出一个安全的改进方法。该签章法的最大优点为计算复杂度相当低，大部分用于计算能力较差的 IC 卡或行动通信系统的应用，其具体的步骤如下。

1. 密钥产生

首先，系统公布一个大合成数 n，但秘密保留 n 所含的大质因子 p 与 q。

任选一数 k，满足 $\gcd(k,n)=1$，并计算 $e=-k^{-2} \bmod n=-(k^{-1})^2 \bmod n$。

公钥为(e,n)，私钥为 k。

2. 签署程序（欲签署信息为 m）

任选一数 r，满足 $\gcd(r,n)=1$。

计算

$$s_1=\frac{1}{2}\times(mr^{-1}+r) \bmod n$$

$$s_2 = \frac{k}{2} \times (mr^{-1} - r) \bmod n$$

(s_1, s_2)为 m 的数字签章。

3. 验证程序

签章验证式 $s_1^2 + e \times s_2^2 = m(\bmod n)$。

7.4.6 ESIGN 签章法

ESIGN 签章法是由日本 NTT 的 T. Okamoto 于 1990 年所发明的方法,可以视为日本的数字签名标准。1999 年,ESIGN 也正式被列入 ISO 国际标准。在相同的密钥长度与签章大小的条件之下,ESIGN 签署与验证程序比 RSA 或 DSA 都要来得快速,其具体的步骤如下。

1. 密钥产生

任选一组大质数 p 与 q(至少为 192 位),并计算 $n = p^2 \times q$,其中,n 为公钥,p 与 q 为私钥。

公布一个单向杂凑函数 h 与一个整数 k,其中 $h(m)$的输出值,介于 0 与 $m-1$ 之间,$k \in \{8,16,32,64,128,256,512,1024\}$。

2. 签署程序(欲签署信息为 m)

任选一数 k(视安全需求而定)。

计算

$$w = \left\lceil \frac{(h(m) - x^k) \bmod n}{p \times q} \right\rceil$$

$$s = x + [w \times (k \times x^{k-1})^{-1} \bmod p] \times p \times q$$

s 为 m 的数字签章。

3. 验证程序

若 $h(m) \leqslant s^k \bmod n < h(m) + 2^{2|n|/3}$,则 s 通过验证,$|n|$为 n 的位数。

7.4.7 盲签名算法

在普通数字签名中,签名者总是先知道数据的内容后才实施签名,这是通常的办公事务所需要的。但有时却需要某个人对某数据签名,而又不能让他知道数据的内容,称这种签名为盲签名。在无记名投票选举和数字化货币系统中往往需要这种盲签名,因此盲签名在电子商务和电子政务系统中有着广泛的应用前景。

盲签名与普通签名相比有两个显著的特点。

(1) 签名者不知道所签署的具体内容;

(2) 在签名被接收者泄露后,签名者不能追踪签名。

为了满足这两个条件,接收者首先将待签数据进行盲变换,把变换后的盲数据发给签名者,经签名者签名后再发给接收者。接收者对签名再进行去盲变换,得出的便是签名者对原数据的盲签名。这样便满足了条件(1)。要满足条件(2),必须使签名者事后看到盲签名时不能与盲数据联系起来，这通常是依靠某种协议来实现的。

盲签名的具体步骤如下。

1. 系统参数

如同 RSA 所定义的参数，签署者的公钥为(e,n)，私钥为 d。

2. 签署程序

假设 A 欲让 B 签署一个信息 m，但不让 B 知道 m。

A 任选一随机数 k，$1<k<n$，并计算 $t=m\times k^e \bmod n$，随后，A 将 t 送给 B 签署。

B 签署 t，亦即 $t^d=(m\times k^e)^d \bmod n$。

A 计算 m 的签名如下。$s=t^d\times k^{-1} \bmod n$，亦即 $s=m^d \bmod n$。

3. 验证程序

$$m = S^e \bmod n$$

7.4.8　代理签名算法

代理签名(Agent Signature Scheme)是指用户由于某种原因指定某个代理代替自己签名。例如，A 处长需要出差，而这些地方不能很好地访问计算机网络。因此 A 希望接收一些重要的电子邮件，并指示其秘书 B 做相应的回信。A 在不把其私钥给 B 的情况下，可以请 B 代理，这种代理具有下面的特性。

(1) 任何人都可区别代理签名和正常的签名。

(2) 不可伪造性。只有原始签名者和指定的代理签名者才能够产生有效的代理签名，代理签名者必须创建一个能检测到是代理签名的有效代理签名。

(3) 可验证性。从代理签名中，验证者能够相信原始的签名者认同了这份签名消息。

(4) 可识别性。原始签名者能够从代理签名中识别代理签名者的身份。

(5) 不可否认性。代理签名者不能否认由他建立且被认可的代理签名。

代理签名的具体步骤如下。

1. 系统公开参数

p 为大质数。

g 为 $\bmod p$ 的一个本原元。

2. 原始签署者的私钥及公钥 (x, y)

$$x \in Z_p, y = g^x \bmod p$$

3. 代理密钥产生程序

原始签署者执行以下步骤。

任选一随机数 $k\in Z_{p-1}$，计算 $K=g^k \bmod p$ 与 $\sigma=x+kK \bmod p-1$。

将代理密钥(σ,K)秘密传送给代理签署者。

4. 代理验证程序

代理签署者检验代理密钥的有效性，$g^\sigma=yK^k \bmod p$。

若上式成立，则代理签署者接受(σ,K)为有效代理密钥；否则退回(σ,K)并要求原始签署者另外代理密钥,或终止执行以下程序。

5. 签署程序

令 m 为欲签署信息。代理签署者使用 σ 作为签署密钥,利用基于离散对数 mod p 的数字签名技术产生签名 $\mathrm{Sig}_\sigma(m)$,并将$(m,\mathrm{Sig}_\sigma(m), K)$传送给验证者。

6. 验证签名程序

验证者计 $y'=yK^K \bmod p$,将 y'视为原始签署者新的公钥,并执行签名验证程序以验证代理签名。

7.5 认证协议

安全可靠的通信除需进行消息的认证外,还需建立一些规范的协议对数据来源的可靠性、通信实体的真实性加以认证,以防止欺骗、伪装等攻击。

网络通信的一个基本问题如下。A 和 B 是网络的两个用户,他们想通过网络先建立安全的共享密钥再进行保密通信。那么 A(B)如何确信自己正在和 B(A)通信而不是和 C 通信呢?这种通信方式为双向通信,因此,此时的认证称为相互认证。对于单向通信来说,认证称为单向认证。

相互认证是最常用的协议,该协议使得通信各方互相认证鉴别各自的身份,然后交换会话密钥。基于认证的密钥交换核心问题包括保密性和时效性。

为了防止伪装和防止暴露会话密钥,基本认证与会话密码信息必须以保密形式通信。这就要求预先存在保密或公开密钥供实现加密使用,同时要防止消息重放攻击。

所谓消息重放是指在最坏情况下可能导致向敌人暴露会话密钥,或成功地冒充其他人,至少也可以干扰系统的正常运行,处理不好将导致系统瘫痪。常见的消息重放攻击形式如下。

(1) 简单重放。攻击者简单复制一条消息,以后再重新发送它。

(2) 可被日志记录的重放。攻击者可以在一个合法有效的时间窗内重放一个带时间戳的消息。

(3) 不能被检测到的重放。这种情况可能出现,原因是原始信息已经被拦截,无法到达目的地,而只有重放的信息到达目的地。

(4) 反向重放,不做修改。向消息发送者重放。当采用传统对称加密方式时,这种攻击是可能的。因为消息发送者不能简单地识别发送的消息和收到的消息在内容上的区别。

对付重放攻击的一种方法是在认证交换中使用一个序列号来给每一个消息报文编号。仅当收到的消息序数顺序合法时才接受之。但这种方法的困难是要求双方必须保持上次消息的序号。

保证消息的实时性常用的有时间戳和询问-应答两种方法。

时间戳。如果 A 收到的消息包括一时间戳,且在 A 看来这一时间戳充分接近自己的当前时刻,A 才认为收到的消息是新的并接受之。这种方案要求所有各方的时钟是同步的。

询问-应答。用户 A 向 B 发出一个一次性随机数作为询问,如果收到 B 发来的消息(应答)也包含一正确的一次性随机数,A 就认为 B 发来的消息是新的并接受之。

时间戳方法似乎不能用于面向连接的应用,因为该技术固有的困难包括以下几点。

(1) 某些协议需要在各种处理器时钟中维持同步。该协议必须既要容错以对付网络出错,又要安全以对付重放攻击;

(2) 由于某一方的时钟机制故障可能导致临时失去同步,这将增大攻击成功的机会;

(3) 由于变化的和不可预见的网络延迟的本性,不能期望分布式时钟保持精确的同步。因此,任何基于时间戳的过程必须采用时间窗的方式来处理。一方面时间窗应足够大以包容网络延迟,另一方面时间窗应足够小以最大限度地减小遭受攻击的机会。

而询问-应答方式则不适合于无连接的应用过程,这是因为在无连接传输以前需经询问-应答这一额外的握手过程,这与无连接应用过程的本质特性不符。对无连接的应用程序来说,利用某种安全的时间服务器保持各方时钟同步是防止重放攻击最好的方法。

7.6 散列函数

7.6.1 单向散列函数

散列函数(Hash Function)是一种从任何一种数据中创建小的数字"指纹"的方法。该函数将数据打乱混合,重新创建一个叫做散列值的指纹。散列值通常用来代表一个短的随机字母和数字组成的字符串。好的散列函数在输入域中很少出现散列冲突。在散列表和数据处理中,不抑制冲突来区别数据,会使得数据库记录更难找到。

所有散列函数都有一个基本特性。如果两个散列值是不相同的(根据同一函数),那么这两个散列值的原始输入也是不相同的。这个特性使散列函数具有确定性的结果。但另一方面,散列函数的输入和输出不是唯一对应关系的,如果两个散列值相同,两个输入值很可能是相同的,但也可能不同,这种情况称为杂凑碰撞,这通常是两个不同长度的散列值,刻意计算出相同的输出值。输入一些数据计算出散列值,然后部分改变输入值,一个具有强混淆特性的散列函数会产生一个完全不同的散列值。

由于散列函数应用的多样性,它们经常是专为某一应用而设计的。例如,加密散列函数假设存在一个要找到具有相同散列值的原始输入的敌人。一个设计优秀的加密散列函数是一个单向操作。对于给定的散列值,没有实用的方法可以计算出一个原始输入,也就是说很难伪造。以加密散列为目的设计的函数,如 MD5,被广泛地用作检验散列函数。这样在软件下载的时候,就会对照验证代码之后才下载正确的文件部分。此代码有可能因为环境因素的变化,如机器配置或者 IP 地址的改变而有变动,以保证源文件的安全性。错误监测和修复函数主要用于辨别数据被随机过程所扰乱的事例。当散列函数被用于校验和的时候,可以用相对较短的散列值来验证任意长度的数据是否被更改过。

定义 7-1　如果函数 h 满足下列性质,则称 h 是一个散列函数。

(1) 压缩性。任意有限长度的输入 x,为固定长度的输出 $h(x)$。

(2) 易计算。给定输入 x,$h(x)$是易计算的。

显然,将消息对应到散列函数值是一个多对应的映射,所以,可能出现多个不同消息具有相同散列函数值的情形,这种现象称为碰撞。

7.6.2 无碰撞散列函数和离散对数散列函数

当攻击者对一个散列函数进行攻击时,一种可能的方式是:设(x,y)是一个有效的签名,$h(x)$是消息x的散列函数值,$y=\mathrm{sig}_k[h(x)]$是对散列值$h(x)$的签名。如果攻击者找到一个消息$x'\neq x$,$h(x')=h(x)$,则(x',y)是一个有效签名,但它是一个伪造签名。当然,一般地,x'只能是一个随机消息,不过,攻击者达到了干扰通信的目的。为了阻止这种攻击,散列函数必须满足下面定义的弱无碰撞性。

定义 7-2 如果对给定的一个消息x,找到一个满足$x'\neq x$,$h(x')=h(x)$的消息x是计算上不可能的,则称散列函数h是弱无碰撞的。

另一种可能的攻击是:攻击者事先找到两个消息$x'\neq x$,$h(x')=h(x)$,并骗得签名者对消息x的签名,则$(x',h(x'))=(x',h(x))$就是一个合法的伪造签名。

为了防止这种伪造,需要更强的无碰撞性。

定义 7-3 如果找到两个满足$x'\neq x$,$h(x')=h(x)$的消息x,x'是计算上不可能的,则称散列函数h是强无碰撞的。

显然,如果一个散列函数是强无碰撞的,则该函数一定是弱无碰撞的。

可以证明强无碰撞性包含了单向性。事实上,如果一个散列函数不具单向性,而具有一个逆算法,则存在一个寻找碰撞的概率算法 Las Vagas 算法,能找到一个碰撞的概率至少为$\frac{1}{2}$。

可见,强无碰撞性是一个很强的概念,它不但包含了弱无碰撞性,又包含了单向性。所以,安全的散列函数应该是强无碰撞的。

Chaum-van Heijst-Pfitzmann 提出一个基于离散对数的散列函数,其描述如下。

假设$p=2q+1$是一个大素数,其中q也是一个素数。设α和β是Z_p^*中的两个生成元,离散对数$\log_\alpha\beta$的计算是困难的,将α和β保密。

散列函数

$$h: Z_q\times Z_q\rightarrow Z_p^*$$

定义为

$$h(x_1,x_2)=\alpha^{x_1}\beta^{x_2}\bmod p$$

下面的定理表示只要离散对数是安全的,则这个散列函数是安全的,即散列函数是强无碰撞的。

定理 7-1 如果能找到 Chaum-van Heijst-Pfitzmann 散列函数h的一个碰撞,则离散对数$\log_\alpha\beta$可有效计算。

签名讨论的散列函数具有有限的定义域,显然不能完全满足需要。当要签名文本文件时,被签名消息可以是任意长度的。所以,需要具有无限定义域的强无碰撞散列函数。将具有有限定义域的强无碰撞散列函数扩展为具有无限定义域的强无碰撞散列函数,通常的方法是:通过级联的方式来构造无限输入长度的散列函数,以及 Merkle(Merkle-Damgard)级联算法,或者是基于分组加密算法的散列函数扩展。

7.6.3 单向散列函数的设计

单向散列函数通常有以下的技术要求。

(1) 单向散列函数能够处理任意长度的明文(至少是在实际应用中可能碰到的长度的明文),其生成的消息摘要数据块长度具有固定的大小。而且,对同一个消息反复执行该函数总是能得到相同的信息摘要。

(2) 单向散列函数生成的信息摘要是不可预见的,消息摘要看起来和原始的数据没有任何的关系。而且,原始数据的任何微小变化都会对生成的信息摘要产生很大的影响。

(3) 具有不可逆性,即通过生成的报文摘要得到原始数据的任何信息在计算上是完全不可行的。

(4) 由散列值寻找等价明文的困难性。给定 M,要找到另一消息 M',并满足 $H(M)=H(M')$ 是计算上不可行的,即弱碰撞。

(5) 寻找等价明文对的困难性。找到两个不同的消息 M 和 M',使它们的散列值相等即 $H(M)=H(M')$,在计算上是不可行的,即强碰撞(强碰撞比弱碰撞要求更加严格,它可以有效地抵抗所谓的"生日攻击")。

给定输入 m,单向散列函数首先将 m 分成若干个分组$(m_1, m_2, \ldots, m_k)$,并以迭代的方式,从第一个分组开始,每次处理一个分组。

在处理第 i 个分组时,将分组 i 与处理分组 $i-1$ 时得到的散列值作为压缩函数 f 的输入,即

$$h_i = f(m_i, h_{i-1})$$

这时压缩函数的输出将作为分组 i 的输入的散列值。最后,在处理最后一个分组时得到的散列值,将作为整个报文的散列值输出。

在设计时要求单向散列函数具有强的码间相关性,即修改明文中的一个比特,就会使输出比特串中大约一半的比特发生变化。这样,最后得到的散列值将与明文的每一个比特密切相关。

单向散列函数的原理比较简单,同时由于它并不要求可逆,因此,设计自由度一般比较大,基本的设计方法有三种。

1. 使用公开密钥密码算法

通常可以以 CBC 模式使用公开密钥算法对消息进行加密,并输出最后一个密文分组作为散列值。

如果丢弃用户的保密密钥,这时的散列值将无法解密,也就是说,它满足了散列函数的单向性要求。

虽然在合理的假设下,可以证明这类散列函数是安全的,但一般情况下它的计算速度十分的慢(这是由于公开密钥算法的速度决定的)。这一类散列函数并不实用。

2. 使用对称分组算法

使用对称分组密码算法的 CBC 模式或 CFB 模式来产生散列值。它将使用一个固定的密钥加密消息,并将最后的密文分组作为散列值输出。这时,如果分组算法是安全的,那么单向函数也将是安全的。

另外,还可以把消息作为密钥,而把上一个分组得到的散列值作为分组算法的输入,使用类似于 CBC 模式的方法进行加密,最后得到的密文分组作为散列值输出。假设消息共有 N 个分组 $m_1, m_2, \cdots, m_N$,用 h_i 表示到第 i 个分组时的散列值,h 表示最后的散列输出。那

么,可以表述如下。

$$h_0 = \mathrm{IV}$$
$$h_i = E_{m_i}(h_{i-1})$$
$$h = h_N$$

其中,IV是初始向量。

这类设计已经提出来一些方案,如Quisquater-Girault算法、MDC-2和MDC-4、GOST散列函数等。

3. 直接设计单向散列函数

这类单向散列函数并不基于任何假设和密码体制,它通过直接构造复杂的非线性关系达到单向性要求。

这类算法典型的有:MD2、MD4、MD5、SHA-1、PIPE-MD和HAVAL等算法。

目前,直接设计单向散列函数的方法受到了广泛关注,是目前比较流行的一种设计方法。

7.6.4 单向散列函数的安全性

对单向散列函数的攻击是指攻击者寻找一对产生碰撞消息的过程。评价单向散列函数最好的方法就是看一个攻击者找到一对碰撞消息所花的代价有多高。通常在讨论单向散列函数的安全时,都假设敌手已经知道单向散列函数算法(遵循Kerckhoffs假设)。

目前对单向散列函数的攻击方法可以分为两类。

第一类是强力攻击,它可以用于对任何类型的单向散列函数进行攻击,其中典型的方法称为"生日攻击"。

生日攻击方法没有利用Hash函数的结构和任何代数弱性质,它只依赖于消息摘要的长度,即Hash值的长度。这种攻击对Hash函数提出了一个必要的安全条件,即消息摘要必须足够长。生日攻击这个术语来自于所谓的生日问题,在一个教室中最少应有多少学生才使得至少有两个学生的生日在同一天的概率不小于1/2? 这个问题的答案为23。

采用生日攻击的攻击者将产生许多的报文,计算其报文摘要,并进行比较。当报文足够多时,根据概率论的有关结论,报文将以某种较大的概率发生碰撞,这时可以认为散列函数已经被攻破。这种攻击可行性的关键在于究竟需要多少报文才能使发生碰撞的概率足够大。如果报文数目大到使计算上不可行的,那么生日攻击就是不可行的,否则,可以认为该单向散列函数是不安全的。

生日攻击所需报文数目与摘要值的长度有关。摘要值越长,需要的报文数目越大。有计算表明,当摘要长度为n时,需要$2^{\frac{n}{2}}$个报文就可以以50%的概率产生一个碰撞。

强碰撞自由性质指出计算发生碰撞的报文是计算上不可行的。因此,生日攻击对具有强碰撞自由性质的单向散列函数无法奏效。

第二类攻击方法依赖于单向散列函数的结构和代数性质,它采用针对于单向散列函数的弱性质的方法进行攻击。这一类攻击方法有中间相遇攻击、修正分组攻击和差分分析等。另外,使用了其他密码算法构造的单向散列函数还可以因为所使用的密码算法的弱点而引起攻击。例如,DES的一些众所周知的弱点,如互补性、弱密钥与半弱密钥等,都可用来攻击基于DES构造的单向散列函数。

7.7 MD5

MD5(Message Digest Algorithm),中文名为消息摘要算法第5版,为计算机安全领域广泛使用的一种散列函数,用以提供消息的完整性保护。

Rivest在1989年开发出MD2算法。在这个算法中,首先对信息进行数据补位,使信息的字节长度是16的倍数。然后,以一个16位的检验和追加到信息末尾,并且根据这个新产生的信息计算出散列值。后来,Rogier和Chauvaud发现如果忽略了检验将和MD2产生冲突。

为了加强算法的安全性,Rivest在1990年又开发出MD4算法。MD4算法同样需要填补信息以确保信息的比特位长度加上448后能被512整除(信息比特位长度 mod 512 = 448)。然后,一个以64位二进制表示的信息的最初长度被添加进来。Den Boer和Bosselaers以及其他人很快发现了攻击MD4版本中第一步和第三步的漏洞。毫无疑问,MD4就此被淘汰掉了。尽管MD4算法在安全上有个这么大的漏洞,但它对在其后才被开发出来的好几种信息安全加密算法的出现却有着不可忽视的引导作用。

一年以后,即1991年,Rivest开发出技术上更为趋近成熟的MD5算法。它在MD4的基础上增加了"安全-带子"(safety-belts)的概念。虽然MD5比MD4稍微慢一些,但却更为安全。这个算法很明显地由4个和MD4设计有少许不同的步骤组成。在MD5算法中,信息摘要的大小和填充的必要条件与MD4完全相同。

MD5的作用是让大容量信息在用数字签名软件签署私人密钥前被"压缩"成一种保密的格式(就是把一个任意长度的字节串变换成一定长的大整数)。不管是MD2、MD4还是MD5,它们都需要获得一个随机长度的信息并产生一个128位的信息摘要。MD5最广泛的是被用于各种软件的密码认证和钥匙识别上。通俗地讲就是人们讲的序列号。

MD5接受任意长度的消息作为输入,并生成128位消息摘要作为输出。对于给定的长度为L位的消息,建立算法需要二个步骤。

(1) 通过在消息末尾添加一些额外位来填充消息。填充是绝大多数散列函数的通用特性,正确地填充能够添加算法的安全性。对于MD5来说,对消息进行填充,使其位长度等于448 mod 512(这是小于512位一个整数倍的64位)。即使原始消息达到了所要求的长度,也要添加填充。填充由一个1和足够个数的0组成,以便达到所要求的长度。例如,如果消息由704位组成,那么在其末尾要添加256位(1后面跟255个0),以便将消息扩展到960位(960 mod 512=448)。

(2) 将消息的原始长度缩减为 mod 64,然后以一个64位的数字添加到扩展后消息的尾部。在这个示例中,原始消息的长度为704位,其二进制值为1011000000。将这个数书写为64位数字(在开始位置添加54个0),并把它添加到消息的末尾,其结果是一个具有1024位的消息。

(3) MD5的初始输出放在4个32位寄存器A、B、C和D中,这些寄存器随后将用于保存散列函数的中间结果和最终结果,初始值(十六进制)为

$$A=67452301;\ B=\text{EFCDAB89};\ C=\text{98BADCFE};\ D=10325476$$

一旦完成了这些步骤,MD5将以4轮方式处理每一个512位块。每一轮都由16个阶段组成,都实现针对该轮的功能,对消息块部分做32位加法,对数组中的内置值做32位加法,移位运算,最后做一次加法和交换运算。从而真正地打乱了所有位。

以一个例子来解析MD5的具体加密过程。

如对一个字符串string进行加密。第一步,我们要把他转换成位(MD5是对位进行操作)的,现在假设string转换为位后是1010000101110101,接下来就要对这个字节串进行补位成比512的倍数(n倍)位少64位即可,补位的规则就是在位后先补一个1,其他的补零,补位后,这个串就变成1010000101110101 1(先补的那个1)0000…000(总共512-64位)这些完成后还要在其后面补上一个64位的数据,当然这个数据也是有规定的,这个数据就是原字节串的长度(当然这个长度已被转换成了64位)。至此,数据补完后这串正好是512的倍数$512n-64+64$。

至此,前两步补位和补数据长度就完成了,在一些初始化处理后,MD5以512位分组来处理输入文本,每一分组又划分为16个32位子分组。算法的输出由4个32位分组组成,将它们级联形成一个128位散列值。首先填充消息使其长度恰好为一个比512位的倍数仅小64位的数。填充方法是附一个1在消息后面,后接所要求的多个0,然后在其后附上64位的消息长度(填充前)。这两步的作用是使消息长度恰好是512位的整数倍(算法的其余部分要求如此),同时确保不同的消息在填充后不相同。

4个32位变量初始化为

$$A=0x01234567$$
$$B=0x89abcdef$$
$$C=0xfedcba98$$
$$D=0x76543210$$

它们称为链接变量(Chaining Variable),接着进行算法的主循环,循环的次数是消息中512位消息分组的数目。

将上面4个变量复制到另外的变量中,A到a,B到b,C到c,D到d。

主循环有4轮(MD4只有三轮),每轮很相似。第一轮进行16次操作。每次操作对a,b,c和d中的其中三个做一次非线性函数运算,然后将所得结果加上第四个变量,文本的一个子分组和一个常数。再将所得结果向右循环移一个不定的数,并加上a,b,c或d中之一。

最后用该结果取代a,b,c或d中之一。以下是每次操作中用到的4个非线性函数(每轮一个)。

$$F(X,Y,Z)=(X\&Y)|[(\sim X)\&Z]$$
$$G(X,Y,Z)=(X\&Z)|[Y\&(\sim Z)]$$
$$H(X,Y,Z)=X\text{\^{}}Y\text{\^{}}Z$$
$$I(X,Y,Z)=Y\text{\^{}}[X|(\sim Z)]$$

&是与,|是或,~是非,^是异或。

这些函数是这样设计的。如果X、Y和Z的对应位是独立和均匀的,那么结果的每一位也应是独立和均匀的。

函数F是按逐位方式操作的。如果X,那么Y,否则Z。函数H是逐位奇偶操作符。设Mj表示消息的第j个子分组(从0到15),$<<<s$表示循环左移s位,则4种操作如下。

FF(*a*,*b*,*c*,*d*,*Mj*,*s*,*ti*)表示 $a=b+((a+F(b,c,d)+Mj+ti)<<<s)$

GG(*a*,*b*,*c*,*d*,*Mj*,*s*,*ti*)表示 $a=b+((a+G(b,c,d)+Mj+ti)<<<s)$

HH(*a*,*b*,*c*,*d*,*Mj*,*s*,*ti*)表示 $a=b+((a+H(b,c,d)+Mj+ti)<<<s)$

II(*a*,*b*,*c*,*d*,*Mj*,*s*,*ti*)表示 $a=b+((a+I(b,c,d)+Mj+ti)<<<s)$

这 4 轮(64 步)如下。

① 第一轮。

FF(*a*,*b*,*c*,*d*,*M*0,7,0xd76aa478)
FF(*d*,*a*,*b*,*c*,*M*1,12,0xe8c7b756)
FF(*c*,*d*,*a*,*b*,*M*2,17,0x242070db)
FF(*b*,*c*,*d*,*a*,*M*3,22,0xc1bdceee)
FF(*a*,*b*,*c*,*d*,*M*4,7,0xf57c0faf)
FF(*d*,*a*,*b*,*c*,*M*5,12,0x4787c62a)
FF(*c*,*d*,*a*,*b*,*M*6,17,0xa8304613)
FF(*b*,*c*,*d*,*a*,*M*7,22,0xfd469501)
FF(*a*,*b*,*c*,*d*,*M*8,7,0x698098d8)
FF(*d*,*a*,*b*,*c*,*M*9,12,0x8b44f7af)
FF(*c*,*d*,*a*,*b*,*M*10,17,0xffff5bb1)
FF(*b*,*c*,*d*,*a*,*M*11,22,0x895cd7be)
FF(*a*,*b*,*c*,*d*,*M*12,7,0x6b901122)
FF(*d*,*a*,*b*,*c*,*M*13,12,0xfd987193)
FF(*c*,*d*,*a*,*b*,*M*14,17,0xa679438e)
FF(*b*,*c*,*d*,*a*,*M*15,22,0x49b40821)

② 第二轮。

GG(*a*,*b*,*c*,*d*,*M*1,5,0xf61e2562)
GG(*d*,*a*,*b*,*c*,*M*6,9,0xc040b340)
GG(*c*,*d*,*a*,*b*,*M*11,14,0x265e5a51)
GG(*b*,*c*,*d*,*a*,*M*0,20,0xe9b6c7aa)
GG(*a*,*b*,*c*,*d*,*M*5,5,0xd62f105d)
GG(*d*,*a*,*b*,*c*,*M*10,9,0x02441453)
GG(*c*,*d*,*a*,*b*,*M*15,14,0xd8a1e681)
GG(*b*,*c*,*d*,*a*,*M*4,20,0xe7d3fbc8)
GG(*a*,*b*,*c*,*d*,*M*9,5,0x21e1cde6)
GG(*d*,*a*,*b*,*c*,*M*14,9,0xc33707d6)
GG(*c*,*d*,*a*,*b*,*M*3,14,0xf4d50d87)
GG(*b*,*c*,*d*,*a*,*M*8,20,0x455a14ed)
GG(*a*,*b*,*c*,*d*,*M*13,5,0xa9e3e905)
GG(*d*,*a*,*b*,*c*,*M*2,9,0xfcefa3f8)
GG(*c*,*d*,*a*,*b*,*M*7,14,0x676f02d9)
GG(*b*,*c*,*d*,*a*,*M*12,20,0x8d2a4c8a)

③ 第三轮。

HH($a,b,c,d,M5$,4,0xfffa3942)

HH($d,a,b,c,M8$,11,0x8771f681)

HH($c,d,a,b,M11$,16,0x6d9d6122)

HH($b,c,d,a,M14$,23,0xfde5380c)

HH($a,b,c,d,M1$,4,0xa4beea44)

HH($d,a,b,c,M4$,11,0x4bdecfa9)

HH($c,d,a,b,M7$,16,0xf6bb4b60)

HH($b,c,d,a,M10$,23,0xbebfbc70)

HH($a,b,c,d,M13$,4,0x289b7ec6)

HH($d,a,b,c,M0$,11,0xeaa127fa)

HH($c,d,a,b,M3$,16,0xd4ef3085)

HH($b,c,d,a,M6$,23,0x04881d05)

HH($a,b,c,d,M9$,4,0xd9d4d039)

HH($d,a,b,c,M12$,11,0xe6db99e5)

HH($c,d,a,b,M15$,16,0x1fa27cf8)

HH($b,c,d,a,M2$,23,0xc4ac5665)

④ 第四轮。

II($a,b,c,d,M0$,6,0xf4292244)

II($d,a,b,c,M7$,10,0x432aff97)

II($c,d,a,b,M14$,15,0xab9423a7)

II($b,c,d,a,M5$,21,0xfc93a039)

II($a,b,c,d,M12$,6,0x655b59c3)

II($d,a,b,c,M3$,10,0x8f0ccc92)

II($c,d,a,b,M10$,15,0xffeff47d)

II($b,c,d,a,M1$,21,0x85845dd1)

II($a,b,c,d,M8$,6,0x6fa87e4f)

II($d,a,b,c,M15$,10,0xfe2ce6e0)

II($c,d,a,b,M6$,15,0xa3014314)

II($b,c,d,a,M13$,21,0x4e0811a1)

II($a,b,c,d,M4$,6,0xf7537e82)

II($d,a,b,c,M11$,10,0xbd3af235)

II($c,d,a,b,M2$,15,0x2ad7d2bb)

II($b,c,d,a,M9$,21,0xeb86d391)

常数 ti 可以如下选择:

在第 i 步中,ti 是 4294967296×abs(sin(i))的整数部分,i 的单位是弧度。

所有这些完成之后,将 A,B,C,D 分别加上 a,b,c,d。然后用下一分组数据继续运行算法,最后的输出是 A,B,C 和 D 的级联。

习　题

1. 数字签名应该具有哪些性质？

2. 数字签名应满足哪些要求？

3. 直接数字签名和仲裁数字签名的区别是什么？

4. 如果用于产生 DSA 签名的 k 已被泄密，那么会出现什么问题？

5. DSS 包括一个推荐的素数测试算法，该算法如下。

(1) 选择 w。令 w 是随机的奇数，则$(w-1)$是偶数且可表示为 $2^a m$，其中 m 是奇数，也就是说，2^a 是整除$(w-1)$的 2 的最大幂。

(2) 产生 b。令 b 是随机整数，$1<b<w$。

(3) 求幂。置 $j=0$，且 $x=b^m \bmod w$。

(4) 若 $j=0$，$x=1$ 或者 $x=w-1$，则 w 可能是素数，故应测试 w，转到步骤(8)。

(5) 若 $j>0$，$x=1$，则 w 不是素数，对该 w 算法终止。

(6) 置 $j=j+1$，若 $j<a$，则置 $z=x^2 \bmod w$，并转到步骤(4)。

(7) w 不是素数，对该 w 算法终止。

(8) 若已测试足够多的 b，则认为该 w 是素数并终止算法，否则转到步骤(2)。

请说明该算法的工作原理。

第8章 密钥管理

密钥管理是数据加密技术中的重要一环，密钥管理的目的是确保密钥的安全性（真实性和有效性）。

8.1 密钥管理技术的发展

第一代密钥管理产品是存储卡芯片钥匙。存储卡芯片钥匙是将存储卡芯片做成一个计算机外设，直接插在USB口上，密钥则写在存储卡芯片上。当存储卡芯片插在USB口上时，加密的文件可自动解密。当智能卡拔出时，文件便自动加密，而存储卡芯片内的密钥一般是不会被从计算机内读出来的，从而避免了密钥轻易被别人获取的可能。

社会的进步使得社会竞争进一步加剧，同时也产生了更多的商业机密。如何使自己的天机不被泄露，是每一个人都很关心的事。虽然第一代存储卡芯片钥匙能够解决部分问题，但仍然有其自身的缺陷，如使用读卡器即可读取智能卡内的文件。这个缺陷是致命的，也就是说别人可以配一把同样的钥匙，轻松地打开计算机中加密的文件。

在此基础上，第二代密钥管理产品是安全钥匙。之所以称之为安全钥匙，主要是缘于其采用的是一款安全芯片。安全芯片，是指任何人采用任何暴力都无法读取安全芯片中的任何内容。这就是说，开启数据的钥匙是唯一的，这确保了计算机中加密保存的文件不会被任何他人读取。这就好像，您在计算机中创建一个保险箱，而钥匙永远只在自己手中。当把钥匙插在USB口上时，保险箱自动打开，可以把重要文件或应用程序放在里面，与计算机存盘一样轻松。钥匙拔出时，保险箱随之关闭，同时对文件加密。更进一步，除了加密外，它还将保险箱进行隐藏，当他人打开您的计算机时根本看不见在计算机中创建的保险箱。同时，由于对钥匙做了口令识别，从而确保钥匙的安全性。第二代安全钥匙的诞生，标志着安全加密的一个新时代的开始。

一个好的密钥管理系统应该做到以下几点。

(1) 密钥难以被窃取；

(2) 在一定条件下窃取了密钥也没有用，密钥有使用范围和时间的限制；

(3) 密钥的分配和更换过程对用户透明，用户不一定要亲自掌管密钥。

8.2 密钥管理内容

8.2.1 密钥管理概述

密钥的管理是整个加密系统中最薄弱的环节，密钥的泄露将直接导致明文内容的泄露。例如，曾经有一种计算机使用了DES算法来实现一个文件加密工具，它将密钥与密文保存在一起，用户可以选择用密文或明文形式保存文件，而且加解密过程是透明的，使用很方便。但是，对于了解密文格式的攻击者而言，他可以很容易地发现密文的密钥，从而发现明文。显然从密钥管理的途径窃取机密比用破译的方法花费的代价要小得多，所以对密钥的管理和保护格外重要。

密钥管理包括管理方式、密钥生成、密钥储存和保护、密钥分配、传递和密钥备份、销毁等。所有管理过程都是为了正确地解决密钥从生成到使用全过程的安全性和实用性，另外，还涉及密钥的行政管理制度和管理人员的素质。密钥管理最主要的过程是密钥生成、保护和分发。

1. 管理方式

层次化的密钥管理方式，用于数据加密的工作密钥需要动态产生；工作密钥由上层的加密密钥进行保护，最上层的密钥称为主密钥，是整个密钥管理系统的核心；多层密钥体制大大加强了密码系统的可靠性，因为用得最多的工作密钥常常更换，而高层密钥用得较少，使得破译的难度增大。

2. 密钥的生成

密钥的生成与所使用的算法有关。如果生成的密钥强度不一致，就称该算法构成的是非线性密钥空间，否则称为是线性密钥空间。

3. 分配、传递

密钥的分配是指产生并使使用者获得一个密钥的过程；密钥的传递分集中传送和分散传送两类。集中传送是指将密钥整体传送，这时需要使用主密钥来保护会话密钥的传递，并通过安全渠道传递主密钥。分散传送是指将密钥分解成多个部分，用秘密分享的方法传递，只要有部分到达就可以恢复，这种方法适用于在不安全的信道中传输。

4. 密钥的保存

密钥既可以作为一个整体保存，也可以分散保存。整体保存的方法有人工记忆、外部记忆装置、密钥恢复、系统内部保存；分散保存的目的是尽量降低由于某个保管人或保管装置的问题而导致密钥的泄露。

5. 备份、销毁

密钥的备份可以采用和密钥的分散保存一样的方式，以免知道密钥的人太多；密钥的销毁要有管理和仲裁机制，否则密钥会被有意无意地丢失，从而造成对使用行为的否认。

8.2.2 密钥的组织结构

从信息安全的角度看，密钥的生存期越短，破译者的可乘之机就越小。所以，理论上一次一密最安全。在实际应用中，尤其是在网络环境下，多采用层次化的密钥管理结构。用于数据加密的工作密钥平时不存于加密设备中，需要时动态生成，并由其上层的密钥加密密钥进行加密保护。密钥加密密钥可根据需要由其上一级的加密密钥进行保护。最高层的密钥被称为主密钥，它是整个密钥管理体系的核心。在多层密钥管理系统中，通常下一层的密钥由上一层密钥按照某种密钥算法来生成。因此，掌握了主密钥，就有可能找出下层的各个密钥。

工作密钥通常被称为会话密钥,建立会话密钥的目的在于以下几点。

(1) 重复使用密钥容易导致泄露,因此应经常更换;

(2) 若使用相同的密钥,攻击者可将以前截获的信息插入当前的会话中而不被发现;

(3) 密钥一旦被破译,则使用这一密钥加密的信息都会失密,而使用会话密钥的会话信息也会失密;

(4) 如果对方不可靠,则更换会话密钥可防止对方以后窃取信息。

多层密钥管理体制大大增强了密码系统的安全性。由于用得最多的工作密钥经常更换,而高层密钥则用得较少,使得破译者可用的信息变得很少,增加了攻击的难度。

另外,多层密钥体制为自动化管理带来了方便,因为下层密钥可由计算机系统自动产生和维护,并通过网络自动分配和更换,减少了接触密钥的人数,也减轻了用户的负担。例如,在古典加密体制中有这样一种密钥管理方法。

(1) 指定一个公开出版并可广泛获得的出版物作为密码本,这时这个出版物的名称成为主密钥;

(2) 将这个出版物的某个页号 P、行号 L 及字数 W 作为第二级密钥;

(3) 将 P、L、W 指定的内容作为具体的密钥,即第三级密钥。

这样在使用时,主密钥是双方预知的,不需交换。通信时,只要通知 P、L、W 就可得知加密的密钥,而破译者由于不知道主密钥,所以即使截获了密文和 P、L、W,也无法破译。如果指定的是一个连续出版物,则主密钥定期更换,它的期号或卷号成为新一级的密钥。这种超数学的密码结构使得密文、明文和密钥之间不存在任何确定的函数关系。破译者只能使用穷举法。当然破译者可通过分析加密者的生活习惯来缩小搜索范围。

密钥的连通是指在用户之间共享密钥的范围,而密钥的分割是指对这个范围的限制空间分割密钥,可区分不同的用户群,例如:

(1) 不同密级的数据之间的密钥分割。

(2) 不同业务部门、业务系统之间的密钥分割。

(3) 上下级机关之间的密钥分割。

(4) 应用系统和管理系统之间的密钥分割等。

按时间分割密钥可实现让各个用户在不同的时期使用不同的密钥,使用户的使用权具有时间限制。分割的实现有两种方式。

- 静态分割。在给用户的加密设备注入密钥时就给定了用户的密钥连通范围,即用户只能使用注入的密钥。
- 动态分割。密钥分配中心定期向规定范围内的用户加密传送一个用于控制分割范围的广播密钥(向指定用户广播的密钥)。

按照密钥的作用与类型及它们之间的相互控制关系,可以将不同类型的密钥划分为1级密钥、2级密钥、…、n 级密钥,从而组成一个层密钥系统,如图8-1所示。

在图中,系统使用一级密钥通过算法保护二级密钥(一级密钥使用物理方法或其他的方法进行保护),使用二级密钥通过算法保护三级密钥,以此类推,直到最后使用的级密钥通过算法保护明文数据。随着加密过程的进行,各层密钥的内容动态变化,而这种变化的规则由相应层次的密钥协议控制。

最下层的密钥也叫工作密钥,或数据加密密钥,它直接作用于对明文数据的加解密。所有上层密钥可称为密钥加密密钥，它们的作用是保护数据加密密钥或作为其他更低层次密钥的加密密钥。最上面一层的密钥也叫主密钥，通常主密钥是整个密钥管理系统的核心，应该采用最安全的方式来进行保护。

层次化的密钥结构意味着以密钥来保护密钥。这样，大量的数据就可以通过少量动态产生的数据加密密钥(工作密钥)进行保护了，而数据加密密钥又可以由更少量的、相对不变(使用期较长)的密钥加密密钥来保护。同理，在最后第二层的密钥加密密钥可以由主密钥进行保护，从而保证除了主密钥可以以明文的形式存储在有严密物理保护的主机密码器件中，其他密钥则以加密后的密文形式存储，这样，就改善了密钥的安全性。

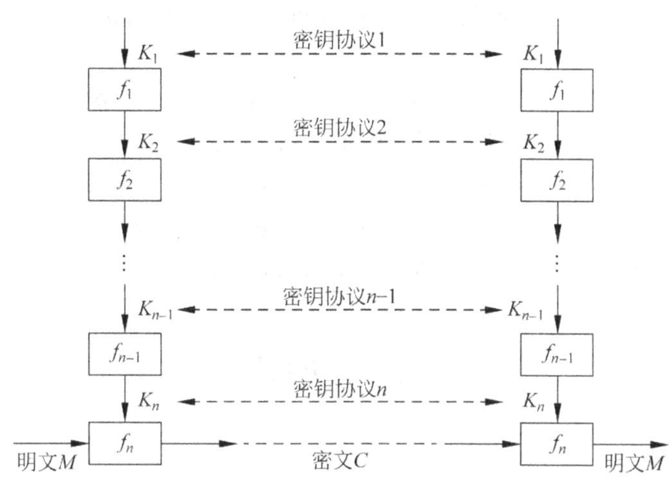

图 8-1　层密钥系统

8.2.3　密钥的分配中心

密钥分配中心(Key Distribution Center，KDC)解决的是网络环境中需要进行安全通信的实体间建立共享的密钥问题，最简单的解决办法是生成密钥后通过安全的渠道送到对方。这对于密钥量不大的通信是合适的，但随着网络通信的不断增加，密钥量也随之增加，密钥的传递与分配就会成为严重的负担。在当前的实际应用中，用户之间的通信并没有安全的通信信路，因此有必要对密钥分配做进一步的研究。

密钥分配技术一般需要解决两个方面的问题。为减轻负担，提高效率，引入自动密钥分配机制；为提高安全性，尽可能减少系统中驻留的密钥量。

为了满足这两个问题，目前有两种类型的密钥分配方案：集中式和分布式密钥分配方案。集中式密钥分配方案是指由密钥分配中心(KDC)或者由一组节点组成层次结构负责密钥的产生并分配给通信双方。分布式密钥分配方案是指网络通信中各个通信方具有相同的地位，它们之间的密钥分配取决于它们之间的协商，不受其他方的限制(更进一步，可以把密钥分配中心分散到所有的通信方，即每个通信方同时也是密钥分配中心)。

此外，密钥分配方案也可能采取上面两种方案的混合：上层(主机)采用分布式密钥分配方案，而上层对于终端或它所属的通信子网采用集中式密钥分配方案。

通信双方在使用对称密码技术进行保密通信时，通信双方必须有一个共享的密钥，并且这个密钥还要防止被他人获得。此外，密钥还必须时常更新。从这点上看，密钥分配技术直接影响密钥分配系统的强度。

对于通信双方A和B,密钥分配可以有以下几种方法。

(1) 密钥由A选定,然后通过物理方法安全地传递给B;

(2) 密钥由可信赖的第三方C选取并通过物理方法安全地发送给A和B;

(3) 如果A和B事先已有一密钥,那么其中一方选取新密钥后,用已有的密钥加密新密钥发送给另一方;

(4) 如果A和B都有一个到可信赖的第三方C的保密信道,那么C就可以为A和B选取密钥后安全地发送给A和B;

(5) 如果A和B都在可信赖的第三方C发布自己的公开密钥,那么他们用彼此的公开密钥进行保密通信。

对于前两种方法不适合于大量连接的现代通信(因为需要对密钥进行人工传送);对于第三种方法,由于要对所有的用户分配初始密钥,代价也很大,也不适合于现代通信;对于第四种方法采用密钥分配技术,可信赖的第三方C就是密钥分配中心(KDC),常用于对称密码技术的密钥分配;对于第五种方法采用的是密钥认证中心技术,可信赖的第三方C就是证书授权中心(CA),常用于非对称密码技术的公钥分配。

8.3 PKI

8.3.1 PKI综述

PKI是Public Key Infrastructure的缩写,是指用公钥概念和技术来实施和提供安全服务的具有普适性的安全基础设施。这个定义涵盖的内容比较宽,是一个被很多人接受的概念。这个定义说明,任何以公钥技术为基础的安全基础设施都是PKI。当然,没有好的非对称算法和好的密钥管理就不可能提供完善的安全服务,也就不能叫做PKI。也就是说,该定义中已经隐含了必须具有的密钥管理功能。

X.509标准中,为了区别于权限管理基础设施(PMI),将PKI定义为支持公开密钥管理并能支持认证、加密、完整性和可追究性服务的基础设施。这个概念与第一个概念相比,不仅仅叙述PKI能提供的安全服务,更强调PKI必须支持公开密钥的管理。也就是说,仅仅使用公钥技术还不能叫做PKI,还应该提供公开密钥的管理。因为PMI仅仅使用公钥技术但并不管理公开密钥,所以,PMI就可以单独进行描述而不至于跟公钥证书等概念混淆了。X.509从概念上分清了PKI和PMI,有利于标准的叙述。然而,由于PMI使用了公钥技术,PMI的使用和建立必须先有PKI的密钥管理支持。也就是说,PMI不得不把自己与PKI绑定在一起。当我们把两者合二为一时,PMI+PKI就完全落在X.509标准定义的PKI范畴内了。根据X.509的定义,PMI+PKI仍旧可以叫做PKI,而PMI完全可以看成PKI的一个部分。

美国国家审计总署在2001年和2003年的报告中都把PKI定义为由硬件、软件、策略和人构成的系统,当完善实施后,能够为敏感通信和交易提供一套信息安全保障,包括保密性、完整性、真实性和不可否认。尽管这个定义没有提到公开密钥技术,但到目前为止,满足上述条件的也只有公钥技术构成的基础设施,也就是说,只有第一个定义符合这个PKI的定义。所以这个定义与第一个定义并不矛盾。

综上所述，我们认为：PKI 是用公钥概念和技术实施的，支持公开密钥的管理并提供真实性、保密性、完整性以及可追究性安全服务的具有普适性的安全基础设施。

8.3.2　PKI 的基本组成

完整的 PKI 系统必须具有权威认证机构(CA)、数字证书库、密钥备份及恢复系统、证书作废系统、应用接口(API)等基本构成部分，构建 PKI 也将围绕着这 5 大系统来着手构建。

PKI 技术是信息安全技术的核心，也是电子商务的关键和基础技术。PKI 的基础技术包括加密、数字签名、数据完整性机制、数字信封、双重数字签名等。一个典型、完整、有效的 PKI 应用系统至少应具有以下部分。

(1) 公钥密码证书管理。

(2) 黑名单的发布和管理。

(3) 密钥的备份和恢复。

(4) 自动更新密钥。

(5) 自动管理历史密钥。

(6) 支持交叉认证。

(7) 认证机构(CA)。即数字证书的申请及签发机关，CA 必须具备权威性的特征。

(8) 数字证书库。用于存储已签发的数字证书及公钥，用户可由此获得所需的其他用户的证书及公钥。

(9) 密钥备份及恢复系统。如果用户丢失了用于解密数据的密钥，则数据将无法被解密，这将造成合法数据丢失。为避免这种情况，PKI 提供备份与恢复密钥的机制。但须注意，密钥的备份与恢复必须由可信的机构来完成。并且，密钥备份与恢复只能针对解密密钥，签名私钥为确保其唯一性而不能够做备份。

(10) 证书作废系统。证书作废处理系统是 PKI 的一个必备的组件。与日常生活中的各种身份证件一样，证书有效期以内也可能需要作废，原因可能是密钥介质丢失或用户身份变更等。为实现这一点，PKI 必须提供作废证书的一系列机制。

(11) 应用接口(API)。PKI 的价值在于使用户能够方便地使用加密、数字签名等安全服务，因此一个完整的 PKI 必须提供良好的应用接口系统，使得各种各样的应用能够以安全、一致、可信的方式与 PKI 交互，确保安全网络环境的完整性和易用性。

通常来说，CA 是证书的签发机构，它是 PKI 的核心。众所周知，构建密码服务系统的核心内容是如何实现密钥管理。公钥体制涉及一对密钥(即私钥和公钥)，私钥只由用户独立掌握，无须在网上传输，而公钥则是公开的，需要在网上传送，故公钥体制的密钥管理主要是针对公钥的管理问题，目前较好的解决方案是数字证书机制。

由于 PKI 作为国家信息安全基础设施的重要战略地位及核心技术(密码技术)的特殊敏感性，中国 PKI 体系的发展与建立既不能简单地照搬国外的技术与构架，但是也不能盲目地完全走自由市场的道路。中国 PKI 体系应在国家控制和主导下，制订统一的发展战略规划和管理模式，由国家负责统一协调、管理和监控，打破一些行业内部的变相垄断，加强相关行业之间的合作，避免重复建设，促进平等竞争，建设一个有利于国家网络经济的体系，进而推动国民经济和社会信息化的发展。本着这样的原则，构建国家 PKI 体系的总体目标是：建设具有科学性、权威性、安全性和互通性的完整 PKI 体系，为国家信息化建设保驾护航。因此，为实现这样的目标，国家级 PKI 安全认证体系主要应由组织体系、管理体系、技术体系、标准体系和法律体系组成。结合已有的 PKI 认证体系，国家级 PKI 安全认证体系结构如图 8-2 所示。

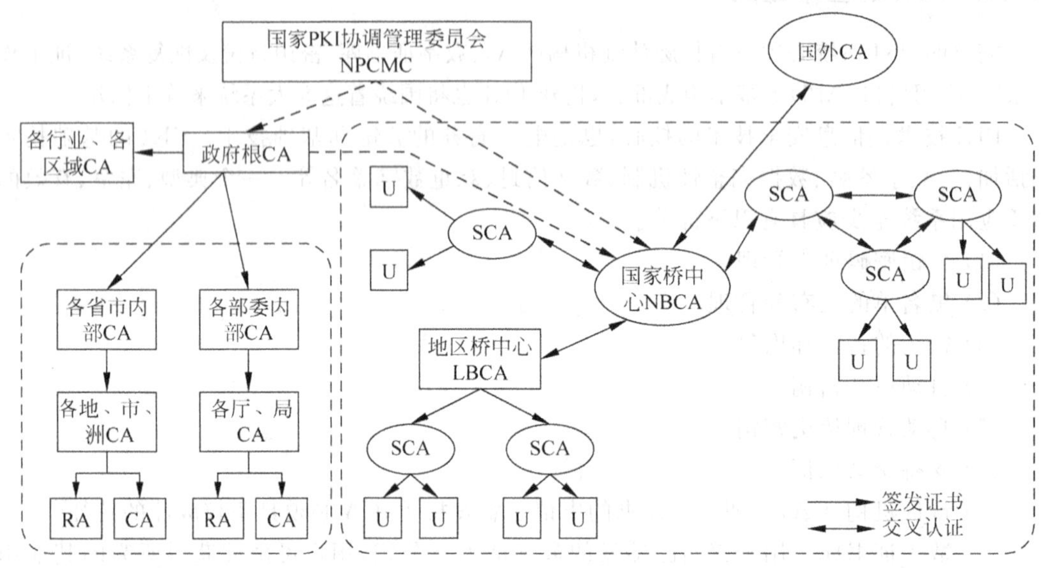

图 8-2 国家级 PKI 安全认证体系结构

(1) 国家 PKI 协调管理委员会(NPCMC)。作为组织、管理机构，主要负责协调、制定 PKI 相关政策，监督和管理政策的实施，PKI 体系的标准化工作；批准政府根 CA 证书机构和公众服务证书机构(SCA)的设立和证书策略(Certification Policies，CP)与认证操作规范(Certification Practice Statement，CPS)，保证其法律效力；负责安全策略的审查及核准。目前，PKI/CA 相关的国家法律法规、地方法律法规、PKI 体系的标准化工作及建立"CA 互联互通示范工程"(这是建设国家级 PKI 安全认证体系的必由之路)正在顺利推进。

(2) 政府根 CA。根据国家 PKI 协调管理委员会的相关政策，运营全国电子政务认证体系的根 CA 证书机构，其主要职责包括运行管理电子政务根 CA 证书机构；批准政府各部委和省(或直辖市)建立用于政府内部办公的 CA 证书机构和 CP 与 CPS；为各部委、地区的 CA 证书机构签发证书，并对它们的安全状态查询。

(3) 各行业和地区 CA 证书机构。负责管理用于内部认证的各级 CA 证书机构和 RA。

(4) 公众服务证书机构 SCA。各级政府在参与社会活动或与其他公民发生相关业务时，作为组织法人(比如一些公司、行政机关等，与公民处于同等的法律地位)进入相应的 SCA 认证体系，享有与公民对等的义务，承担对等的法律责任。

(5) 国家 CA 桥接中心 NBCA。根据国家 PKI 协调管理委员会的相关政策和规范，作为 SCA 认证体系的桥接中心，对由各行业、各区域建立的 SCA 进行交换，代表国家与国外 CA 证书机构进行互认。

(6) 不同行业和区域 CA。可以根据国家 PKI 协调管理委员会规定的有关政策和规范，设立相应的 CA 证书机构，如金融、证券、电信、外贸等行业 CA 证书机构和区域性 CA 证书机构。行业 CA 证书机构和区域 CA 证书机构均可以面向全国发放证书，提供相应的信息安全服务。

8.3.3 PKI 的目标

PKI 就是一种基础设施，其目标就是要充分利用公钥密码学的理论基础，建立起一种普遍适用的基础设施，为各种网络应用提供全面的安全服务。公开密钥密码为我们提供了一种非对称性质，使得安全的数字签名和开放的签名验证成为可能。而这种优秀技术的使用却面临着理解困难、实施难度大等问题。正如让电视机的开发者理解和维护发电厂有一定的难度一样，要让每一个应用程序的开发者完全正确地理解和实施基于公开密钥密码的安全有一定的难度。PKI 希望通过一种专业的基础设施的开发，让网络应用系统的开发人员从烦琐的密码技术中解脱出来而同时享有完善的安全服务。

将 PKI 在网络信息空间的地位与电力基础设施在工业生活中的地位进行类比可以更好地理解 PKI。电力基础设施，通过延伸到用户的标准插座为用户提供能源，而 PKI 通过延伸到用户本地的接口，为各种应用提供安全的服务。有了 PKI，安全应用程序的开发者可以不用再关心那些复杂的数学运算和模型，而直接按照标准使用一种插座(接口)。正如电冰箱的开发者不用关心发电机的原理和构造一样，只要开发出符合电力基础设施接口标准的应用设备，就可以享受基础设施提供的能源。

PKI 与应用的分离也是 PKI 作为基础设施的重要标志。正如电力基础设施与电器的分离一样。网络应用与安全基础实现了分离，有利于网络应用更快地发展，也有利于安全基础设施更好地建设。正是由于 PKI 与其他应用能够很好地分离，才使得我们能够将之称为基础设施，PKI 也才能从千差万别的安全应用中独立出来，才能有效地独立地发展壮大。PKI 与网络应用的分离实际上就是网络社会的一次“社会分工”，这种分工可能会成为网络应用发展史上的重要里程碑。

8.3.4 PKI 技术包含的内容

PKI 在公开密钥密码的基础上，主要解决密钥属于谁，即密钥认证的问题。在网络上证明公钥是谁的，就如同现实中证明谁是什么名字一样具有重要的意义。通过数字证书，PKI 很好地证明了公钥是谁的。PKI 的核心技术就围绕着数字证书的申请、颁发、使用与撤销等整个生命周期进行展开。其中，证书撤销是 PKI 中最容易被忽视，但却是很关键的技术之一，也是基础设施必须提供的一项服务。

PKI 技术的研究对象包括了数字证书，颁发数字证书的证书认证中心，持有证书的证书持有者和使用证书服务的证书用户，以及为了更好地成为基础设施而必须具备的证书注册机构、证书存储和查询服务器，证书状态查询服务器，证书验证服务器等。

PKI 作为基础设施，两个或多个 PKI 管理域的互联非常重要。PKI 域间如何互联，如何更好地互联就是建设一个无缝的大范围的网络应用的关键。在 PKI 互联过程中，PKI 关键设备之间，PKI 末端用户之间，网络应用与 PKI 系统之间的互操作与接口技术就是 PKI 发展的重要保证，也是 PKI 技术的研究重点。

8.3.5 PKI 的优势

PKI 作为一种安全技术，已经深入到网络的各个层面。这从一个侧面反映了 PKI 强大的生命力和无与伦比的技术优势。PKI的灵魂来源于公钥密码技术,这种技术使得“知其然不知其所以然”成为一种可以证明的状态,使得网络上的数字签名有了理论上的安全保障。围绕着如何用好这种非对称密码技术,数字证书破壳而出,并成为PKI中最为核心的元素。

PKI的优势主要表现在以下几点。

(1) 采用公开密钥密码技术,能够支持可公开验证并无法仿冒的数字签名,从而在支持可追究的服务上具有不可替代的优势。这种可追究的服务也为原发数据完整性提供了更高级别的担保。支持可以公开地进行验证,或者说任意的第三方可验证,能更好地保护弱势个体,完善平等的网络系统间的信息和操作的可追究性。

(2) 由于密码技术的采用,保护机密性是PKI最得天独厚的优点。PKI不仅能够为相互认识的实体之间提供机密性服务,同时也可以为陌生的用户之间的通信提供保密支持。

(3) 由于数字证书可以由用户独立验证,不需要在线查询,原理上能够保证服务范围的无限制扩张,这使得PKI能够成为一种服务巨大用户群的基础设施。PKI采用数字证书方式进行服务,即通过第三方颁发的数字证书证明末端实体的密钥,而不是在线查询或在线分发。这种密钥管理方式突破了过去安全验证服务必须在线的限制。

(4) PKI提供了证书的撤销机制,从而使得其应用领域不受具体应用的限制。撤销机制提供了在意外情况下的补救措施,在各种安全环境下都可以让用户更加放心。另外,因为有撤销技术,不论是永远不变的身份、还是经常变换的角色,都可以得到PKI的服务而不用担心被窃后身份或角色被永远作废或被他人恶意盗用。为用户提供“改正错误”或“后悔”的途径是良好工程设计中必需的一环。

(5) PKI具有极强的互联能力。不论是上下级的领导关系,还是平等的第三方信任关系,PKI都能够按照人类世界的信任方式进行多种形式的互联互通,从而使PKI能够很好地服务于符合人类习惯的大型网络信息系统。PKI中各种互联技术的结合使建设一个复杂的网络信任体系成为可能。PKI的互联技术为消除网络世界的信任孤岛提供了充足的技术保障。

习　题

1. 为什么要进行密钥管理?
2. 为什么要在密钥管理中引入层次式结构?
3. 密钥管理的生命周期包括哪些阶段?
4. 密钥的分发方法包括哪些?如何实现?

第9章　密码学与网络安全

9.1　OSI参考模型和TCP/IP分层模型

9.1.1　OSI参考模型

开放系统互连(Open Systems Interconnection,OSI)参考模型描述信息如何从一台计算机的应用层软件通过网络媒体传输到另一台计算机的应用层软件,它是由7层协议组成的概念模型,每一层都说明了特定的网络功能。

OSI参考模型把网络中计算机之间的信息传递分成7个较小的易于管理的层,它的7层协议中的每一层协议分别执行一个(或一组)任务,各层间相互独立,互不影响。7层由低至高分别为物理层、数据链路层、网络层、传输层、会话层、表示层、应用层。如图9-1(a)所示,7层分为高层和低层两类,其中高层论述的是应用问题,通常用软件实现。最高层(应用层)最接近用户,用户和应用层通过通信应用软件相互作用。在参考模型中,上层意指某一层之上的任何层。

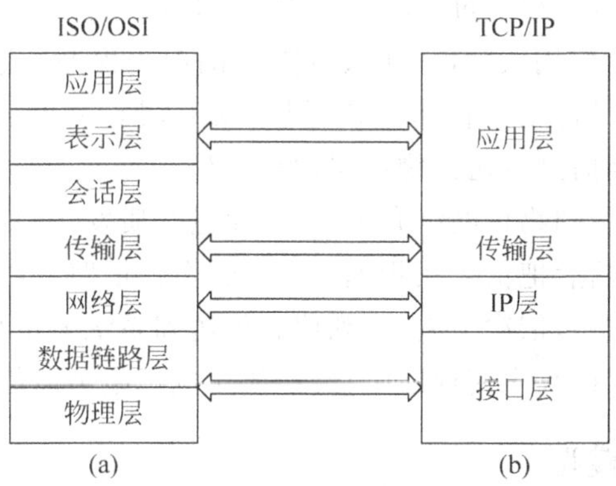

图9-1　OSI参考模型和TCP/IP分层模型

低层负责处理数据传输问题,物理层和数据链路层由硬件和软件共同实现,而其他层通常只是用软件来实现。最底层(物理层)最接近物理网络介质(如网络电缆),其职责是将信息放置到介质上。下面给出各层的具体含义。

1. 物理层

物理层定义了用于执行、维护、终止物理链路所需要的电子、机械、过程及功能的规则。

2. 数据链路层

数据链路层通过物理网络链路提供可靠的数据传输。不同的数据链路层定义了不同的网络和协议特性,其中包括物理编址、网络拓扑结构、错误校验、帧序列以及流控制。

3. 网络层

用于提供路由选择及其相关的功能,网络层为高层协议提供面向连接的服务和无连接服务。网络层协议一般都是路由选择协议,但其他类型的协议也可在网络层上实现。

4. 传输层

用于实现向高层可靠地传输数据的服务。传输层的功能一般包括流量控制、多路传输、虚电路管理及差错校验和恢复。

5. 会话层

用于建立、管理和终止表示层与实体之间的通信会话,通信会话包括发生在不同网络设备的应用层之间的服务请求和服务应答,这些请求和应答通过会话层的协议实现。

6. 表示层

提供多种用于应用层数据的编码和转化功能,以确保从一个系统应用层发送的信息可以被另一系统的应用层识别。

7. 应用层

应用层是最接近终端用户的OSI层,这就意味着OSI应用层与用户之间是通过软件直接相互作用的。应用层的功能一般包括标识通信伙伴、定义资源的可用性和同步通信。

OSI模型系统间的通信方式如下。信息从一个计算机系统的应用层软件传输到另一个计算机系统的应用层软件,必须经过OSI参考模型的每一层。例如,系统A的应用层软件要将信息传送到系统B的应用层软件,那么系统A的应用程序先把该信息传送到A的应用层(第7层),然后应用层又把信息传送到表示层(第6层),表示层再把信息传送到会话层(第5层),依次下去,直到信息传送到物理层(第1层)。

在物理层,信息被放置到物理网络介质上,并通过介质发送到系统B。系统B的物理层从物理介质上获取信息,然后把信息从物理层传送到数据链路层(第2层),数据链路层再把信息传送到网络层(第3层),依次上去,直到信息传送到系统B的应用层(第7层)。最后B的应用层再把信息传送到接收应用程序中,这样便完成了整个通信过程。

9.1.2 TCP/IP分层模型

TCP/IP是因特网的基本协议,它是传输控制协议(Transmission Control Protocol,TCP)和互联网协议(Internet Protocol,IP)的简称。事实上,TCP/IP是个协议系统,是由一系列支持网络通信的协议组成的集合。

TCP/IP可以采用与OSI结构相同的分层方法来建立模型,其模型分为4层,分别称为应用层、传输层、IP层和接口层,如图9-1(b)所示。

应用层。这一层将OSI高层(应用层、表示层和会话层)的功能合并为一层。

传输层。在功能上,这一层等价于OSI的传输层。

IP层。在功能上,这一层等价于OSI的网络层。

接口层。在功能上,这一层等价于OSI的数据链路层和物理层。

其中,在传输层上的协议有两个。传输控制协议(TCP)和用户数据报协议(User Datagram Protocol,UDP)。TCP协议是一个面向连接的传输协议,是为在无连接的网络业务上运行面向连接的业务而设计的；UDP 协议是一个无连接传输协议，它与 OSI 的无连接传输协议相对应。

IP 层是 TCP/IP 网络中最关键的一层，IP 作为网络层协议，其安全机制可对其上层的各种应用服务提供透明的覆盖式安全保护。因此，IP 安全是整个 TCP/IP 安全的基础，是网络安全的核心。IPSec(Internet 协议安全性)是目前唯一一种能为任何形式的 Internet 通信提供安全保障的协议。IPSec 允许提供逐个数据流或者逐个连接的安全，所以能实现非常细致的安全控制。对于用户来说，便可以对于不同的需要定义不同级别的安全保护(即不同保护强度的 IPSec 通道)。IPSec 为网络数据传输提供了数据机密性、数据完整性、数据来源认证、抗重播等安全服务，使得数据在通过公共网络传输时，不用担心被监视、篡改和伪造。

IPSec 是通过使用各种加密算法、验证算法、封装协议和一些特殊的安全保护机制来实现这些目的，而这些算法及其参数是保存在进行 IPSec 通信两端的安全联盟(Security Association，SA)，当两端的 SA 中的设置匹配时，两端就可以进行 IPSec 通信了。

在虚拟专用网(VPN)中主要采用了 IPSec 技术。

9.1.3　VPN

虚拟专用网(Virtual Private Network，VPN)被定义为通过一个公用网络(通常是因特网)建立一个临时的、安全的连接，是一条穿过混乱的公用网络的安全、稳定的隧道。使用这条隧道可以对数据进行几倍加密达到安全使用互联网的目的。虚拟专用网是对企业内部网的扩展。虚拟专用网可以帮助远程用户、公司分支机构、商业伙伴及供应商同公司的内部网建立可信的安全连接，并保证数据的安全传输。虚拟专用网可用于不断增长的移动用户的全球因特网接入，以实现安全连接；可用于实现企业网站之间安全通信的虚拟专用线路，用于经济有效地连接到商业伙伴和用户的安全外联网虚拟专用网。

VPN 可以提供的功能包括防火墙功能、认证、加密、隧道化。

VPN 可以通过特殊的加密的通信协议在连接在 Internet 上的位于不同地方的两个或多个企业内部网之间建立一条专有的通信线路，就好像是架设了一条专线一样，但是它并不需要真正地去铺设光缆之类的物理线路。类似于去电信局申请专线，不用给铺设线路的费用，也不用购买路由器等硬件设备。VPN 技术是路由器具有的重要技术之一，在交换机，防火墙设备或 Wind。

VPN 主要采用的 4 项安全保证技术为：

(1) 隧道技术。

(2) 加解密技术。

(3) 密钥管理技术。

(4) 使用者与设备身份认证技术。

VPN 常用的虚拟私人网络协议有：

(1) IPSec(Internet 协议安全性)。

(2) PPTP(点到点隧道协议)。

(3) L2F(第二层转发协议)。

(4) L2TP(第二层隧道协议)。

(5) GRE(VPN 的第三层隧道协议)。

9.2 网络安全

网络安全是指网络系统的硬件、软件及其系统中的数据受到保护,不因偶然的或者恶意的原因而遭受到破坏、更改、泄露,系统连续可靠正常地运行,网络服务不中断。网络安全从其本质上来讲就是网络上的信息安全。从广义来说,凡是涉及网络上信息的保密性、完整性、可用性、真实性和可控性的相关技术和理论都是网络安全的研究领域。网络安全是一门涉及计算机科学、网络技术、通信技术、密码技术、信息安全技术、应用数学、数论、信息论等多种学科的综合性学科。

9.2.1 网络安全特征

网络安全应具有以下5个方面的特征。

(1) 保密性。信息不泄露给非授权用户、实体或过程,或供其利用的特性。

(2) 完整性。数据未经授权不能进行改变的特性。即信息在存储或传输过程中保持不被修改、不被破坏和丢失的特性。

(3) 可用性。可被授权实体访问并按需求使用的特性。即当需要时能否存取所需的信息。例如网络环境下拒绝服务、破坏网络和有关系统的正常运行等都属于对可用性的攻击。

(4) 可控性。对信息的传播及内容具有控制能力。

(5) 可审查性。出现安全问题时能提供依据与手段。

通常,系统安全与性能和功能是一对矛盾的关系。如果某个系统不向外界提供任何服务(断开),外界是不可能构成安全威胁的。但是,企业接入国际互联网络,提供网上商店和电子商务等服务,等于将一个内部封闭的网络建成了一个开放的网络环境,各种安全包括系统级的安全问题也随之产生。

构建网络安全系统,一方面由于要进行认证、加密、监听,分析、记录等工作,由此影响网络效率,并且降低客户应用的灵活性;另一方面也增加了管理费用。

但是,来自网络的安全威胁是实际存在的,特别是在网络上运行关键业务时,网络安全是首先要解决的问题。选择适当的技术和产品,制订灵活的网络安全策略,在保证网络安全的情况下,提供灵活的网络服务通道。

采用适当的安全体系设计和管理计划,能够有效降低网络安全对网络性能的影响并降低管理费用。

9.2.2 网络安全分析

网络安全分析包括物理安全分析、网络结构的安全分析、系统的安全分析、应用系统的安全分析和管理的安全风险分析。

1. 物理安全分析

网络的物理安全是整个网络系统安全的前提。在校园网工程建设中,由于网络系统属于弱电工程,耐压值很低。因此,在网络工程的设计和施工中,必须优先考虑保护人和网络设备不受电、火灾和雷击的侵害；考虑布线系统与照明电线、动力电线、通信线路、暖气管道及冷热空气管道之间的距离；考虑布线系统和绝缘线、裸线以及接地与焊接的安全；必须建设防雷系统，防雷系统不仅考虑建筑物防雷，还必须考虑计算机及其他弱电耐压设备的防雷。总体来说物理安全的风险主要有地震、水灾、火灾等环境事故；电源故障；人为操作失误或错误；设备被盗、被毁；电磁干扰；线路截获；高可用性的硬件；双机多冗余的设计；机房环境及报警系统、安全意识等，因此要尽量避免网络的物理安全风险。

2. 网络结构的安全分析

网络拓扑结构设计也直接影响到网络系统的安全性。假如在外部和内部网络进行通信时，内部网络的机器安全就会受到威胁，同时也影响在同一网络上的许多其他系统。透过网络传播，还会影响到连上 Internet/Intrant 的其他网络；影响所及，还可能涉及法律、金融等安全敏感领域。因此，在设计时有必要将公开服务器(Web、DNS、EMAIL 等)和外网及内部其他业务网络进行必要的隔离，避免网络结构信息外泄；同时还要对外网的服务请求加以过滤，只允许正常通信的数据包到达相应主机，其他的请求服务在到达主机之前就应该遭到拒绝。

3. 系统的安全分析

所谓系统的安全是指整个网络操作系统和网络硬件平台是否可靠且值得信任。目前恐怕没有绝对安全的操作系统可以选择，无论是 Microsoft 的 Windows NT 或者其他任何商用 UNIX 操作系统，其开发厂商必然有其 Back-Door。因此，可以得出如下结论：没有完全安全的操作系统。不同的用户应从不同的方面对其网络做详尽的分析，选择安全性尽可能高的操作系统。因此不但要选用尽可能可靠的操作系统和硬件平台，并对操作系统进行安全配置。而且，必须加强登录过程的认证(特别是在到达服务器主机之前的认证)，确保用户的合法性；其次应该严格限制登录者的操作权限，将其完成的操作限制在最小的范围内。

4. 应用系统的安全分析

应用系统的安全跟具体的应用有关，它涉及面广。应用系统的安全是动态的、不断变化的。应用的安全性也涉及信息的安全性，它包括很多方面。以目前 Internet 上应用最为广泛的 E-mail 系统来说，其解决方案有 sendmail、Netscape Messaging Server、SoftwareCom Post. Office、Lotus Notes、Exchange Server、SUN CIMS 等不下二十多种，其安全手段涉及 LDAP、DES、RSA 等各种方式。应用系统是不断发展且应用类型是不断增加的。在应用系统的安全性上，主要考虑尽可能建立安全的系统平台，而且通过专业的安全工具不断发现漏洞，修补漏洞，提高系统的安全性。

应用的安全性涉及信息、数据的安全性。信息的安全性涉及机密信息泄露、未经授权的访问、破坏信息完整性、假冒、破坏系统的可用性等。在某些网络系统中，涉及很多机密信息，如果一些重要信息遭到窃取或破坏，它的经济、社会影响和政治影响将是很严重的。因此，对用户使用计算机必须进行身份认证，对于重要信息的通信必须授权，传输必须加密。采用多层次的访问控制与权限控制手段，实现对数据的安全保护；采用加密技术，保证网上传输的信息(包括管理员口令与账户、上传信息等)的机密性与完整性。

5. 管理的安全风险分析

管理是网络中安全最最重要的部分。责权不明，安全管理制度不健全及缺乏可操作性等都可能引起管理安全的风险。当网络出现攻击行为或网络受到其他一些安全威胁时(如内部人员的违规操作等),无法进行实时的检测、监控、报告与预警。同时,当事故发生后,也无法提供黑客攻击行为的追踪线索及破案依据,即缺乏对网络的可控性与可审查性。这就要求必须对站点的访问活动进行多层次的记录,及时发现非法入侵行为。

建立全新网络安全机制,必须深刻理解网络并能提供直接的解决方案,因此,最可行的做法是制定健全的管理制度和严格管理相结合。保障网络的安全运行,使其成为一个具有良好的安全性、可扩充性和易管理性的信息网络便成为了首要任务。一旦上述的安全隐患成为事实,所造成的对整个网络的损失都是难以估计的。因此,网络的安全建设是校园网建设过程中重要的一环。

9.2.3 网络安全技术手段

网络安全技术手段有如下几个。

1. 物理措施

例如,保护网络关键设备(如交换机、大型计算机等),制定严格的网络安全规章制度,采取防辐射、防火以及安装不间断电源(UPS)等措施。

2. 访问控制

对用户访问网络资源的权限进行严格的认证和控制。例如,进行用户身份认证,对口令加密、更新和鉴别,设置用户访问目录和文件的权限,控制网络设备配置的权限,等等。

3. 数据加密

加密是保护数据安全的重要手段。加密的作用是保障信息被人截获后不能读懂其含义,防止计算机网络病毒,安装网络防病毒系统。

4. 网络隔离

网络隔离有两种方式,一种是采用隔离卡来实现的,一种是采用网络安全隔离网闸实现的。

5. 隔离卡

主要用于对单台机器的隔离,网闸主要用于对于整个网络的隔离。这两者的区别可参见参考资料。

其他措施包括信息过滤、容错、数据镜像、数据备份和审计等。近年来,围绕网络安全问题提出了许多解决办法,例如数据加密技术和防火墙技术等。数据加密是对网络中传输的数据进行加密,到达目的地后再解密还原为原始数据,目的是防止非法用户截获后盗用信息。防火墙技术是通过对网络的隔离和限制访问等方法来控制网络的访问权限。

9.3 无线网络加密技术

现在很多家庭都架设有无线网络,这已经成为一种趋势。但是在无线上网的背后隐藏着很多安全隐患问题。无线网络因为是通过电波传输数据,原则上无线网络会比有线网络更容易收到入侵，只需要在此无线网络的范围之内，就可以通过电脑进入你的无线网络。无线网络在不断的发展过程中，无线网络加密技术也在不断地完善，到现在无线路由都有多种密码加密技术，这让在架设使用无线网络的时候，用户的网络和数据安全都得到了很大的保障。

无线网络加密技术常用的有三种方法。

1. WEP(有线等效加密)

尽管从名字上看似乎是一个针对有线网络的安全选项，其实并不是这样。WEP 标准在无线网络的早期已经创建，目标是成为无线局域网(WLAN)的必要的安全防护层，但是 WEP 的表现无疑令人非常失望。它的根源在于设计上存在缺陷。

在使用 WEP 的系统中，在无线网络中传输的数据是使用一个随机产生的密钥来加密的。但是，WEP 用来产生这些密钥的方法很快就被发现具有可预测性，这样对于潜在的入侵者来说，就可以很容易地截取和破解这些密钥。即使是一个中等技术水平的无线黑客也可以在两到三分钟内迅速地破解 WEP 加密。

IEEE 802.11 的动态有线等效保密(WEP)模式是 20 世纪 90 年代后期设计的，当时功能强大的无线网络加密技术作为有效的武器受到美国严格的出口限制。由于害怕强大的加密算法被破解，无线网络产品是被禁止出口的。然而，仅仅两年以后，动态有线等效保密模式就被发现存在严重的缺点。但是 20 世纪 90 年代的错误不应该被当着无线网络安全或者 IEEE 802.11 标准本身，无线网络产业不能等待电气电子工程师协会修订标准，因此他们推出了临时密钥完整性协议即 TKIP(动态有线等效保密的补丁版本)。

尽管 WEP 已经被证明是过时且低效的，但是今天在许多现代的无线访问点和路由器中，它依然被支持。不仅如此，它依然是被个人或公司所使用的最多的加密方法之一。如果你正在使用 WEP 无线网络加密技术，如果你对你的网络安全性非常重视的话，那么以后尽可能地不要再使用 WEP，因为那真的不是很安全。

2. WPA-PSK(TKIP)

无线网络最初采用的安全机制是 WEP(有线等效私密)，但是后来发现 WEP 是很不安全的，802.11 组织开始着手制定新的安全标准，也就是后来的 802.11i 协议。但是标准的制定到最后的发布需要较长的时间，而且考虑到消费者不会为了网络的安全性而放弃原来的无线设备，因此 Wi-Fi 联盟在标准推出之前，在 802.11i 草案的基础上，制定了一种称为 WPA(Wi-Fi Protected Access)的安全机制，它使用 TKIP(临时密钥完整性协议)，它使用的加密算法还是 WEP 中使用的加密算法 RC4，所以不需要修改原来无线设备的硬件，WPA 针对 WEP 中存在的问题如 IV 过短、密钥管理过于简单、对消息完整性没有有效的保护，通过软件升级的方法提高网络的安全性。

WPA 的出现给用户提供了一个完整的认证机制，AP 根据用户的认证结果决定是否允许其接入无线网络中；认证成功后可以根据多种方式(传输数据包的多少、用户接入网络的时间等)动态地改变每个接入用户的加密密钥。另外，对用户在无线中传输的数据包进行 MIC 编码，确保用户数据不会被其他用户更改。作为 802.11i 标准的子集，WPA 的核心就是 IEEE 802.1x 和 TKIP(Temporal Key Integrity Protocol)。

WPA 考虑到不同的用户和不同的应用安全需要，例如，企业用户需要很高的安全保护

(企业级),否则可能会泄露非常重要的商业机密;而家庭用户往往只是使用网络来浏览Internet、收发E-mail、打印和共享文件,这些用户对安全的要求相对较低。为了满足不同安全要求用户的需要,WPA中规定了两种应用模式:企业模式,家庭模式(包括小型办公室)。

根据这两种不同的应用模式,WPA的认证也分别有两种不同的方式。对于大型企业的应用,常采用802.1x+ EAP的方式,用户提供认证所需的凭证。但对于一些中小型的企业网络或者家庭用户,WPA也提供一种简化的模式,它不需要专门的认证服务器。这种模式叫做“WPA预共享密钥(WPA-PSK)”,它仅要求在每个WLAN节点(AP、无线路由器、网卡等)预先输入一个密钥即可实现。

这个密钥仅仅用于认证过程,而不用于传输数据的一种无线网络加密技术。数据加密的密钥是在认证成功后动态生成的,系统将保证“一户一密”,不存在像WEP那样全网共享一个加密密钥的情形,因此大大地提高了系统的安全性。

3. WPA2-PSK(AES)

在802.11i颁布之后,Wi-Fi联盟推出了WPA2,它支持AES(高级加密算法),因此它需要新的硬件支持,它使用CCMP(计数器模式密码块链消息完整码协议)。在WPA/WPA2中,PTK的生成依赖PMK,而PMK的获得有两种方式,一个是PSK的形式就是预共享密钥,在这种方式中PMK=PSK,而另一种方式中,需要认证服务器和站点进行协商来产生PMK。

IEEE 802.11所制定的是技术性标准,Wi-Fi联盟所制定的是商业化标准,而Wi-Fi所制定的商业化标准基本上也都符合IEEE所制定的技术性标准。WPA(Wi-Fi Protected Access)事实上就是由Wi-Fi联盟所制定的安全性标准,这个商业化标准存在的目的就是为了要支持IEEE 802.11i这个以技术为导向的安全性标准。而WPA2其实就是WPA的第二个版本。WPA之所以会出现两个版本的原因就在于Wi-Fi联盟的商业化运作。

知道802.11i这个任务小组成立的目的就是为了打造一个更安全的无线局域网,所以在加密项目里规范了两个新的安全加密协定——TKIP与CCMP(有些无线网路设备中会以AES、AES-CCMP的字眼来取代CCMP)。其中TKIP虽然针对WEP的弱点做了重大的改良,但保留了RC4演算法和基本架构,言下之意,TKIP亦存在着RC4本身所隐含的弱点。因而802.11i又打造了一个全新、安全性更强、更适合应用在无线局域网环境的加密协定——CCMP。所以在CCMP就绪之前,TKIP就已经完成了。

但是要等到CCMP完成,再发布完整的IEEE 802.11i标准,可能尚需一段时日,而Wi-Fi联盟为了要使得新的安全性标准能够尽快被部署,以消除使用者对无线局域网安全性的疑虑,进而让无线局域网的市场可以迅速扩展开来,因而使用已经完成TKIP的IEEE 802.11i第三版草案(IEEE 802.11i draft 3)为基准,制定了WPA。而于IEEE完成并公布IEEE 802.11i无线局域网安全标准后,Wi-Fi联盟也随即公布了WPA第2版(WPA2)。

WPA = IEEE 802.11i draft 3 = IEEE 802.1X/EAP + WEP(选择性项目)/TKIP

WPA2 = IEEE 802.11i = IEEE 802.1X/EAP + WEP(选择性项目)/TKIP/CCMP

还有最后一种无线网络加密技术的模式就是WPA-PSK(TKIP)+WPA2-PSK(AES),这是目前无线路由里最高的加密模式,目前这种加密模式因为兼容性的问题,还没有被很多用户所使用。目前最广为使用的就是WPA-PSK(TKIP)和WPA2-PSK(AES)两种加密模式。相信经过加密之后的无线网络,一定能够让用户安心放心地上网冲浪。

习　题

1. IPSec 提供哪些服务？
2. VPN 有何优势？
3. 无线网络加密技术常用的方法有哪几种？
4. 无线局域网的物理层有几个标准？
5. 无线局域网的网络结构有哪几种？

第 10 章　密码学在图像加密中的应用

10.1　图像加密概述

随着网络技术和多媒体技术的迅速发展，数字图像正在成为人们网络信息交流的重要载体。然而，网络上的很多图像是要求发送方和接受方进行保密通信的，如军用卫星拍摄的图像、新型武器图、银行的建筑图纸、远程医疗图像等。对重要图像信息的保密，从小的方面说可以防止黑客的恶意窃取攻击，从大的方面对整个国防具有重要的战略意义。所以图像的安全保密自然成为人们所关心的问题。

图像的位置加密可以将图像变成不可读的形式，从而实现图像的保密。数字图像可以用一个矩阵来表示，矩阵中每个元素所在的行和列，就是图像显示在计算机屏幕上各像素点的坐标，元素的数值就是该像素的灰度。位置加密可以看做是构造一个从原始图像到加密后图像的一一映射。用加密映射 $\boldsymbol{\tau}$ 来表示从原始图像到加密图像的映射关系。那么原始图像 $\boldsymbol{A}_0$ 根据加密映射 $\boldsymbol{\tau}$，得到的加密后图像 $\boldsymbol{A}_1$ 可用公式(10-1)表示。

$$\boldsymbol{A}_0 \xrightarrow{\boldsymbol{\tau}} A_1 \tag{10-1}$$

例如图 10-1 所示的原始图像 $\boldsymbol{A}_0(4\times4)$，其中 a_{ij} 表示坐标为(i,j)的像素点的灰度，经过某一加密映射 $\boldsymbol{\tau}$ 得到了加密后图像为 $\boldsymbol{A}_1$，即各像素点的位置发生了变化。

$$\boldsymbol{A}_0=\begin{bmatrix} a_{00} & a_{01} & a_{02} & a_{03} \\ a_{10} & a_{11} & a_{12} & a_{13} \\ a_{20} & a_{21} & a_{22} & a_{23} \\ a_{30} & a_{31} & a_{32} & a_{33} \end{bmatrix} \quad \boldsymbol{A}_1=\begin{bmatrix} a_{22} & a_{13} & a_{23} & a_{31} \\ a_{03} & a_{32} & a_{00} & a_{30} \\ a_{02} & a_{10} & a_{20} & a_{11} \\ a_{33} & a_{21} & a_{01} & a_{12} \end{bmatrix}$$

图 10-1 映射 τ 的位置加密

在位置加密算法中，主要是经典的 Arnold cat 变换、面包师变换、Hilbert 曲线变换和 Zigzag 曲线变换等。这些矩阵变换实际上是实现图像拉伸、压缩、折叠及拼接的过程。

1. 基于 Arnold cat 变换的图像加密

Arnold cat 变换，也叫猫脸变换，其表达式如式(10-2)所示。

$$\begin{bmatrix} x_{n+1} \\ y_{n+1} \end{bmatrix}=\begin{bmatrix} 1 & a \\ b & ab+1 \end{bmatrix}\begin{bmatrix} x_n \\ y_n \end{bmatrix} \bmod N \tag{10-2}$$

其中，x_n，y_n 是一个 $N\times N$ 图像的原始像素点位置，x_{n+1}，y_{n+1} 是加密后的像素点位置，a 和 b 是系统的参数，取正整数，当 $a=1$，$b=1$ 时，是标准的 Arnold cat 变换。mod 是取模，即求余，目的是为了保证变换后像素点仍落在原先的图像区域内。

针对像素点为 4×4 的正方形图像，经过若干次 Arnold cat 变换后像素点的位置变化可由图 10-2 表示。图中的数字代表像素点的位置。通常加密一次的效果并不理想，而需要反复迭代多次才能达到较好的加密效果。

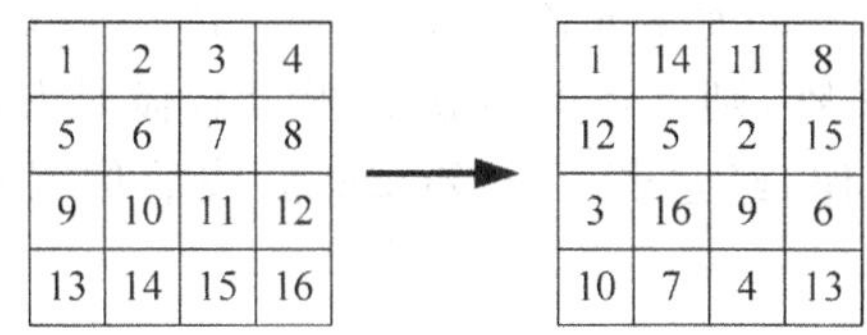

图 10-2　Arnold cat 变换实例图

2. 基于面包师变换的图像加密

面包师变换是一个二维的混沌映射，它是受厨师揉面团操作过程的启发而进行数学抽象出来的，其表达式如式(10-3)所示。

$$\begin{pmatrix} x' \\ y' \end{pmatrix} = \begin{bmatrix} 2 & 0 \\ 0 & \frac{1}{2} \end{bmatrix} \begin{pmatrix} x \\ y \end{pmatrix} \quad \text{if} \quad 0 \leqslant x < \frac{N}{2}$$

$$\begin{pmatrix} x' \\ y' \end{pmatrix} = \begin{bmatrix} 2 & 0 \\ 0 & \frac{1}{2} \end{bmatrix} \begin{pmatrix} x \\ y \end{pmatrix} + \begin{bmatrix} 0 \\ \frac{1}{2} \end{bmatrix} \quad \text{if} \quad \frac{N}{2} \leqslant x < N \tag{10-3}$$

其中，x，y 是一个 $N \times N$ 图像的原始像素点位置，x'，y' 是加密后的像素点位置。面包师变换包括两个步骤。第一步操作是拉伸变换；第二步操作是折叠变换。针对像素点为 4×4 的正方形图像，经过若干次面包师变换后像素点的位置变化可由图 10-3 表示。

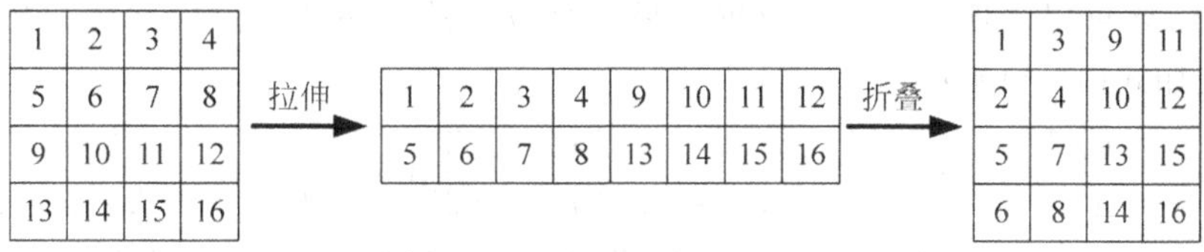

图 10-3　面包师变换实例图

3. 基于 Hilbert 曲线的图像加密

FASS 曲线是一种充满空间、非自交、自相似的简单曲线。这类曲线位于一个维数大于 1 的欧几里得空间，并且在该空间内有一个非空的内部。1891 年德国数学家 Hilbert 给出填满一个单位正方形的 FASS 曲线，称为 Hilbert 曲线。按照 Hilbert 曲线的走向遍历图像中的所有点，就可以生成一幅新的"杂乱"图像。针对像素点为 4×4 的正方形图像，经过若干次 Hilbert 曲线变换后像素点的位置变化可由图 10-4 表示。

1	2	3	4
5	6	7	8
9	10	11	12
13	14	15	16

1	2	6	5
9	13	14	10
11	15	16	12
8	7	3	4

图 10-4　Hilbert 曲线变换实例图

4. 基于 Zigzag 曲线的图像加密

Zigzag 曲线通过对一个矩阵中的元素从左上角开始按"之"字形依次扫描取数来达到对

图像位置置换。首先将扫描到的元素先依次存放到一个一维数组中,然后再将此一维数组按一定的方式置换为二维矩阵,则上述的置换过程可看做是对矩阵中元素的置换。针对像素点为 4×4 的正方形图像,经过若干次 Zigzag 曲线后像素点的位置变化可由图 10-5 表示。

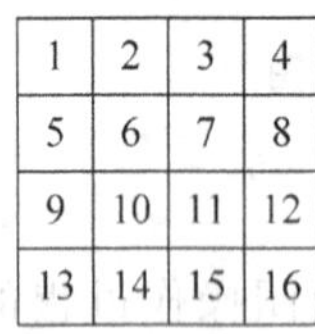

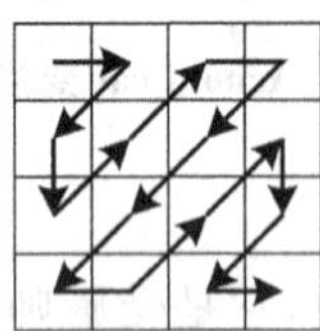

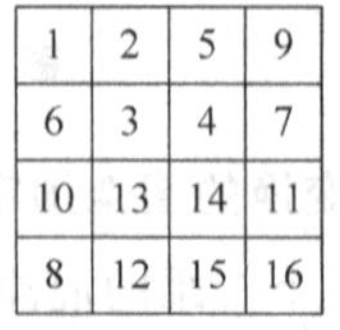

图 10-5 Zigzag 曲线变换实例图

这些经典的位置加密算法中,以 Arnold cat 变换应用最为广泛。但这些算法有一个共同的特点就是具有很小的周期,即为了较好地实现加密效果,需要多次迭代,而经过若干次迭代之后,又会回到原始图像。这一特点是保证能够实现解密的前提,但周期相当于密钥量,所以它们的密钥量很小。

10.2 Arnold cat 均匀加密算法

Arnold cat 可以实现图像一个位置到另一个位置的一一映射。根据这一特点,将其变形的表达式如式(10-4)所示。

$$\begin{bmatrix} F'_x \\ F'_y \end{bmatrix} = B \times \left\{ \begin{bmatrix} 1 & a_i \\ b_i & a_i b_i + 1 \end{bmatrix} \cdot \begin{bmatrix} F_x - 1 \\ F_y - 1 \end{bmatrix} \bmod \left(\frac{N}{B} \right) \right\}^{n_1} + \begin{bmatrix} k_1 \\ k_2 \end{bmatrix} \tag{10-4}$$

其中,F_x 和 F_y 分别表示原图像的像素点横纵坐标;F'_x和 F'_y分别表示对原图做加密后的像素点横纵坐标;B 代表原始图像分成 $B \times B$ 块;a_i,b_i 为参数,$i \in (1, B^2)$,取值为正整数;(k_1, k_2)为原图像分块矩阵的位置坐标;n_1 为迭代次数。

通过式(10-4)就可以实现原图像的一块到加密后图像所有块的一个均匀加密。

但这里存在一个问题,Block1(1,1)块中 N^2/B^2 个点,无论加密了多少次,都分布在 Block2 每一块的第一个位置,那么攻击者就可以将 Block2 每一块的第一个点取出来进行分析破解了,这给安全带来了很大的隐患。

解决这一问题可以通过先将图像进行若干次 Arnold cat 变换,在图像像素点位置充分打乱的情况下,再根据公式进行均匀加密。这样,即使攻击者得到 Block2 每一块的第一个点,还原出的图像也不是原始图像的 Block1(1,1)块,而是分散在整幅图像上的若干点,从而达到保密的目的。所以,将式(10-4)进行修改,得到式(10-5)。

$$\begin{cases} \begin{bmatrix} F'_x \\ F'_y \end{bmatrix} = \left\{ \begin{bmatrix} 1 & a_1 \\ b_1 & a_1 b_1 + 1 \end{bmatrix} \begin{bmatrix} F_x \\ F_y \end{bmatrix} \bmod (N) \right\}^{n_1} \\ \begin{bmatrix} F''_x \\ F''_y \end{bmatrix} = B \times \left\{ \begin{bmatrix} 1 & a_i \\ b_i & a_i b_i + 1 \end{bmatrix} \cdot \begin{bmatrix} F'_x - 1 \\ F'_y - 1 \end{bmatrix} \bmod \left(\frac{N}{B} \right) \right\}^{n_2} + \begin{bmatrix} k_1 \\ k_2 \end{bmatrix} \end{cases} \tag{10-5}$$

其中,F_x 和 F_y 分别表示原图像的像素点横纵坐标;F'_x和 F'_y分别表示对原图做整体加密后的像素点横纵坐标;F''_x和 F''_y分别表示再进行分块加密后的像素点横纵坐标;B 是原始图像的分块数；a_1,b_1,a_i,b_i 为参数，$i\in(1,B^2)$，取值为正整数；(k_1,k_2)为原图像分块矩阵的位置坐标；n_1 和 n_2 为迭代次数。

可以将 a_1、b_1、a_i 和 b_i 都作为密钥，由于原始图像分为很多块，每一块的 a_i、b_i 都不同，例如，256×256 的图像，分成 16×16=256 块，就有 256 个 a_i 和 256 个 b_i 值。所以，该算法的密钥量是足够大的。

在保证密钥量大的同时，又带来了一个新的问题，由于每个分块的 a_i 和 b_i 都不同，加密的时候就需要记住每个分块的 a_i 和 b_i 值，这显然是不切实际的。为解决这一问题，可以引入混沌映射以实现。

从简单的掷硬币到著名的“蝴蝶效应”，混沌在整个世界中无处不在。美国科学家“混沌之父”Lorenz 给出一个通俗的定义：一个真实的物理系统，在排除了所有的随机性影响以后，仍有貌似随机的表现，那么这个系统就是混沌的。混沌系统最显著的特性就是初始敏感性，即初值的微小变化将对结果产生巨大的影响。

混沌系统具有的这种初始敏感性可以被用来进行图像加密。混沌系统根据维数的不同可以分为一维混沌，如 Logistic 映射；二维混沌，如面包师变换；三维混沌，如 Lorenz 方程。采用如式(10-6)所示的一维 Logistic 映射。

$$X_{n+1}=\mu X_n(1-X_n) \tag{10-6}$$

其中，$\mu\in(0,4)$，$X_n\in(0,1)$。当 $\mu>3.57$ 时(通常取 4)，从初值 X_0 开始，迭代生成的序列是混沌的，该序列在(0,1)区间内是均匀加密且无周期的。

利用 Logistic 混沌映射的无规则序列，通过对序列的每个值进行放大、取整、取余等数学变化，可以将其作为式(10-3)的每个分块的 a_i 和 b_i 值。这样，不需记住每个分块的 a_i 和 b_i 值，而只需给出 Logistic 混沌映射的两个初始值 X_0 和 Y_0 即可，并利用混沌映射的初值敏感性达到保密的效果。

通过将 Arnold cat 变换和混沌映射的结合，既实现了图像位置的均匀加密，又增大了算法的密钥量，同时算法具有很好的灵活性和实用性。

对 $N\times N$ 的图像，其具体的加密和解密步骤如下。

1. 加密步骤

(1) 给定 Logistic 混沌映射的两个初值 x_0 和 y_0，按照加密所需参数的个数产生两个混沌序列$\{x_0,x_1,\cdots,x_n\}$和$\{y_0,y_1,\cdots,y_n\}$，将这些数值的小数点后第二位和第三位取出组成一个十进制数，从而得到两个十进制序列$\{a_0,a_1,\cdots,a_n\}$和$\{b_0,b_1,\cdots,b_n\}$。这两个序列的值分别作为各分块中用到的参数 a 和 b。

(2) 对图像 F_{xy} 做 $a=a_0,b=b_0$ 的 Arnold cat 变换，迭代 n_1 次产生图像 F'_{xy}。

(3) 将图像 F'_{xy}分成$B\times B$ 块，将最终加密的密图 F''_{xy}分成N^2/B^2 块，取出图像 F'_{xy}第一块中的各像素点对应放入矩阵 partimage 中，对 partimage 做 $a=a_1,b=b_1$ 的 Arnold 变换，迭代 n_2 次产生图像 lastpart，将 lastpart 中的点依次放入密图 F''_{xy} 中每个图像块第一个像素点的位置。

(4) 取出图像 F'_{xy}第二块中的各像素点对应放入矩阵 partimage 中，对 partimage 做矩阵参数 $a=a_2,b=b_2$ 的 Arnold 变换，迭代 n_2次产生图像 lastpart；将 lastpart 中的点依次放

入密图 F''_{xy} 中每个图像块的第二个像素点的位置，以此类推，直到将 F'_{xy} 中最后一块的所有点分布在 F''_{xy} 中每块的最后一个位置上，完成图像位置加密。

(5) 再给定 Logistic 混沌映射的一个初值 z_0，产生 $N\times N$ 个值，取这些值从百分位开始的三个数字组成一个十进制数序列 Y，对位置加密后图像的每个像素值 v_k 进行 $v'_k=(v_k+Y^2)\bmod 256$ 运算，从而改变其像素值，完成像素值加密。

2. 解密步骤

(1) 根据 Logistic 混沌映射的初值 z_0，产生 $N\times N$ 个值，取这些值从百分位开始的三个数字组成一个十进制数序列 Y，对加密后图像的每个像素值 $v_k=(v'_k-Y_k^2)\bmod 256$ 运算，从而得到位置加密后的像素值。

(2) 根据 Logistic 混沌映射的两个初值 x_0 和 y_0，产生两个混沌序列 $\{x_0,x_1,\cdots,x_n\}$ 和 $\{y_0,y_1,\cdots,y_n\}$，将这些数值的小数点后第二位和第三位取出，变成一个十进制数，从而组成两个十进制序列 $\{a_0,a_1,\cdots,a_n\}$ 和 $\{b_0,b_1,\cdots,b_n\}$。这两个序列的值分别作为算法中每次用到的参数 a 和 b。

(3) 求出不同 a,b 值周期的最小公倍数 T_2，令 $n_{22}=T_2-n_2$。

(4) 将密图 F''_{xy} 分成 N^2/B^2 块，将图像 F'_{xy} 分为 $B\times B$ 块，每块有 N^2/B^2 个点。取 F''_{xy} 中每块的第一个像素点组成一个矩阵 lastpart，对其进行 $a=a_1,b=b_1$ 的变换，迭代 n_{22} 次，并将所得矩阵归入图像 F'_{xy} 的首块位置。

(5) 取 F''_{xy} 中每块的第二个像素点再次组成矩阵 lastpart，对其进行 Arnold cat 变换其中 $a=a_2,b=b_2$，迭代 n_{22} 次，并将所得矩阵归入图像 F'_{xy} 的第二块位置上，直到最后；F'_{xy} 进行 Arnold cat 变换，其中 $a=a_0,b=b_0$，迭代 n_1 次，即可得原图像。

依据上述原理和步骤，编制的图像加解密软件如图 10-6 所示。

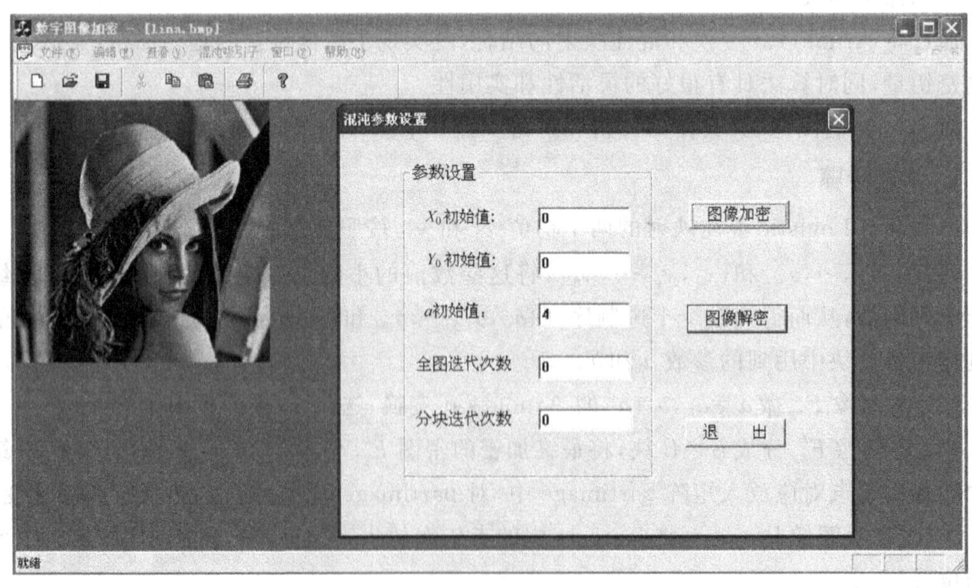

图 10-6　软件界面

10.3　加密效果分析

10.3.1　视觉效果分析

选取经典 256×256 的 lena 图像，如图 10-7(a)所示。实验中，混沌映射的初值 $x_1=0.1$，$x_2=0.2$，原始图像分成 16×16 块，迭代次数分别为 $n_1=n_2=1$ 次、$n_1=n_2=10$ 次、$n_1=n_2=40$ 次、$n_1=n_2=50$ 次、$n_1=n_2=192$ 次后的加密图像如图 10-7(b)～图 10-7(f)所示。显然，它们均达到了比较好的加密效果。

(a) 原始图像　(b) $n_1=n_2=1$　(c) $n_1=n_2=10$

(d) $n_1=n_2=40$　(e) $n_1=n_2=50$　(f) $n_1=n_2=192$

图 10-7　原始图像与加密后的图像

再选取一幅 256×256 风景图像，如图 10-8(a)所示。令 $n_1=5$，$n_2=10$，$B=16$。当 $x_1=0.22$，$x_2=0.32$，加密后的结果如图 10-8(b)所示；当 $x_1=0.42$，$x_2=0.12$，加密后的结果如图 10-8(c)所示。结果表明，它们均达到比较好的加密效果，而且不同参数的加密效果在视觉上无差别。

利用图像加密算法，对大量不同内容的图像、不同尺寸的图像进行加密实验，结果表明利用该算法均能达到很好的加密效果，且加密效果与参数和迭代次数无关。

10.3.2　相关性及分析

原始图像的相关性与加密后图像的相关性比较是目前常用的一个图像加密衡量指标，图像加密效果的好坏与相邻像素相关性的大小存在反比关系，相关性越大，加密效果越差，相关性越小，加密的效果越好。图像的相关性衡量包括水平相邻像素相关性和垂直相邻像

(a) 原始图像

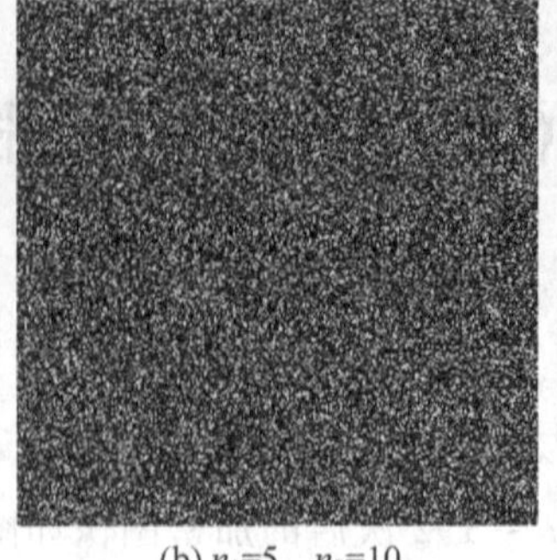
(b) n_1=5, n_2=10

(c) n_1=5, n_2=10

图 10-8 原始图像与加密后的图像

素相关性。用公式(10-7)、公式(10-8)和公式(10-9)可以计算相关系数。

$$D(x) = 1/k\sum_{i=1}^{k}[x_i - E(x)]^2 \tag{10-7}$$

$$\mathrm{cov}(x,y) = 1/k\sum_{i=1}^{k}[x_i - E(x)][y_i - E(y)] \tag{10-8}$$

$$r_{xy} = \mathrm{cov}(x,y)/(\sqrt{D(x)}\ \sqrt{D(y)}) \tag{10-9}$$

其中,x 和 y 是像素的灰度值;k 是像素个数;$E(x)$是 x 的数学期望;$D(x)$是 x 的方差;$\mathrm{cov}(x,y)$是 x,y 的协方差;r_{xy} 是相关系数。

实验中仍然选择 256×256 的 lena 图像,将其分成 16×16 块,混沌映射的参数 $x_1=0.2$,$x_2=0.25$,迭代次数选择 $n_1=n_2=3$ 次,$n_1=n_2=5$ 次,$n_1=n_2=6$ 次,$n_1=n_2=10$ 次,$n_1=n_2=70$ 次,$n_1=n_2=170$ 次,由公式计算这 6 次迭代的相关系数,将其累加并求其平均值,得到的相关系数如表 10-1 所示。可以看出,原始图像相关系数在垂直和水平方向都很大,而加密后图像的相关系数产生极大的降低。

表 10-1 加密前后相关系数比较

	垂直相邻像素相关系数	水平相邻像素相关系数
原始图像	0.986 42	0.961 48
加密后图像	0.005 12	0.012 94

将原始图像按照其他的分块方法,如 2×2、4×4、8×8、32×32、64×64、128×128 块,其他参数不变,得到的结果如表 10-2 所示。

表 10-2 不同分块的相邻系数比较

	垂直相邻像素相关系数	水平相邻像素相关系数
原始图像	0.986 42	0.961 48
2 块最终加密后图像	0.064 82	0.071 31
4 块最终加密后图像	0.038 44	0.065 54
8 块最终加密后图像	0.010 91	0.028 23
16 块最终加密后图像	0.005 12	0.012 94
32 块最终加密后图像	0.005 52	0.003 15
64 块最终加密后图像	0.046 42	0.015 34
128 块最终加密后图像	0.066 45	0.079 14

从表 10-2 中可以看出，不管原图像如何分块，加密后的相关系数都远远小于原始图像的相关系数，这充分说明了该加密算法的优越性。

相关性的值是通过对像素值的比较而得出的，而像素值取决于原始图像的像素值特点。所以，通过相关性判断的结果在很大程度上依赖于原始图像，也说明相关性的值并不能完全真实地反映加密效果，但可以反映加密效果的一个趋势。

10.3.3　对比实验及分析

Arnold cat 变换是使用最多、最经典的图像位置加密算法，下面将算法与 Arnold cat 变换进行对比分析。

1. 密钥量对比

用 Arnold cat 变换来进行图像加密，其密钥量取决于参数 a、b 和迭代次数 λ。

首先对 Arnold cat 变换中 a 和 b 的密钥量进行分析，由式(10-4)可以得出

$$\begin{cases} x_{n+1} = (x_n + a \times y_n) \bmod N \\ y_{n+1} = (b \times x_n + a \times b \times y_n + y_n) \bmod N \end{cases} \tag{10-10}$$

由式(10-10)得

$$\begin{aligned} x_{n+1} &= [x_n \bmod N + (a \times y_n) \bmod N] \bmod N \\ &= [x_n \bmod N + (a \bmod N \times y_n \bmod N) \bmod N] \bmod N \end{aligned} \tag{10-11}$$

由于 x_n 和 y_n 是图像的位置坐标，每一次迭代都是一个固定的值，所以 x_{n+1} 的值取决于 $a \bmod N$ 的变化，而 $a \bmod N=(a+N) \bmod N$，所以 a 的取值范围为 $a\in[1,N]$，同理 b 的取值范围也为 $b\in[1,N]$。以大小为 256×256 的图像为例，当固定 $a=1$，$b\in[1,\infty]$，则迭代至恢复原图像周期数 T 与参数 b 的关系如图 10-9 所示，其数据如表 10-3 所示。

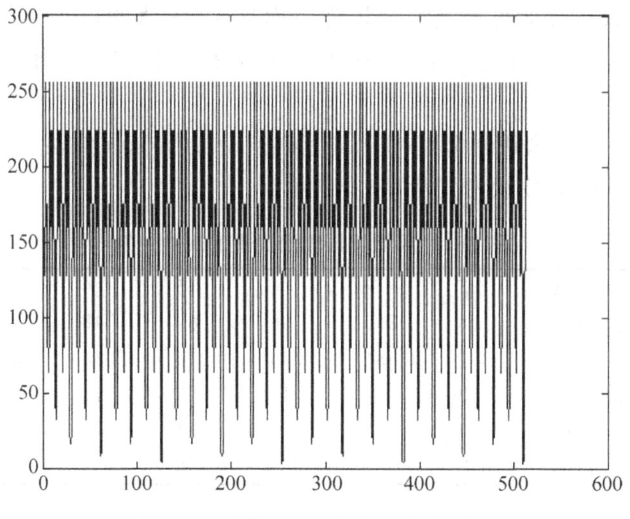

图 10-9　周期 T 与参数 b 的关系图

由图和表可以看出，当 a 值一定时，随着 b 的取值不同，Arnold cat 变换的周期 T 呈周期性，其循环周期为 256，也就是说攻击者知道 a 的取值，利用穷举攻击无需知道 b 值，只要计算 256 次就可以恢复出原始图像。同样经实际计算可知当 b 值一定时，随着 a 的取值不同，映射的周期 T 亦呈现周期性，其循环周期亦为 256。

表 10-3　周期数 T 与参数 b 的关系

b	1	2	3	4	5	6	7	8	9	10	…
T	192	128	192	256	96	64	96	256	192	128	…
b	41	42	43	44	45	46	47	48	49	50	…
T	192	128	192	256	48	32	48	256	192	128	…
b	100	101	102	103	104	105	106	107	108	109	…
T	256	96	64	96	256	192	128	192	256	48	…
b	257	258	259	260	261	262	263	264	265	266	…
T	192	128	192	256	96	64	96	256	192	128	…
b	297	298	299	300	301	302	303	304	305	306	…
T	192	128	192	256	48	32	48	256	192	128	…
b	513	514	513	769	770	771	1025	1026	1027	1281	…
T	192	128	192	192	128	192	192	128	192	192	…

所以，如果将 Arnold cat 变换的参数 a 和 b 作为密钥的话，其密钥量就为 N^2，例如，对于大小为 256×256 的图像，密钥量 key$=256^2$。从安全性角度考虑，其密钥量太小、安全性难以得到保证。

再对 Arnold cat 变换中迭代次数 λ 的密钥量进行分析。对于一幅图像，如果 a 和 b 的值给定，其迭代至恢复到原始图像的周期是一个定值，例如对于大小为 256×256 的图像，当 $a=1$、$b=1$ 时，其迭代至恢复到原始图像的周期 $T=192$。那么对 $a\in[1,256]$ 和 $b\in[1,256]$进行全排列周期实验，其所有的周期值与周期出现的次数的关系如表 10-4 所示，无论 a 和 b 的取值如何，周期的值就为表中的 16 个值。

所以，在知道 a 和 b 值的前提下，如果要对迭代次数进行破解，只需对表 10-4 列出的 16 个值进行最小公倍数迭代即可恢复原始图像。而这 16 个值的最小公倍数[192,128,256,96,64,48,32,24,16,12,8,6,4,3,2,1]=768。如果把迭代次数 λ 作为密钥，其密钥量仅为 768。

Arnold cat 变换的总密钥量 key$=256^2\times768\approx5\times10^7$，这显然还是非常小，不能抵抗穷举攻击。所以 Arnold cat 变换密钥量小、安全不高。

表 10-4　周期值与周期出现的次数关系

序数	1	2	3	4	5	6	7	8	1
周期 T	192	128	256	96	64	48	32	24	192
周期 T 出现的次数	8192	16 384	16 384	4096	10 240	2048	3584	1024	8192
序数	9	10	11	12	13	14	15	16	9
周期 T	16	12	8	6	4	3	2	1	16
周期 T 出现的次数	1408	512	608	384	536	128	7	1	1408

为对比，对 Arnold cat 位置均匀加密算法进行分析。可以将 a_1、b_1、a_i 和 b_i 都作为密钥。对于大小为 256×256 的原始图像，分成 16×16 块，每一块都有一个 a 和 b 值。按照前述进行计算，每块中恢复到原始图像的最小公倍数是[16,12,8,6,4,3,2,1]=48。那么，总密钥量 key$=(16\times16\times48)^{256}>>10^{1000}$，这个数量级是不能用穷举方法攻击的。

所以，在密钥量方面进行对比，Arnold cat 位置均匀加密算法远远好于 Arnold cat

变换。

2. 加密效果对比

选取标准的 256×256 lena 图像，如图 10-10(a)所示，用 Arnold cat 变换进行加密，当 a=1、b=1 时，迭代 1 次、10 次、40 次、50 次、192 次的效果如图 10-10(b)～图 10-10(f)所示。

(a) 原始图像　(b) 迭代1次　(c) 迭代10次

(d) 迭代40次　(e) 迭代50次　(f) 迭代192次

图 10-10　原始图像与加密后的图像

通过对比分析可以得出如下结论。

(1) Arnold cat 变换不是迭代一次就可以达到好的效果的，需要迭代多次，直到出现好的加密效果。而 Arnold cat 位置均匀加密算法一次就可以达到近似理想的状态，多次加密与一次加密效果没有太大分别，所以算法效率显著提高。

(2) Arnold cat 变换的加密效果并不是迭代次数越多效果越好，而是一个"好坏交替"的过程，这给观察、判断带来了一定的难度，每次加密都要去判断效果。而 Arnold cat 位置均匀加密算法不管加密多少次，都能得到类似的加密效果，无需判断。

(3) 对不同的图像，Arnold cat 变换加密次数相同，加密的效果也会不同，即算法极大地依赖于原始图像。而 Arnold cat 位置均匀加密算法与原始图像无关，不管什么图像，都能实现其均匀加密，通用性强。

(4) Arnold cat 变换具有周期性，迭代某一次后又会恢复到原始图像。而 Arnold cat 位置均匀加密算法对整幅图像而言，不存在周期性。

所以，在加密效果方面进行对比，Arnold cat 均匀加密算法要明显优于 Arnold cat 变换。

10.3.4 剪切实验及分析

剪切实验就是将加密后的图像进行剪切，对受到剪切的加密图像进行解密，衡量剪切对恢复原始图像的影响程度。

选取 256×256 的 lena 图像，如图 10-7(a)所示。实验中，混沌映射的初值 $x_1=0.1$，$x_2=0.2$，原始图像分成 16×16 块，迭代次数 $n_1=n_2=50$ 次，加密后的图像如图 10-7(e)所示，对图 10-7(e)进行剪切实验分析。当剪切大小为 50×50 像素时，即剪切掉 4%时，剪切不同的位置及恢复图像效果如图 10-11 所示。

(a) 剪切位置1　(b) 针对(a)恢复的图像　(c) 剪切位置2　(d) 针对(c)恢复的图像

(e) 剪切位置3　(f) 针对(e)恢复的图像　(g) 剪切位置4　(h) 针对(g)恢复的图像

图 10-11　不同位置的剪切效果

从图中可以看出，虽然剪切的位置不同，但恢复出的原始图像在效果上基本上一致。所以，剪切的位置与恢复原始图像的效果无关。

当剪切大小为 10%时，剪切不同的形状及其所恢复出的效果如图 10-12 所示。从图中可以看出，虽然剪切的形状不同，但恢复出的原始图像在效果上基本上一致。所以，剪切的形状与恢复原始图像的效果无关。

当剪切面积逐渐增大，分别为 4%，10%，15%，34%，44%，61%时，其恢复出的图像效果如图 10-13 所示。

从图中可以看出，受到剪切时，恢复的原始图像将受到一定程度的影响。当剪切 34%时，恢复出的图像有了一定的失真，但不影响图像所表现出的信息。即使是剪切 61%，原始图像的轮廓还依然能辨认。之所以有这样的结果，主要是因为加密时采用均匀加密，则对加密后图像进行剪切，剪切部分的像素点在原始图像中是分散的，并不是集中在某一部分的。所以对整幅图像来说，影响不明显，可见该算法对剪切具有一定的抵抗能力。其实，由于剪切部分在原始图像中存在规律性，可以通过滤波等图像处理手段来修复，使其更接近于原始图像。

通过对提出的 Arnold cat 位置均匀加密算法进行视觉效果分析、相关性分析、与

(a) 剪切形状1 (b) 针对(a)恢复的图像 (c) 剪切形状2 (d) 针对(c)恢复的图像

(e) 剪切形状3 (f) 针对(e)恢复的图像 (g) 剪切形状4 (h) 针对(g)恢复的图像

图 10-12 不同形状的剪切效果

(a) 剪切4% (b) 针对(a)恢复的图像 (c) 剪切10% (d) 针对(c)恢复的图像

(e) 剪切15% (f) 针对(e)恢复的图像 (g) 剪切34% (h) 针对(g)恢复的图像

(i) 剪切44% (j) 针对(i)恢复的图像 (k) 剪切61% (l) 针对(k)恢复的图像

图 10-13 不同大小的剪切效果

Arnold cat 变换对比分析和剪切分析可以得出,该种加密算法可以很好地实现图像的位置加密,具有很高的安全性,同时比 Arnold cat 位置加密算法更有效、更安全。

习　题

1. 经典的图像位置加密都有哪些算法?
2. 分析 Arnold cat 变换的密钥量。
3. 对比 Arnold cat 变换,改进的算法的密钥量提高了多少?

第11章　密码学在IC卡上的应用

11.1　IC卡

11.1.1　IC卡概述

IC卡又称集成电路卡，它是在大小和普通信用卡相同的塑料卡片上嵌置一个或多个集成电路构成的。集成电路芯片可以是存储器或微处理器。带有存储器的IC卡又称为记忆卡或存储卡，带有微处理器的IC卡又称为智能卡或智慧卡。记忆卡可以存储大量信息；智能卡不仅具有记忆能力，而且还具有处理信息的功能。IC卡是1974年一名法国新闻记者发明的。由于便于携带，存储量大，它日益受到人们的青睐。IC卡应用在诸多方面，如图11-1所示，包括以下内容。

图11-1　IC卡

(1) 通信方面，主要应用于移动通信和公用电话。

(2) 交通领域，主要用于汽车驾驶员管理、公路收费、公交或地铁自动售票等方面。

(3) 社会保险方面，主要用于医疗保险、失业保险、养老保险、儿童免疫接种等。

(4) 企事业内部管理方面，国家工商总局准备发行工商企业监管IC卡。

(5) 税务卡，许多省市已开始使用IC卡进行纳税的征收、管理和稽查。

(6) 加油卡，中国石化总公司和许多地方石油公司都在组织建立IC加油卡收费系统。

(7) 公用事业收费卡，IC卡电表、煤气表、水表。

(8) 其他各类卡，会员卡、优惠卡、购物卡等。

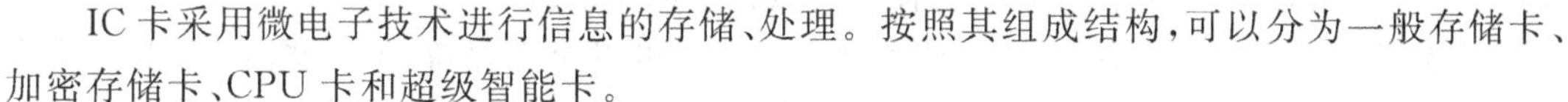

IC卡采用微电子技术进行信息的存储、处理。按照其组成结构，可以分为一般存储卡、加密存储卡、CPU卡和超级智能卡。

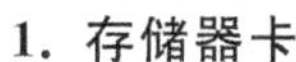

1. 存储器卡

存储器卡内嵌芯片相当于普通串行EEPROM存储器，这类卡信息存储方便，使用简单，价格便宜，很多场合可替代磁卡，但由于其本身不具备信息保密功能，因此，只能用于保密性要求不高的应用场合。

2. 逻辑加密卡

加密存储器卡内嵌芯片在存储区外增加了控制逻辑，在访问存储区之前需要核对密码，只有密码正确，才能进行存取操作，这类信息保密性较好，使用与普通存储器卡相类似。

3. CPU卡

CPU卡内嵌芯片相当于一个特殊类型的单片机,内部除了带有控制器、存储器、时序控制逻辑等外,还带有算法单元和操作系统。由于CPU卡有存储容量大、处理能力强、信息存储安全等特性,广泛用于信息安全性要求特别高的场合。

4. 超级智能卡

在卡上具有MPU和存储器并装有键盘、液晶显示器和电源,有的卡上还具有指纹识别装置等。

IC卡按照数据读写方式,又可分为接触式IC卡和非接触式IC卡两类。

- 接触式IC卡。接触式IC卡由读写设备的触点和卡片上的触点相接触进行数据读写,国际标准ISO 7816系列对此类IC卡进行了规定。
- 非接触式IC卡。非接触式IC卡与读写设备无电路接触、由非接触式的读写技术进行读写(例如光或无线电技术)。其内嵌芯片除了存储单元、控制逻辑外,增加了射频收发电路。这类卡一般用在存取频繁、使用环境恶劣的场合。国际标准也对非接触IC卡技术做了规范。

11.1.2 IC卡工作原理和技术

IC卡工作的基本原理是:射频读写器向IC卡发一组固定频率的电磁波,卡片内有一个IC串联谐振电路,其频率与读写器发射的频率相同,这样在电磁波激励下,*LC*谐振电路产生共振,从而使电容内有了电荷;在这个电荷的另一端,接有一个单向导通的电子泵,将电容内的电荷送到另一个电容内存储,当所积累的电荷达到2V时,此电容可作为电源为其他电路提供工作电压,将卡内数据发射出去或接收读写器的数据。

IC卡核心是集成电路芯片,是利用现代先进的微电子技术,将大规模集成电路芯片嵌在一块小小的塑料卡片之中。其开发与制造技术比磁卡复杂得多。IC卡主要技术包括硬件技术、软件技术及相关业务技术等。硬件技术一般包含半导体技术、基板技术、封装技术、终端技术及其他零部件技术等;而软件技术一般包括应用软件技术、通信技术、安全技术及系统控制技术等。

1. EEPROM技术

电擦除式可编程只读存储器是IC卡技术的核心。该技术使晶体管密度增大,改善了性能,增加了容量,达到在同样面积上存储更大数据量的目的。

作为数据或程序的存储空间,EEPROM的数据可以至少保持10年的时间,擦写次数达10万次以上。EEPROM技术还提供了很大的灵活性,通过设置不可修改的标志位,能够将EEPROM单元转变成可编程只读存储器、只读存储器或不可读的保密存储单元。

该技术的先进性使得带有保密存储器的IC卡得到快速发展和应用。例如,在各种收费系统(公用电话、电表、公路收费等)及访问控制等领域获得了广泛的应用。以EEPROM为核心的CPU卡也广泛应用于移动电话、银行部门、多应用卡及要求有公共密钥算法的高安全性应用领域。

2. RFID技术

射频识别(Radio Frequency Identification,RFID)技术是一种利用电磁波进行信号传输的识别方法，被识别的物体本身应具有电磁波的接收和发送装置。

射频识别 IC 卡是一种使用电磁波和非触点来与终端通信的 IC 卡。使用此卡时，不需要把卡片插入到特定的读写器插槽之中。一般来说，通信距离在几厘米至一米的范围内。射频识别卡使用得较多，而且发展潜力较大。

射频识别 IC 卡有主动式和被动式之分。主动式卡是指卡片需要主动靠近读卡器，用户需要将卡在读卡器上晃过才完成交易；被动式卡不用出示卡片，只要走过读卡器的范围，即可完成交易。

目前世界上最先进的非接触 IC 卡就采用了独特的 RFID 技术，预计此种技术将有很大的市场潜力。

3. 加密技术

IC 卡中的 CPU 卡采用特殊的加密技术，不仅可以验证信息的正确性，同时还能检查通信双方身份的合法性，从而保证信息传送的安全性。这是通过 IC 卡中存储的银行密钥与读卡器兼黑盒子中存储的银行密钥的相互校验来实现的，从而保证了持卡者本身和读卡器双方都具有合法身份。总之，采用先进的加密技术后，不仅具有高度安全性、严谨性，还具有灵活便捷、成本低等优势。

除上述技术之外，还有 Java 卡技术、IC 卡 ISO 标准化技术、IC 卡生物认证技术及数据压缩技术等软、硬件新技术。由于 IC 卡技术含量越来越高，功能越来越强，使得 IC 卡的应用领域不断向纵深方向拓展。

11.1.3　IC 卡的安全

作为电子货币的 IC 卡，其上记录有大量的重要信息，安全性是很重要的，作为 IC 卡应用系统开发者必须为 IC 卡系统提供合理有效的安全措施，以保证 IC 卡及其应用系统的数据安全。影响 IC 卡及应用系统安全的主要方式有使用用户丢失或被窃的 IC 卡，冒充合法用户进入应用系统，获得非法利益；用伪造的或空白卡非法复制数据，进入应用系统；使用系统外的 IC 卡读写设备，对合法卡上的数据进行修改，改变操作级别等；在 IC 卡交易过程中，用正常卡完成身份认证后，中途变换 IC 卡，从而使卡上存储的数据与系统中不一致；在 IC 卡读写操作中，对接口设备与 IC 卡通信时所交换的信息流进行截听，修改，甚至插入非法信息，以获取非法利益，或破坏系统。常用的安全技术有身份鉴别和 IC 卡合法性确认，报文鉴别技术，数据加密通信技术等。这些技术的采用可以保证 IC 卡的数据在存储和交易过程中的完整性、有效性和真实性，从而有效地防止对 IC 卡进行非法读写和修改。

IC 卡所具有的安全性和大存储容量这一特点是其他种类的卡无法比拟的。可以说，IC 卡的安全性是其赖以生存和迅速发展的重要原因。一般讲，信息安全至少应具有以下 5 个方面的特性。

1. 机密性

防止未经授权的信息获取，如未经授权无法理解信息本身的真正含义(加密信息)等。

2. 完整性

防止未经授权的信息更改(修改、删除、增加)，如未经授权无法对信息进行任何形式的更改。一般用于防止对信息的主动、恶意的篡改。

3. 可获取性

防止未经授权的信息截流(在信息传输过程中的非法截取)。

4. 真实性

通过一系列的技术手段验证信息的真实性。

5. 持久性

长时间信息保存的可靠性、准确性等。

信息安全的目的就是保证数据信息在确定的时间内,在确定的地点、条件下只能(可以)被确定的人(或一组人)所使用。一般来讲,威胁信息安全的因素主要来自两个方面。一是人为的威胁,具有主动性及蓄意性,是对信息安全的主要威胁,关系到信息的机密性、完整性、可获取性及真实性等;另一种是非人为的、客观存在的对信息安全的威胁,主要表现为对信息载体的干扰、破坏等,如强磁场对存于磁性介质上的数据的威胁。实际上,IC卡的安全技术就是主要依据以上几点提出和实施的。

11.2 IC卡的密码算法

金融卡与IC卡安全技术可遵循的标准为ISO 10202与CNS 13936。此标准规定使用IC卡金融交易系统的最低安全需求,以及一些可选用的安全技术。IC卡的密码算法包括密钥交换算法、个体鉴别算法、信息鉴别算法、信息加/解密算法。

11.2.1 密钥交换算法

ISO与CNS所制定的密钥交换(KE)机制大抵可以分为下列4种形态。

(1) 通信双方利用对称算法来进行交换一个对称算法所需的密钥,其中所交换的密钥可以单独由一方决定或是由双方共同决定。

(2) 通信双方利用非对称算法来进行交换一个对称算法所需的密钥,其中所交换的密钥可以单独由一方决定或是由双方共同决定。

(3) 通信双方利用对称算法来进行交换一个非对称算法所需的密钥/公钥组。

(4) 通信双方利用非对称算法来进行交换一个非对称算法所需的密钥/公钥组。

为了达到更高的安全需求,例如,需要防止截听者的重放攻击,有些密码算法需要引入时变参数以达到防止重放攻击的目的,此种做法称为限时。通常限时的做法是提出一个时限,要求对方在一定的时限内做出适当的响应。当然,采用限时的措施将会增加计算复杂度与通信成本。另外,系统中心或可信赖第三者对每一个密钥或是密钥/公钥组将会产生一个密钥识别符,以用来验核该密钥或密钥/公钥组的正确性与唯一性。密钥识别符的格式定义如下。

KID = ＜功能＞||＜算法＞||＜密钥＞

其中,＜功能＞说明该密钥的用途(例如加密、解密、签署或验证);＜算法＞说明该密钥用于何种密码机制(例如DES或RSA等)、何种模式(例如CBC、CFB-8或Hash等)、密钥长度等;＜密钥＞包含密钥种类(例如公钥、私钥、主密钥或交谈密钥等)与密钥号码。

相对于密钥识别符，系统中心尚须产生凭证识别符，凭证识别符包含产生凭证所使用的密码算法与密钥有关的必要参数，使得各个使用者可以正确地验证该凭证。

在 ISO 10202—5 标准中所规范的密钥交换算法有对称-对称、对称-非对称、非对称-对称、非对称-非对称。

1. 对称-对称

这个算法是运用对称算法来交换一个对称算法所需密钥的。在进行此算法之前，通信双方个体必须先假设已经共享一个密钥。

A，B 为通信个体；$E_K(\cdot)$，$D(\cdot)$是以 K 为密钥的加密与解密函数；CK 是 A 与 B 预先共享的密钥；K 是欲交换的密钥；KID_K 是密钥 K 的识别符。

其算法如下。

A 计算 $E_{\mathrm{CK}}(K)$与 $E_K(\mathrm{KID}_K)$，送{A，B，$\mathrm{KID}_{\mathrm{CK}}$，$\mathrm{KID}_K$，$E_K(\mathrm{KID}_K)$，$E_{\mathrm{CK}}(K)$}给 B。

B 计算 $D_{\mathrm{CK}}(E_{\mathrm{CK}}(K))$与 $D_K(E_K(\mathrm{KID}_K))$，并验证 KID_K 的正确性。

2. 对称-非对称

利用对称算法来交换非对称算法所需的私钥，该私钥由个体 A 产生。

$\mathrm{SIG}_x()$是以密钥 x 所做的签署函数；

$\mathrm{VER}_y()$是以密钥 y 所做的签章验证函数；

$S_{\mathrm{B}}/P_{\mathrm{B}}$ 是欲交换的个体 B 之私钥/公钥对；

$\mathrm{KID}_{P_{\mathrm{B}}}$是 $S_{\mathrm{B}}/P_{\mathrm{B}}$ 密钥对的识别符；

Cred_X 是个体 X 的信物，其格式为 $\mathrm{Cred}_{\mathrm{X}}=\{\mathrm{X},P_{\mathrm{X}},T_{\mathrm{val}},\mathrm{TP},\mathrm{KID}_{P_{\mathrm{X}}}\}$；

$\mathrm{Cert}_{\mathrm{X}}$ 是个体 X 的凭证，其格式为 $\mathrm{Cert}_{\mathrm{X}}=\mathrm{SIG}_{S_{\mathrm{TP}}}(\mathrm{Cred}_{\mathrm{X}})||\mathrm{Cred}_{\mathrm{X}}$；

$\mathrm{CID}_{\mathrm{X}}$ 是 $\mathrm{Cert}_{\mathrm{X}}$ 的识别符。

其算法如下。

A 获得 $\mathrm{Cert}_{\mathrm{B}}$，计算 $E_{\mathrm{CK}}(S_{\mathrm{B}})$，并送{A，B，$\mathrm{KID}_{\mathrm{CK}}$，$\mathrm{KID}_{P_{\mathrm{B}}}$，$\mathrm{CID}_{\mathrm{B}}$，$\mathrm{Cert}_{\mathrm{B}}$，$E_{\mathrm{CK}}(S_{\mathrm{B}})$}给 B。

B 计算 $D_{\mathrm{CK}}(E_{\mathrm{CK}}(S_{\mathrm{B}}))$，验核 $\mathrm{Cert}_{\mathrm{B}}$，并计算 $D_{S_{\mathrm{B}}}(E_{P_{\mathrm{B}}}(B))=B$ 以确认 $S_{\mathrm{B}}/P_{\mathrm{B}}$ 密钥对的正确性。

3. 非对称-对称

利用非对称算法来交换对称算法所需的密钥，该密钥由个体 A 产生。

其算法如下。

(1) B 送{B，A，$\mathrm{KID}_{P_{\mathrm{B}}}$，$\mathrm{CID}_{\mathrm{B}}$，$\mathrm{Cert}_{\mathrm{B}}$}给 A。

(2) A 验核 $\mathrm{Cert}_{\mathrm{B}}$，计算 $E_{P_{\mathrm{B}}}(\mathrm{SIG}_{S_{\mathrm{A}}}(K))$与 $E_K(\mathrm{KID}_K)$，并送{A，B，$\mathrm{KID}_{P_{\mathrm{A}}}$，$\mathrm{CID}_{\mathrm{A}}$，$\mathrm{Cert}_{\mathrm{A}}$，$\mathrm{KID}_K$，$E_K(\mathrm{KID}_K)$，$E_{P_{\mathrm{B}}}(\mathrm{SIG}_{S_{\mathrm{A}}}K)$}给 B。

(3) B 验核 $\mathrm{Cert}_{\mathrm{A}}$，计算 $\mathrm{VER}_{P_{\mathrm{A}}}(D_{S_{\mathrm{B}}}(E_{P_{\mathrm{B}}}(\mathrm{SIG}_{S_{\mathrm{A}}}(K))))$与 $D_K(E_K(\mathrm{KID}_K))$，并验核 KID_K 的正确性。

4. 非对称-非对称

利用非对称算法来交换对称算法所需的密钥，该密钥由个体 A 与 B 共同产生。

$S_{\mathrm{X}}/P_{\mathrm{X}}$ 是个体 X 的私钥/公钥对；

$S_{R_{\mathrm{X}}}/P_{R_{\mathrm{X}}}$是个体 X 随机产生的私钥/公钥对；

f 是以 b 为 Public Base 的密码函数，满足以下条件。

$$P_X = f1(b, S_X)$$
$$f1(P_x, S_y) = f1(P_y, S_x)$$
$$f2(x, y) = f2(y, x)$$

其算法如下。

B随机产生S_{R_B},计算$P_{R_B}=f1(b,S_{R_B})$,送{B, A, KID_{P_B}, CID_B, $Cert_B$, P_{R_B}}给A。

A验核$Cert_B$,产生S_{R_A},计算$P_{R_A}=f1(b,S_{R_A}$、$K=f2(f1(P_B,S_{R_A}))$、$f1(P_{R_B},S_A)$、$E_K(KID_K)$,并送{A, B, KID_{P_A}, CID_A, $Cert_A$, P_{R_B}, KID_K, $E_K(KID_K)$}给B。

B验核$Cert_A$,计算$K=f2(f1(P_{R_A}$、$S_B))$、$f1(P_A,S_{R_B})$与$D_K(E_K(KID_K))$,并验核KID_K的正确性。

11.2.2 个体鉴别算法

IC卡个体鉴别(EA)算法主要是透过challenge-response方式来进行动态鉴别的,包括单向鉴别与相互鉴别。其他有关的个体鉴别机制可参考CCITT X.509与ISO 9798 (CNS 13789)。

1. EA-对称-限时

算法提供单向鉴别,且可以防止重放攻击。在进行此算法之前,通信双方必须预先共享一个衍生密钥(Derivation Key)。令K为衍生密钥,K_B为个体B的唯一衍生密钥(Derived Key),KID_{K_B}为密钥K_B的识别符,算法如下。

A随机产生R_A,送{A, B, KID_{K_B}, R_A}给B。

B计算$K_B=E_K(B)$、$E_{K_B}(R_A)$,送{B, A, $E_{K_B}(R_A)$}给A。

A计算$K_{B*}=E_K(B)$、$W=E_{K_{B*}}(R_A)$,并比较W与$E_{K_B}(R_A)$是否相等。

2. EA-非对称-限时

算法提供单向鉴别,且可以防止重放攻击。在进行此算法之前,通信双方不必预先共享一个衍生密钥。令S_B/P_B为个体B的密钥/公钥组,KID_{P_B}为S_B/P_B密钥组的识别符。算法如下。

A随机产生一个随机数R_A,送{A, B, R_A}给B。

B计算$SIG_{S_B}(A||R_A)$,送{B, A, KID_{P_B}, CID_B, $Cert_B$, $SIG_{S_B}(A||R_A)$}给A。

A验核$Cert_B$来确认P_B,并计算$VER_{P_B}(SIG_{S_B}(A||R_A))$来验核$R_A$。

11.2.3 信息鉴别算法

信息鉴别(MA)机制主要用于保障传输数据的正确性。在金融服务相关系统中,对于交易数据的信息鉴别尤为重要。其他有关银行业或金融服务系统之信息鉴别机制请参考ISO 9807 (CNS 13527)。

1. 对称

信息鉴别码是利用对称算法信息鉴别机制的核心。在进行这个算法之前,通信双方必须预先分享一个衍生密钥。令K为A与B共享的衍生密钥,$MAC(x,y)$为以x为密钥对y产生一个信息鉴别码的函数。利用对称算法来鉴别一个信息Z的程序如下。

A计算$K_A=E_K(A)$与$MAC(K_A,Z)$,并送{A, B, KID_{K_A}, Z, $MAC(K_A,Z)$}给B。

B 计算 $K'_A=E_K(A)$ 与 $MAC(K'_A,Z)$，并比较 $MAC(K'_A,Z)$ 与 $MAC(K_A,Z)$ 是否相等。

上述算法效率很高，但并不能防止重放攻击。因此，在开放式系统环境中使用要特别注意是否会遭受该攻击。

2. 对称-限时

算法是运用对称算法来鉴别一个信息 Z 的，并具有防止重放攻击的能力，算法如下。

B 随机产生一个随机数 R_B，送{B, A, R_B}给 A。

A 计算衍生密钥 $K_A=E_K(A)$ 与 $MAC(K_A,R_B||Z)$，送{A, B, KID_{K_A}, Z, $MAC(K_A,R_B||Z)$}给 B。

B 先计算衍生 $K'_A=E_K(A)$，再利用所算出来的 K'_A 计算 $MAC(K'_A,R_B||Z)$，并比较 $MAC(K'_A,R_B||Z)$ 与 $MAC(K_A,R_B||Z)$ 是否相等。

3. 非对称

数字签章是利用非对称算法的信息鉴别机制的核心。利用非对称算法来计算数字签章以鉴别一个信息 Z 的程序如下。

A 使用自己的密钥来计算 $SIG_{S_A}(Z)$，并送{A, B, KID_{P_A}, CID_A, $Cert_A$, Z, $SIG_{S_A}(Z)$}给 B。

B 先验核 $Cert_A$ 来确认 A 的公钥 P_A，并计算 $VER_{P_A}(SIG_{S_A}(Z))$ 以验证该数位签章。

算法并不能防止重放攻击，也不能防止数字签章法的选择密文攻击。因此，在实用上，欲被鉴别的信息最好不要是没有语意的位字符串。另外，为了防止选择密文攻击，信息 Z 在被签署之前可以先用单向函数产生一个汇记，并对该汇记进行签署。

4. 非对称-限时

算法是利用非对称算法来计算数字签章以鉴别一个信息 Z 的，并具有防止重放攻击的能力，算法如下。

B 随机产生一个随机数 R_B，送{B, A, R_B}给 A。

A 使用自己的密钥来计算 $SIG_{S_A}(R_B||Z)$，送{A, B, KID_{P_A}, CID_A, $Cert_A$, Z, $SIG_{S_A}(R_B||Z)$}给 B。

B 验核 $Cert_A$ 来确认 A 的公钥 P_A，并计算 $VER_{P_A}(SIG_{S_A}(R_B||Z))$ 以验证该数位签章。

11.2.4　信息加密/解密算法

信息加密/解密可以对称算法或非对称算法行之。一般而言，不管是以软件或硬件施行，在计算效率上，对称算法都较具优势；在密钥管理效率上，尤其是密钥的分配，非对称算法较具优势。ISO 与 CNS 所制定的对称加密算法为 DEA(见 ISO 10116 与 CNS 13565)，并未公布非对称加密算法。但产业界大多采用 RSA 或其变形作为非对称加密算法的业界标准。

1. 对称

算法是利用对称算法来加密一个信息 Z 的。在进行此算法之前，通信双方必须预先共享一个密钥 K，算法如下。

A 计算 $E_K(Z)$，送{A, B, KID_K, $E_K(Z)$}给 B。

B得到 $Z=D_K(E_K(Z))$。

2. 对称-限时

算法利用对称算法来加密一个信息 Z 且具防止重放攻击的能力。在进行此算法之前，通信双方必须预先共享一个密钥 K，算法如下。

B随机产生一个随机数 R_B，送{B, A, R_B}给 A。

A计算 $E_K(R_B||Z)$，送{A, B, KID_K, $E_K(R_B||Z)$}给 B。

B计算 $D_K(E_K(R_B||Z))$以得到 Z，并验核 R_B 是否为原先所选定。

3. 非对称

算法是利用非对称算法来加密一个信息 Z 的。通信双方不必预先共享一个密钥，算法如下。

B送{B, A, CID_B, $Cert_B$}给 A。

A验核 $Cert_B$ 以确认B的公钥 P_B，计算 $E_{P_B}(Z)$，送{A, B, KID_{P_B}, $E_{P_B}(Z)$}给 B。

B计算 $Z=D_{S_B}(E_{P_B}(Z))$。

4. 非对称-限时

算法利用非对称算法来加密一个信息 Z 且具防止重放攻击的能力。通信双方不必预先共享一个密钥，算法如下。

B随机产生一个随机数 R_B，送{B, A, CID_B, $Cert_B$, R_B}给 A。

A验核 $Cert_B$ 以确认B的公钥 P_B，计算 $E_{P_B}(R_B||Z)$，送{A, B, KID_{P_B}, $E_{P_B}(R_B||Z)$}给 B。

B计算 $D_{S_B}(E_{P_B}(R_B||Z))$以得到 Z，并验核 R_B 是否为原先所选定。

习　　题

1. IC卡的安全性包括哪些方面?
2. 简述射频识别(RFID)原理。
3. ISO与CNS所制定的密钥交换(KE)机制可分为哪几种形态?
4. IC卡个体鉴别(EA)算法主要透过什么方式来进行动态鉴别?
5. 交易凭证可透过哪两种密码机制来完成?

第 12 章　密码学在电子邮件中的应用

随着网络的进一步发展，电子邮件已经成为人们日常生活的重要通信手段。然而，电子邮件在带给人们便捷的同时，也带来了重大的安全隐患。电子邮件在传输中采用 SMTP，它不提供加密服务，这给攻击者留下了可乘之机。攻击者可以在邮件传输过程中截获数据，其中的文本格式信息可以被很容易还原；同时，攻击者也可以侵入邮件系统读取正常的信息。这对于黑客来讲并不是很难实现的。如果电子邮件的内容是经过加密处理的信息，即便被攻击者获取，也是不可读的形式，就增加了电子邮件的安全性。

12.1　电 子 邮 件

电子邮件(Electronic mail，E-mail)，标志为@，又称电子信箱、电子邮政，是一种用电子手段提供信息交换的通信方式，是 Internet 应用最广的服务。通过网络的电子邮件系统，用户可以以非常快速的方式(几秒钟之内可以发送到世界上任何指定的目的地)，与世界上任何一个角落的网络用户联系，这些电子邮件可以是文字、图像、声音等各种方式。

12.1.1　电子邮件的工作原理

电子邮件与普通邮件有类似的地方，发信者注明收件人的姓名与地址(即邮件地址)，发送方服务器把邮件传到收件方服务器，收件方服务器再把邮件发到收件人的邮箱中，其原理如图 12-1 所示。

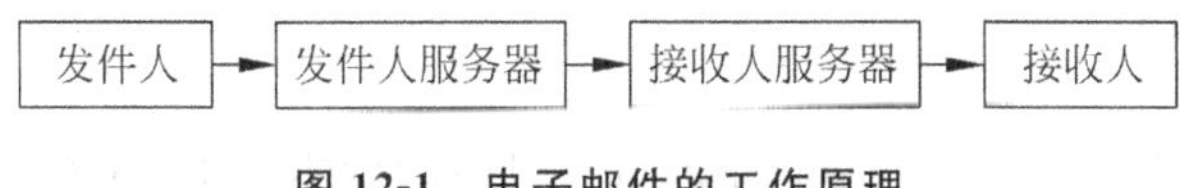

图 12-1　电子邮件的工作原理

电子邮件系统由 5 部分组成，分别是：邮件用户代理、邮件传送代理、邮件提交代理、邮件投递代理和邮件访问代理。

1. 邮件用户代理

MUA(Mail User Agent)是一个邮件系统的客户端程序，接受用户输入的各种指令，提供阅读，发送和接收电子邮件的用户接口。

2. 邮件传送代理

MTA(Mail Transfer Agent)将来自 MUA 的信件存储和转发(store and forward)。MTA 监视用户代理的请求，根据电子邮件的目标地址找出对应的邮件服务器，将信件在服务器之间传输并且将接收到的邮件进行缓冲。

3. 邮件提交代理

MSA(Mail Submission Agent)负责 MTA 发送之前的准备工作和错误检测，MSA 介

于MUA和MTA之间,对从MUA得到的信息进行检测。

4. 邮件投递代理

MDA(Mail Delivery Agent)从MTA接收邮件并进行适当的本地投递,可以投递一个本地用户,一个邮件列表,一个文件或是一个程序。简单地说就是把邮件放到用户的邮箱里。MTA的一个子系统,通常MTA和MDA合二为一。

5. 邮件访问代理

MAA(Mail Access Agent)用于将用户连接到系统邮件库,使用POP或IMAP收取邮件。

12.1.2 电子邮件的常见协议

当前常用的电子邮件协议有SMTP、POP3、IMAP。

1. SMTP

SMTP(Simple Mail Transfer Protocol)即简单邮件传输协议

SMTP主要负责底层的邮件系统如何将邮件从一台机器传至另外一台机器。SMTP属于TCP/IP协议簇,它帮助每台计算机在发送或中转信件时找到下一个目的地。SMTP服务器就是遵循SMTP的发送邮件服务器。SMTP认证,简单地说就是要求必须在提供了账户名和密码之后才可以登录SMTP服务器,这就使得那些垃圾邮件的散播者无可乘之机。增加SMTP认证的目的是为了使用户避免受到垃圾邮件的侵扰。

2. POP

POP(Post Office Protocol)目前的版本为POP3,POP3是把邮件从电子邮箱中传输到本地计算机的协议。POP3负责从邮件服务器中检索电子邮件。它要求邮件服务器完成下面几种任务之一。从邮件服务器中检索邮件并从服务器中删除这个邮件;从邮件服务器中检索邮件但不删除它;不检索邮件,只是询问是否有新邮件到达。

3. IMAP

IMAP(Internet Message Access Protocol)目前的版本为IMAP4,是POP3的一种替代协议,克服了POP3的一些缺点,提供了邮件检索和邮件处理的新功能。它可以决定客户机请求邮件服务器提交所收到邮件的方式,请求邮件服务器只下载所选中的邮件而不是全部邮件;用户完全可以不下载邮件正文就看到邮件的标题摘要,从邮件客户端软件就可以对服务器上的邮件和文件夹目录等进行操作。IMAP协议增强了电子邮件的灵活性,节省了用户察看电子邮件的时间。同时完成所有这些工作时都不需要把邮件从服务器下载到用户的个人计算机上。

电子邮件可以将要表达的信息传递给接收者,但是邮件本身的内容并没有经过加密处理。如果邮件被攻击者截获,或者被侵入邮件系统,对用户将是巨大的损失。所以,对邮件内容的保密就愈发得重要。

常用的电子邮件的安全技术包括S/MIME(Secure Multi-Part Intermail Mail Extension)和PGP(Pretty Good Privacy)。S/MIME侧重于作为商业和团体使用的工业标准,而PGP则倾向于为许多用户提供个人电子邮件的安全性。本章主要对PGP进行详细分析。

12.2　PGP

12.2.1　PGP 简介

PGP 是 Pretty Good Privacy 的简称，是一种长期一直在学术圈和技术圈内得到广泛使用的安全邮件标准。发信人与收信人的公钥都分布在公开的地方，如 FTP 站点，而公钥本身的权威性则可以由第三方、特别是收信人所熟悉或信任的第三方进行签名认证，没有统一的集中的机构进行公钥/私钥的签发。最近，基于 PGP 的模式又发展出了另一种类似的安全电子邮件标准，称为 GPG(Gnu Privacy Guard)。

PGP(Pretty Good Privacy)，是 Phil Zimmermann 于 1991 年发明的一种桌面软件，为电子邮件和文件存储应用提供了认证和保密性服务。1991 年推出 1.0 版，目前最新的版本是 10.0。

PGP 的特点是通过单向散列算法对邮件内容进行签名，以保证信件内容无法修改，使用公钥和私钥技术保证邮件内容保密且不可否认。在 PGP 系统中，信任是双方之间的直接关系，或是通过第三者、第四者的间接关系，但任意两方之间都是对等的，整个信任关系构成网状结构，这就是所谓的 Web of Trust。PGP 能够提供独立计算机上的信息保护功能，使得这个保密系统更加完备。它提供的功能包括创建以及管理密钥、电子邮件加密及签名、数据加密及签名、磁盘加密、软件加密及签名、创建自解密压缩文档、创建 PGPdisk 加密文件和永久地粉碎文件等。

PGP 的应用极其广泛，并迅速普及，其原因可以归纳为以下几点。

(1) 可以提供各种免费版本，可运行在任何平台，同时产品不断在升级。

(2) 软件采用众多的加密算法，包括 RSA、DSS、Diffie-Hellman 等公钥加密算法，以及 CAST-128、IDEA 和 3DES 等对称加密算法，Hash 编码算法 SHA-1。这些算法组合在一起被认为是非常安全的。

(3) 算法的应用广泛，可以应用在公司，也可以应用在个人。

(4) 软件不由政府所控制(由政府控制的加密算法通常被公认为有未公开的后门)。

12.2.2　PGP 工作原理

PGP 的实际操作由 5 种服务组成：签名、加密、电子邮件的兼容性、压缩、分段。PGP 功能列表如表 12-1 所示。

表 12-1　PGP 功能列表

服务	采用算法	说明
签名	DSS/SHA 或 RSA/SHA	用 SHA-1 创建散列码，用发送者的私钥和 DSS 或 RSA 加密消息摘要
加密	CAST 或 IDEA 或 3DES、RSA	消息用一次性会话密钥加密，会话密钥用接收方的公钥加密
电子邮件兼容性	基数 64 转换	邮件应用完全透明，将二进制信息转换成 ASCII 码
压缩	ZIP	消息用 ZIP 算法压缩
分段		为了符合邮件的尺寸限制，将消息进行分段

1. 签名

签名,即数字签名,通常采用公钥加密算法 RSA 和 Hash 编码算法 SHA-1,其签名原理如图 12-2 所示,具体步骤如下。

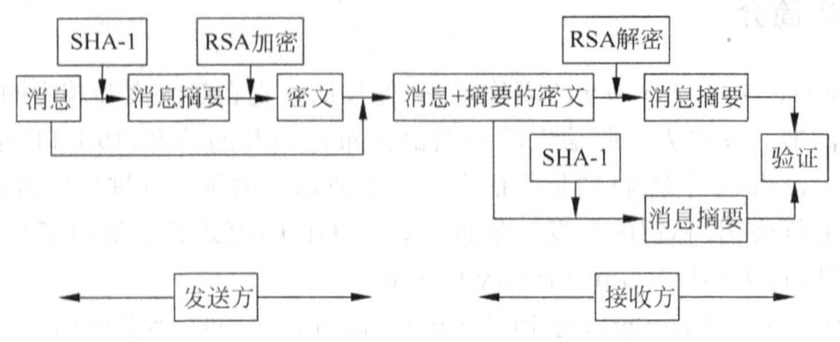

图 12-2 PGP 签名原理图

(1) 发送方创建消息;

(2) 使用 SHA-1 生成消息摘要;

(3) 使用发送者的私钥,用 RSA 算法加密消息摘要,将密文放在消息前面;

(4) 发送带有摘要的消息;

(5) 接收者使用发送者的公钥,用 RSA 解密消息摘要;

(6) 接收者使用 SHA-1 重新生成消息摘要,并与解密的消息摘要进行对比。如果相同,则签名成功。

RSA 和 SHA-1 的组合运用提供了签名的足够安全性。签名是可以分离的,例如,法律合同需要多方签名,每个人的签名是独立的,因而可以仅应用到文档上。否则,签名将只能递归使用,第二个签名对文档的第一个签名进行签名,以此类推。

DSS 和 SHA-1 的组合运用可以作为 RSA 和 SHA-1 的一个替代方案,同样可以提供一定的安全性。

2. 加密

加密是将要传递的信息或者本地文件进行加密处理,通常采用对称加密算法 CAST-128、IDEA 和 3DES,以及公钥加密算法 RSA,其原理如图 12-3 所示。

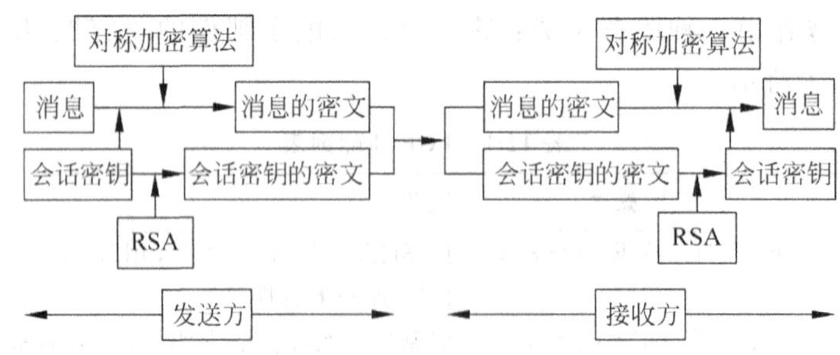

图 12-3 PGP 加密原理图

具体步骤如下。

(1) 发送方生成消息和用作该消息会话密钥的 128 位随机数。

(2) 发送方采用 CAST-128、IDEA 或者 3DES 对称加密算法，用会话密钥对消息进行加密。

(3) 发送方采用 RSA 加密算法，用接收方的公钥对会话密钥进行加密，并放入消息中。

(4) 接收方采用 RSA 加密算法，用接收方的私钥对会话密钥进行解密。

(5) 接收方采用 CAST-128、IDEA 或者 3DES 对称加密算法，用会话密钥对消息进行解密。

在 PGP 中，每个会话密钥只使用一次，即对每个消息生成新的 128 位的随机数。随机数的产生是由按键盘的时间以及输入的消息内容所决定的，真正做到一次一密。由于是一次一密，所以必须将会话密钥与消息捆绑在一起发送给接收方。

密钥交换算法 Diffie-Hellman 可以作为 RSA 的一个替代方案，同样可以提供一定的安全性。在 PGP 中，实际上是采用 Diffie-Hellman 的一个变形 ElGamal 来替代 RSA 的。在整个加密过程中，采用对称加密算法和公钥加密算法相结合的方式来进行。

这种方式具有以下优点。

(1) 对称加密算法和公钥加密算法相结合使用比直接使用 RSA 或 ElGamal 要快得多。

(2) 使用公钥加密算法解决了会话密钥分配问题。

(3) 由于电子邮件的存储转发特性，使用握手协议来保证双方具有相同会话密钥的方法是不现实的，而使用一次性的会话密钥加强了已经是很强的对称加密算法。

3. 签名与加密结合

在很多场合同时需要签名和加密两种服务，即将签名和加密进行简单的结合，其原理如图 12-4 所示。

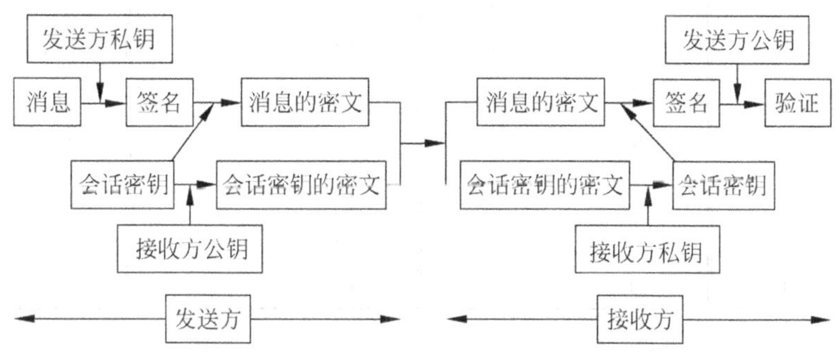

图 12-4　PGP 签名与加密结合原理图

具体步骤如下。

(1) 发送方生成消息和用作该消息会话密钥的 128 位随机数；

(2) 发送方用自己的私钥对消息进行签名；

(3) 发送方采用 CAST-128、IDEA 或者 3DES 对称加密算法，用会话密钥对消息进行加密；

(4) 发送方采用 RSA 加密算法，用接收方的公钥对会话密钥进行加密，并放入消息中；

(5) 接收方采用 RSA 加密算法，用接收方的私钥对会话密钥进行解密；

(6) 接收方采用 CAST-128、IDEA 或者 3DES 对称加密算法，用会话密钥对消息进行解密；

(7) 接收方用发送方的公钥验证签名。

4. 电子邮件兼容性

PGP提供的保密服务，是将信息转化成8位的二进制并进行加密处理，得到的密文信息也是8位二进制字节流。但由于很多的电子邮件系统只允许使用由ASCII码正文组成的块。为了适应这一要求，PGP提供将8位二进制转化成ASCII码的功能。同时，为了满足可视化以及可打印的需求，PGP采用Radix-64编码方法，将一组三个8位二进制流转化成4个6位的二进制流，进而转化成4个ASCII码字符。Radix-64编码方法如表12-2所示。

表12-2　Radix-64编码方法

6位数值	编码字符	6位数值	编码字符	6位数值	编码字符	6位数值	编码字符
0	A	16	Q	32	g	48	w
1	B	17	R	33	h	49	x
2	C	18	S	34	i	50	y
3	D	19	T	35	j	51	z
4	E	20	U	36	k	52	0
5	F	21	V	37	l	53	1
6	G	22	W	38	m	54	2
7	H	23	X	39	n	55	3
8	I	24	Y	40	o	56	4
9	J	25	Z	41	p	57	5
10	K	26	a	42	q	58	6
11	L	27	b	43	r	59	7
12	M	28	c	44	s	60	8
13	N	29	d	45	t	61	9
14	O	30	e	46	u	62	+
15	P	31	f	47	v	63	/

Radix-64编码方法由64个字符组成，可以是任意6位二进制的输出。同时还提供一个填充字符“＝”。这65个字符都是可打印的字符。

例如，加密得到的24个二进制串为00100011 10111000 10110111，按照Radix-64编码方法得到

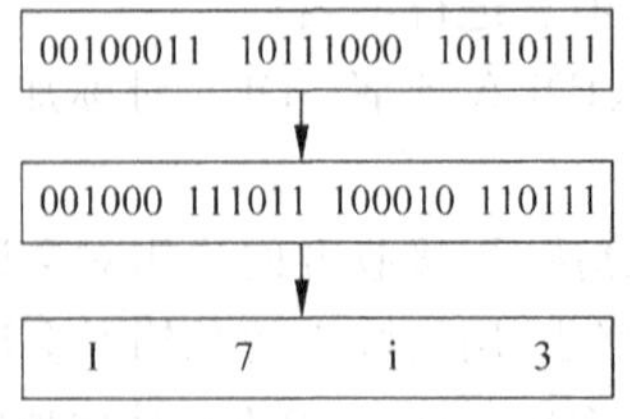

即输出的字符为 I7i3。

5. 压缩

为了使电子邮件在传输及存储过程节省时间和空间，PGP 在对消息进行加密前采用压缩处理，其原理如图 12-5 所示。

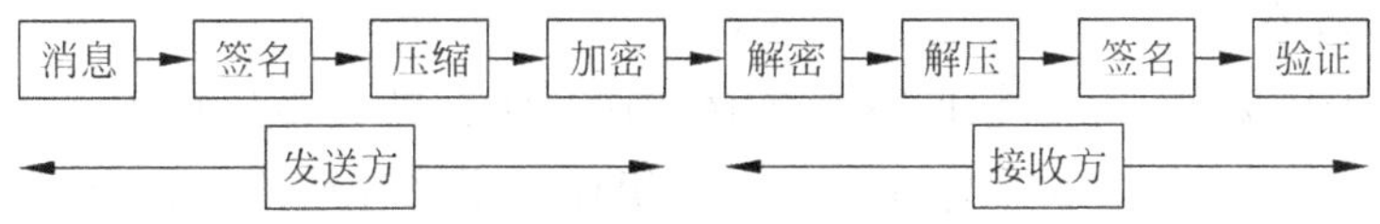

图 12-5　PGP 压缩原理图

压缩是在签名之后加密之前进行的，采用 ZIP 算法进行压缩。在签名后进行压缩的原因主要是：不需要为检验签名而保留压缩版本的消息；为了检验而再做压缩不能保证一致性，压缩算法的不同实现版本可能会产生不同的结果。对电子邮件而言，压缩后再经过 Radix-64 编码有可能比明文更短，这就节省了网络传输的时间和存储空间；另一方面，明文经过压缩，实际上相当于经过一次变换，对明文攻击的抵御能力更强。

6. 分段

电子邮件系统有最大的消息长度限制，通常为不超过 50 000 个 8 位字节，任何大于该长度的消息必须分成若干小段，单独发送。

PGP 可以自动将长的消息分段，以便可以通过电子邮件发送。分段是在所有其他的处理（包括 Radix-64 编码）完成后才进行的，因此，会话密钥部分和签名部分只在第一个报文段的开始位置出现一次。在接收端，PGP 必须剥掉所在的电子邮件首部，并且重新装配成原来的完整的分组。

12.2.3　PGP 密钥

PGP 包括 4 种类型的密钥：一次性会话传统密钥、公钥、私钥和基于口令短语的传统密钥。这其中主要涉及三方面内容，分别是会话密钥的产生、密钥标志符和密钥环。

1. 会话密钥的产生

每个会话密钥与一个消息对应，并加密和解密该消息。以对称密钥算法中的 CAST-128 为例来说明会话密钥的产生过程。

使用 CAST-128 产生 128 位的随机数，随机数生成器的输入包括一个 128 位的密钥和两个 64 位待加密的明文块。使用密码反馈机制，CAST-128 产生两个 64 位的密文块，它们串联起来构成 128 位的会话密钥。此算法基于 ANSI X12.17 说明文档。

输入随机数生成器的明文由两个 64 位块组成，来源于一个 128 位的随机数据流。这些数据是用户按键产生的，按键的时间和内容本身用于生成随机流。因此，如果用户以其正常速度按键的话，就会得到合理的随机输入，将此随机数与以前 CAST-128 产生的会话密钥组合得到生成器的输入。因此，不规则的 CAST-128 算法将产生一系列不可预测的会话密钥。

2. 密钥标志符

允许用户拥有多个公开/私有密钥对。①不时改变密钥对。②同一时刻，多个密钥对在不同的通信组交互。所以用户和他们的密钥对之间不存在一一对应关系。假设A给B发信,B就不知道用哪个私钥和哪个公钥认证。因此,PGP给每个用户公钥指定一个密钥ID,这在用户ID中可能是唯一的。它由公钥的最低64位组成,这个长度足以使密钥ID重复概率非常小。

3. PGP密钥环

PGP要求用户保持一个密钥的本地缓存。这个缓存被称为用户的密钥环。每个用户至少有两个密钥环:公钥环和私钥环。每个密钥环都用来存放用于特定目标的一套密钥。然而保持这两个密钥环的安全性很重要;如果有人篡改公钥环,就会产生错误的验证签名或者给错误的接收者加密消息。

(1) 公钥环。公钥环为所有通信的各方存放公钥、签名和信任参数。无论PGP什么时候要查找密钥来验证签名或加密消息,它都会到公钥环中去查找。这意味着要让公钥环保持最新,既可以通过频繁地公报来完成,也可以通过访问PGP公钥服务器来实现。

信任参数存放在公钥环中,因此人与人之间不可能共享密钥环。而且,PGP不能正确处理多个密钥环,因此使用当前的版本创建一个站点范围的密钥环并不容易。这是PGP中一个很有名的故障。

有关公钥环的一个安全性问题是一个被损坏的公钥环可能会导致错误的签名验证,更糟糕的是,还可能把消息发送给错误的对象。攻击者可以改变存放在公钥环的信任参数,或者改变存放在那里的实际密钥资料。这些攻击在“公钥环的攻击”部分将详细描述。

在设计密钥环的时候,只是想用它保存一些比较亲密的朋友和同事的密钥。很不幸,从当前的使用来看这种设计的假设有很大的局限性。许多人把他从来没见过甚至从来没联系过的人的密钥都放到密钥环中。这样就带来许多问题,主要是由于信息的复制和访问密钥环所需要的时间造成的。推荐的办法是保持密钥环尽可能小,必要时从密钥服务器或站点级密钥环中取得密钥。

(2) 私钥环。私钥环是PGP中存放个人私密的地方。当产生一个密钥时,不能泄露的部分就存放在私钥环中。需要私下保存的数据被加密,因此对私钥环的访问不会自动允许对其秘密的使用。然而,如果一个攻击者能够访问私钥环,那么他伪造签名解密消息的障碍就小多了。因为私钥不在人们中间传送,用户的密钥环中唯一可能的密钥就是他自己和私钥。因为私钥环受到通过短语的保护,简单的密钥环内容传送不允许对密钥资料的访问。

有时,拥有一个不带通过短语保护的私钥可能会有用。例如,建立一个带有私钥的服务器代表一群人。尤其可以运行一个经过加密的邮件列表,这个邮件列表的邮件服务器有它自己的密钥,而且有所有列表成员的公钥。列表成员用邮件服务器的密钥加密消息并把它发送给列表。列表处理解密消息,然后用相应列表成员加密的公钥重新消息。此时列表服务器可以和列表密钥签署消息,但这不是必需的。在这种情况下服务器进程需要访问一个私钥,这就需要密钥没有通过短语。因为一个私钥环中可能有多个私钥,PGP有一个选项可以指定想要的私钥。无论何时PGP需要选择一个私钥时,它都会选择密钥环的第一个密钥,这个密钥通常是最近创建的。

12.2.4　PGP 的安全性

PGP 加密体系包含 4 个关键部分：对称加密算法 IDEA(3-DES)、非对称加密算法 RSA、单向散列算法以及随机数产生器，每种算法都是 PGP 不可分割的组成部分。PGP 的安全性实际上是 PGP 所包含的各种加密算法的安全性。

1. IDEA 的安全性问题

IDEA 是瑞士的 James Massey，Xuejia Lai 等人提出的加密算法，是在 DES 算法的基础上发展出来的，属于数据块加密算法。IDEA 使用长度为 128 位的密钥，数据块大小为 64 位。由于 IDEA 是在美国之外提出并发展起来的，避开了美国法律上对加密技术的诸多限制。因此，有关 IDEA 算法和实现技术的书籍都可以自由出版和交流，极大地促进了 IDEA 的发展和完善。

IDEA 比同时代的算法 FEAL，REDOC-II，LOKI，Snefru 和 Khafre 都要坚固，即使是在 DES 上取得巨大成功的 Biham 和 Shamir 的微分密码分析法对 IDEA 也无能为力。Biham 和 Shamir 曾对 IDEA 的弱点做过专门分析，但他们没有成功。直到目前没有任何关于 IDEA 的密码学分析攻击法的成果发表。

假定穷举法攻击有效的话，那么即使是世界最快的计算机来破解，至少也需要 100 年的时间，这大大超过了密钥的有效期。如果一个密钥的有效期是 1 周，那么破解需要 1 周零 1 秒，也失去了破解的价值。因此，就现在看来应当说 IDEA 是非常安全的。

2. RSA 的安全性问题

RSA 加密算法是 Ron Rivest、Adi Shamir 和 Leonard Adleman 在 1977 年提出的一种公开密钥加密算法，安全性基于大素数因数分解的困难性，目前常用的密钥长度是 1024 位。对 RSA 的攻击从来没有停止过，RSA 算法的破解与密钥的长度有关，最常见的破解方法是因式分解，如果密钥的长度小于等于 256 位，一台较快的电脑可以在几个小时内成功分解其因子。位数越高因式分解所需时间也越长。1999 年，一台 Cray 超级电脑用了 5 个月时间分解了 512 位长的密钥。在 512 位 RSA 算法破解 10 年之后，一群研究人员报告他们因式分解了 768 位 RSA 算法。2010 年，三个来自密歇根州大学的计算机科学家(Andrea Pellegrini，Valeria Bertacco 和 Todd Austin)宣称，他们已经找到了一个 RSA 安全技术缺陷，可以在短时间破解 1024 位的密钥。

虽然破解 1024 位的密钥需要特殊的服务器，但既然有可能被破译，就说明 1024 位的密钥有不安全的因素，需要采用更大的密钥，如 2048 位以保证安全性。

3. SHA-1 的安全性问题

SHA-1 是由美国标准技术局(NIST)颁布的国家标准，是一种应用最为广泛的 Hash 函数算法。2005 年 2 月 15 日，在美国召开的国际信息安全 RSA 研讨会上，国际著名密码学专家 Adi Shamir 宣布，他收到了来自中国山东大学王小云、尹依群、于红波三人的论文，论文证明 SHA-1 在理论上可被破解。美国国家标准与技术研究院随即表示，为配合先进的计算机技术，美国政府 5 年内将不再使用 SHA-1，并计划在 2010 年改用先进的 SHA-224、SHA-256、SHA-384 及 SHA-512 的密码系统。

SHA-1 属于散列算法，从设计原理来讲，就有产生碰撞的可能，王小云教授的方法缩短了找到碰撞的时间，是一项重要的成果。但她找到的是强无碰撞，要能找到弱无碰撞，才算真正破解，才有实际意义。

根据密码学的定义，如果内容不同的明文，通过散列算法得出的结果（密码学称为信息摘要）相同，就称为发生了“碰撞”。散列算法的用途不是对明文加密，让别人看不懂，而是通过对信息摘要的比对，防止对原文的篡改。国际密码学专家沙米尔（Shamir）在就王小云教授找到一对强无碰撞问题上发表观点：“这是个重要的事情，但不意味着密码被破解。”

4. 随机数的安全性问题

PGP使用两个伪随机数发生器（PRNG），一个是ANSI X9.17发生器，另一个是从用户按键的时间和序列中计算熵值从而引入随机性。用户按键引入随机性是真正的随机数，只要使按键无规则就可保证足够的安全性，输入的熵越大输出随机数的熵就越大。ANSI X9.17PRNG使用IDEA而不是3DES来产生随机数种子。Randseed.bin文件最初是利用用户按键信息产生的，每次加密前后都会引入新的随机数，而且随机数种子本身也是加密存放的。

官方发布的ANSI X9.17标准使用的是TripleDES作为内核，这个很容易改用IDEA实现。X9.17需要randseed.bin中的24字节的随机数，PGP把其他384字节用来存放其他信息。X19.7工作过程大致如下。

$E()$＝IDEA加密函数，使用一个可复用的密匙（使用明文产生）。

T＝从randseed.bin文件中来的时间。

$\mathbf{V}$＝初始化向量。

R＝生成的随机密钥（用来加密一次PGP明文）。

$R=E[E(T)\text{XOR}\mathbf{V}]$。

下一次的初始化向量计算 $\mathbf{V}=E[E(T)\text{XOR }R]$。

5. PGP私钥环的安全性问题

PGP私钥环的安全性基于两件事：对私钥环数据的访问和对用于加密每个私钥的通过短语的了解。

如果PGP用于多用户系统中，就可能访问私钥环。通过缓存文件，网络窥视或者许多其他的攻击，可以利用监视网络或者读取磁盘得到私钥环。这样就只剩下通过短语用来保护私钥环中的数据了，这就意味着只要获得通过短语就能攻破PGP的安全。而且，在一个多用户系统中，键盘和CPU之间的链路可能是不安全的。如果有人能够物理上访问连接用户键盘和主机的网络，监视按键是很容易的。例如，用户可能从一群公共的客户终端上登录，这时就可以窥探连接网络得到通过短语。在任何一种情况下，在一个多用户的机器上运行PGP都是不安全的。

当然，运行PGP最安全的方法是在一台没有其他人使用而且不连网的个人机上运行；也就是说，一台膝上型或家庭计算机。用户必须在安全环境的代价和安全通信的代价之间找到一种平衡。使用PGP的推荐方法是：总是在安全环境下的安全机器上动用，这样用户就可以控制整个机器。最好的安全性关键在于键盘和CPU之间的连接是安全的。

在设置私钥口令的时候，尽量在其中加入几个符号，如“-”“＝”“；”等，长度最好大于等于 8 个字符，同时也可夹杂大小写，增加其安全性。

6. PGP 公钥环的安全性问题

由于公钥环的重要性和对它的依赖性，PGP 受到许多针对密钥环的攻击。首先，只有当密钥环改变时才被检查。当添加新的密钥或签名时，PGP 验证它们。然而，它会标记密钥环中已检查过的签名，这样就不会再去验证它们。如果有人修改了密钥环，并且设置了签名中相应的位，就不会被检查出来。

对 PGP 密钥环的另一种攻击集中于 PGP 使用的进程，它对密钥有效性设置 1 位。当到达一个密钥的新签名时，PGP 就使用前面描述过的信任网络值计算该密钥的有效位。然后 PGP 在公有密钥环中缓存这个有效位。一个攻击者可能会在密钥环中修改这位，从而迫使用户相信一个无效密钥是有效的。例如，通过设置这个标志，攻击者能够使得用户相信一个密钥属于 Alice，尽管没有足够的签名证明这个密钥的有效性。

也可能发生对 PGP 公钥环的另一种攻击，因为作为介绍人的密钥信任也缓存在公有密钥环中。这个值定义密钥的签名有多少信任度，因此如果使用带有无效参数的密钥签名就可能使 PGP 把无效密钥作为有效密钥接受。如果一个密钥被修改为完全受托的介绍人，那么用这个密钥签名的任何密钥都被信任为有效的。因此，一个攻击者如果用一个修改过的密钥为另一个密钥签名，就会使得用户相信它是有效的。

公钥环最大的问题是所有这些位不仅在公钥环中缓存，而且密钥环中没有任何保护。读过 PGP 源代码而且能够访问公钥环的任何人都可以使用一个二进制文件编辑器修改任何一位，而密钥环的所有者却无法注意到这个修改。幸运的是，PGP 提供一种方法重新检查密钥环中的密钥。通过联合使 -kc 和 -km 选项，用户可告诉 PGP 执行对整个密钥环的密钥维护。前一个选项告诉 PGP 检查密钥和签名。PGP 会查看整个密钥环，重新检查每一个签名。当检查了所有签名之后，PGP 将执行一个维护性检查(-km)，重新计算所有密钥的有效性。不幸的是，没有一种办法能够完全重新检查密钥中的所有信任字节。这是一个漏洞。在 PGP 的新版本中，已经修改了这一漏洞，并增加了一些重要的安全防范。

正如 PGP 的作者 PhilZimmermann 在 PGP 文档中说到："没有哪个数据安全系统是牢不可破的，PGP 也不例外。"在 PGP 系统中，单独的某个加密算法不足以保证系统的安全，但是综合 PGP 加密体系的 4 个加密算法可以在有效范围内保护用户的安全。从目前的安全分析来看，PGP 是安全的。

12.3　PGP 软件的使用

12.3.1　PGP 软件介绍

PGP 是目前最优秀，最安全的加密方式。这方面的代表软件是美国的 PGP 加密软件 PGP Desktop。目前的最新版本是 PGP Desktop 10.0 英文版，最新的中文版本是 9.10。本节以中文版本 9.10 为例介绍如何使用 PGP 软件。

PGP Desktop 能够提供独立计算机上的信息保护功能，使得这个保密系统更加完备。数据加密包括电子邮件和任何磁盘上的数据文件。

PGP Desktop 的功能包括以下内容。

(1) 在任何软件中进行加密/签名以及解密/校验。通过 PGP 选项和电子邮件插件,可以在任何软件当中使用 PGP 的功能。

(2) 创建以及管理密钥。使用 PGPkeys 来创建、查看和维护 PGP 密钥对,以及把任何人的公钥加入到公钥库中。

(3) 创建自解密压缩文档 (Self-Decrypting Archives,SDA)。可以建立一个自动解密的可执行文件。任何人不需要事先安装 PGP,只要得知该文件的加密密码,就可以把这个文件解密。这个功能尤其在需要把文件发送给没有安装 PGP 的人时特别好用。并且,此功能还能对内嵌其中的文件进行压缩,压缩率与 ZIP 相似,比 RAR 略低(某些时候略高,比如含有大量文本)。总的来说,该功能是相当出色的。

(4) 创建 PGPdisk 加密文件。该功能可以创建一个.pgd 的文件,此文件用 PGP Disk 功能加载后,将以新分区的形式出现。可以在此分区内放入需要保密的任何文件,其使用私钥和密码两者共用的方式保存加密数据,保密性坚不可摧,但需要注意的是,一定要在重装系统前记得备份"我的文档"中的 PGP 文件夹里的所有文件,以备重装后恢复您的私钥,否则将永远没有可能再次打开曾经在该系统下创建的任何加密文件。

(5) 永久地粉碎销毁文件、文件夹,并释放出磁盘空间。您可以使用 PGP 粉碎工具来永久地删除那些敏感的文件和文件夹,而不会遗留任何的数据片段在硬盘上。您也可以使用 PGP 自由空间粉碎器来再次清除已经被删除的文件实际占用的硬盘空间。这两个工具都是要确保您所删除的数据将永远不可能被别有用心的人恢复。

(6) 9.x 新增。全盘加密,也称完整磁盘加密。该功能可将您的整个硬盘上所有数据加密,甚至包括操作系统本身。提供极高的安全性,没有密码之人绝无可能使用您的系统或查看硬盘里面存放的文件、文件夹等数据。即便是硬盘被拆卸到另外的计算机上,该功能仍将忠实地保护您的数据、加密后的数据维持原有的结构,文件和文件夹的位置都不会改变。

(7) 9.x 增强。即时消息工具加密。该功能可将支持的即时消息工具(IM,也称即时通信工具、聊天工具)所发送的信息完全经由 PGP 处理,只有拥有对应私钥的和密码的对方才可以解开消息的内容。任何人截获到也没有任何意义,仅仅是一堆乱码。

(8) 9.x 新增。PGP zip,PGP 压缩包。该功能可以创建类似其他压缩软件打包压缩后的文件包,但不同的是其拥有坚不可摧的安全性。

(9) 9.x 增强。网络共享。可以使用 PGP 接管共享文件夹本身以及其中的文件,安全性远远高于操作系统本身提供的账号验证功能。并且可以方便地管理允许的授权用户可以进行的操作。极大地方便了需要经常在内部网络中共享文件的企业用户,免于受蠕虫病毒和黑客的侵袭。

12.3.2 PGP 软件安装

PGP 的安装很简单,同平时的软件安装一样,只需按提示一步步 Next 完成即可,安装成功的界面如图 12-6 所示。

使用 PGP 之前,首先需要生成一对密钥,这一对密钥其实是同时生成的,其中的一个我们称为公钥,意思是公共的密钥,可以把它分发给其他人,让他们用这个密钥来加密文件,另一个称为私钥,这个密钥由自己保存,用这个密钥来解开加密文件的。

图 12-6　PGP 软件安装成功的界面

具体的密钥生成过程为："文件"中的"新建 PGP 密钥"，"下一步"中的 PGP 会要求输入全名和邮件地址。虽然真实的姓名不是必需的，但是输入一个你的朋友看得懂的名字会使他们在加密时很快找到想要的密钥，如图 12-7 所示。在"高级"选项中，选择自己喜欢的加密类型、密钥大小以及到期时间等，如图 12-8 所示。

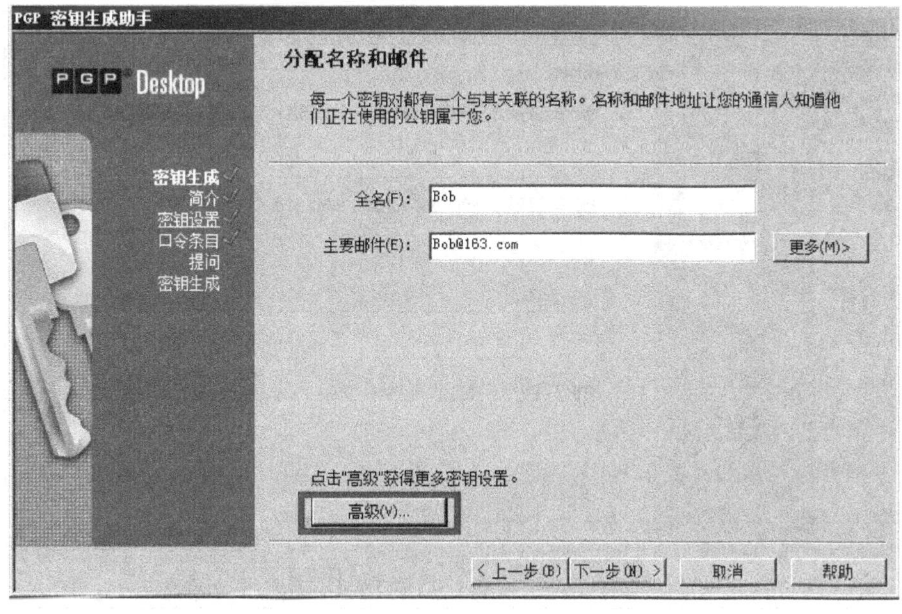

图 12-7　PGP 的用户名和邮件地址

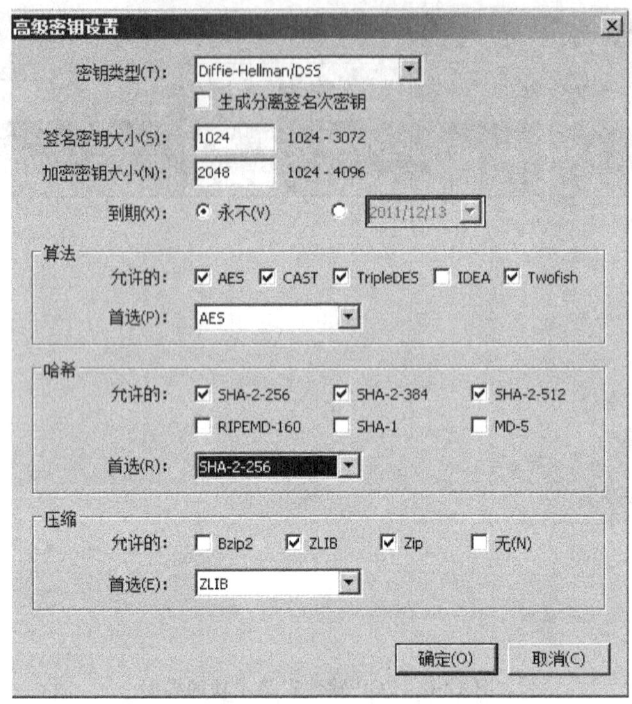

图 12-8 PGP 的加密算法选择

密钥长度为 2048 位,不可能每次都输入 2048 的密钥来进行加密操作,所以 PGP 要求用户设置私钥的口令,通过口令来调用私钥,如图 12-9 所示,这样,PGP 软件就会建立一对密钥,单击软件左侧的"全部密钥"会显示刚建立的一个 Bob 的密钥,如图 12-10 所示。

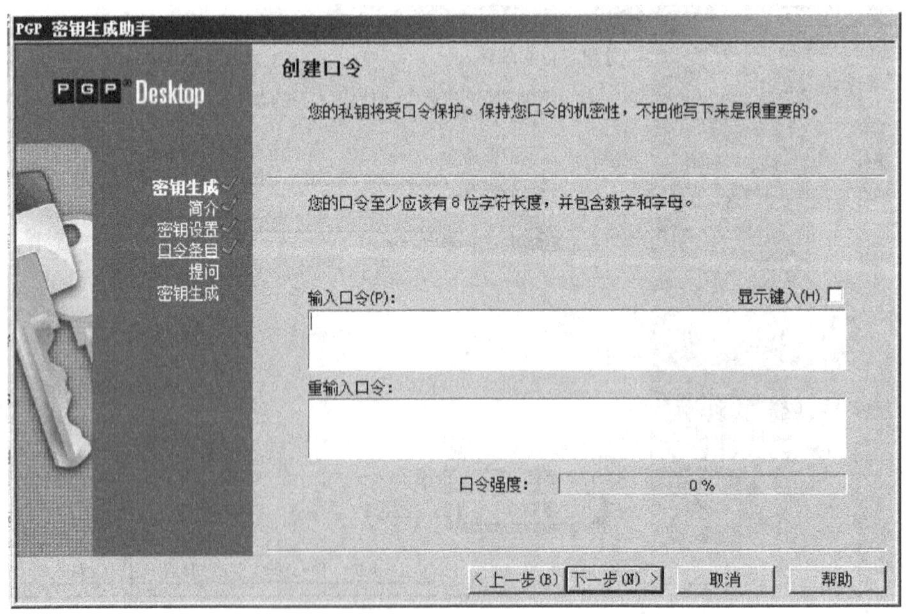

图 12-9 PGP 私钥口令设置

图 12-10　PGP 的全部密钥

为了更加安全的保护私钥，口令应不少于 8 个字符，且应该包含大小写字母、数字和一个特殊符号，如 Bob=1000。或者为了方便记忆，可以用一句话作为密钥，如 Alice is 12 years old 等。值得欣喜的是，PGP 支持用中文作为密码，所以可以输入"爱丽丝今年 12 岁"作为口令，相对其他字符口令更加安全。旁边的"显示键入"可以隐藏键入的字符。

此时，就可以导出公钥发送给其他人，也可以导入其他人的公钥，以方便通信。右键单击 Bob，即可导出，如图 12-11 所示。这里需要注意一个重要问题，一定不要包含私钥。导出 Bob 的公钥，导入 Alice 的公钥，如图 12-12 所示。

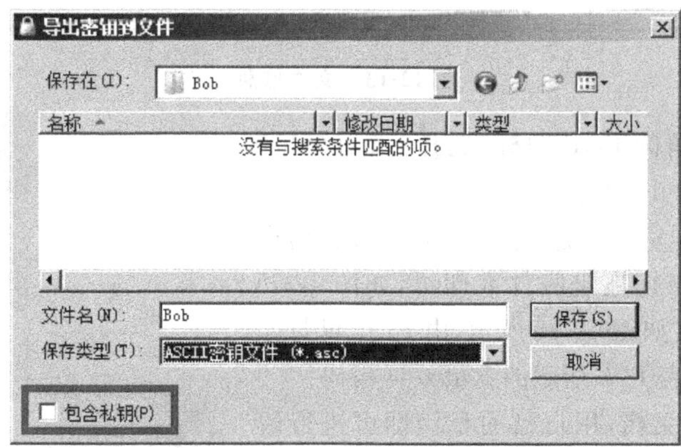

图 12-11　PGP 的公钥导出

Bob 和 Alice 在已校验上是不同的，因为 Bob 是用户自己的，包含公钥和私钥，而 Alice 只包含公钥。

图 12-12　PGP 的所有密钥

12.3.3　PGP 软件使用

PGP 软件的使用相对简单，本节以加密文本内容为例进行说明。

在文本文档中输入 hello world，如图 12-13 所示。

图 12-13　文本信息

单击电脑右下角的 PGP 图标，选择“当前窗口”中的“加密”，如图 12-14 所示。

如果要给 Alice 发个信息，就用 Alice 的公钥进行加密，将 Alice 的密钥拖进收件人即可，如图 12-15 所示。加密后的密文如图 12-16 所示，由 64 个可打印的字符组成，如前面表 12-2 所示的 Radix-64 编码。

Alice 收到文本文档，用自己的私钥即可进行解密，中间其他人都无法解密，如果在 Bob 的机器进行解密，出现图 12-17 的错误提示。如果用 Bob 的公钥进行加密，解密时会提示输入 Bob 的私钥口令，如图 12-18 所示，从而正确解密。

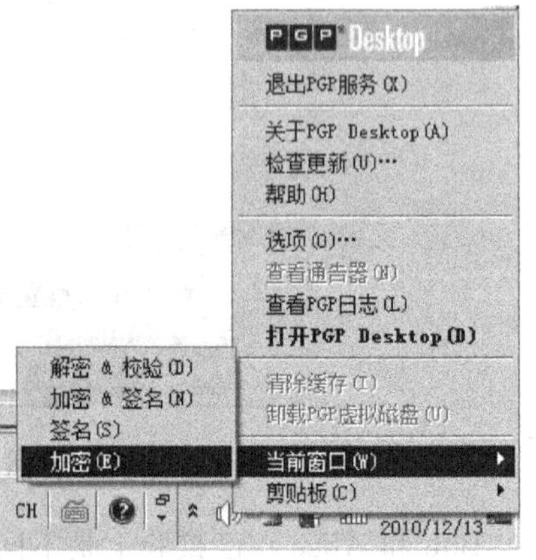

图 12-14　加密

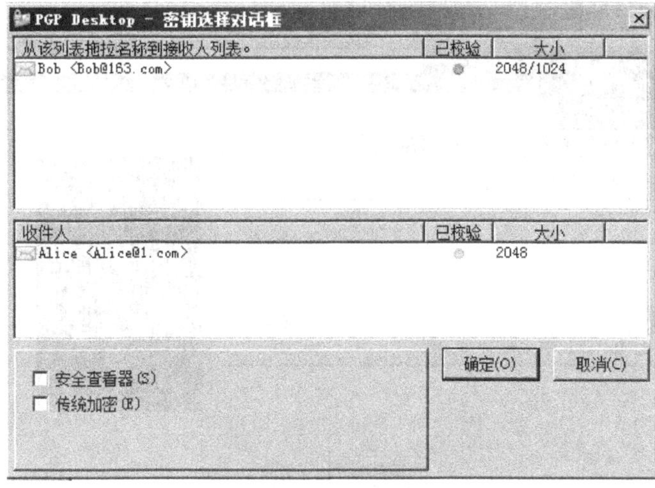

图 12-15　用 Alice 的公钥进行加密

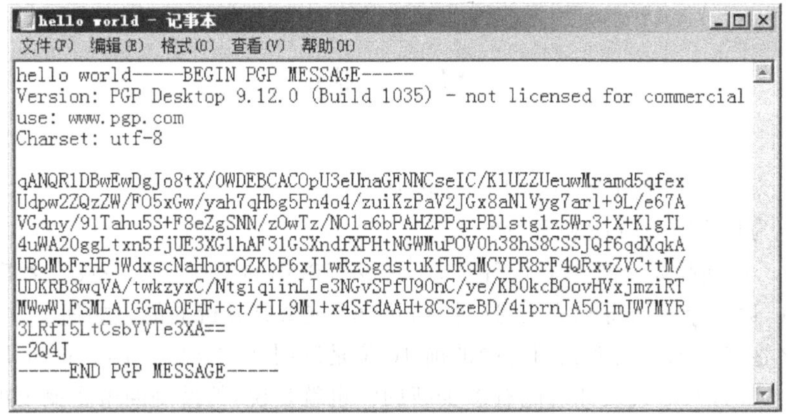

图 12-16　Alice 的公钥加密后的密文

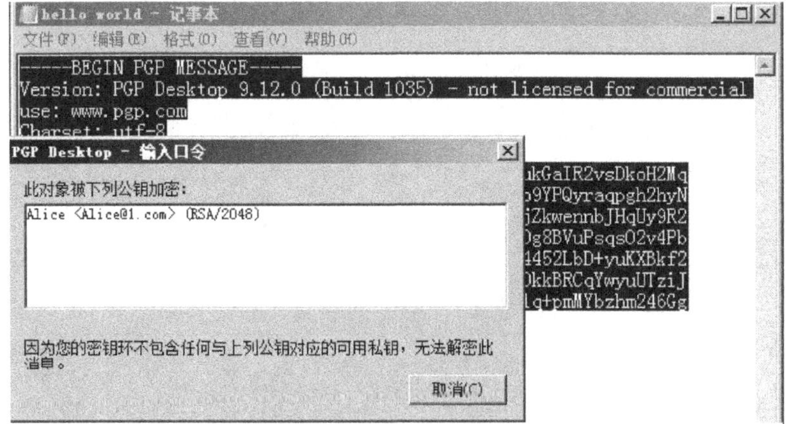

图 12-17　错误解密的提示

图 12-18 正确解密的提示

习 题

1. PGP 为什么要使用 Radix-64 进行转换?

2. PGP 为什么需要分段和重组?

3. Radix-64 转换是一种单表代替方式,它没有密钥的参与。如果攻击者截获到密文,是不是就可以通过查表而得到明文,这种 Radix-64 抗密码分析的能力如何?

4. PGP 签名的 128 位消息摘要中的前 16 位是以明文方式解释的。这对 Hash 算法的安全性有多大威胁?对其设计功能有多少帮助?也就是说,帮助判断解密摘要的 RSA 密钥是否正确。

第13章 密码学与电子商务

13.1 电子商务概述

电子商务(Electronic Commerce)是一种以电子及电子技术为手段,以商务为核心,把原来传统的销售、购物渠道移到互联网上的技术。电子商务打破了国家与地区有形无形的壁垒,使生产企业达到全球化,网络化,无形化,个性化、一体化。其通俗的定义为:电子商务是指利用简单、快捷、低成本的电子通信方式,买卖双方不谋面地进行的各种商业和贸易活动。

电子商务是一个不断发展的概念,电子商务的先驱IBM公司于1996年提出了Electronic Commerce(E-Commerce)的概念,到了1997年,该公司又提出了Electronic Business(E-Business)的概念。但我国在引进这些概念的时候都翻译成电子商务,很多人对这两者的概念产生了混淆。事实上这两个概念及内容是有区别的,E-Commerce应翻译成电子商业,有人将E-Commerce称为狭义的电子商务。将E-Business称为广义的电子商务。E-Commerce是指实现整个贸易过程中各阶段贸易活动的电子化。E-Business是利用网络实现所有商务活动业务流程的电子化。E-Commerce集中于电子交易,强调企业与外部的交易与合作,而E-Business则把涵盖范围扩大了很多。广义上指使用各种电子工具从事商务或活动。狭义上指利用Internet从事商务或活动。

电子商务是运用数字信息技术,对企业的各项活动进行持续优化的过程。电子商务涵盖的范围很广,一般可分为企业对企业(Business-to-Business),或企业对消费者(Business-to-Consumer)两种。另外还有消费者对消费者(Consumer-to-Consumer)这种大步增长的模式。随着国内Internet使用人数的增加,利用Internet进行网络购物并以银行卡付款的消费方式已渐流行,市场份额也在迅速增长,电子商务网站也层出不穷。电子商务最常见之安全机制有SSL(安全套接层协议)及SET(安全电子交易协议)两种。

13.2 安全电子交易

13.2.1 安全电子交易的组成及特点

在开放的因特网上处理电子商务,保证买卖双方传输数据的安全成为电子商务的重要的问题。为了克服SSL安全协议的缺点,满足电子交易持续不断地增加的安全要求,为了达到交易安全及合乎成本效益的市场要求,VISA国际组织及其他公司如Master Card、Micro Soft、IBM等共同制定了安全电子交易(Secure Electronic Transactions,SET)公告。这是一个为在线交易而设立的开放的、以电子货币为基础的电子付款系统规范,它采用公钥密码体制和X.509数字证书标准,主要应用于B to C模式中保障支付信息的安全性。SET

在保留对客户信用卡认证的前提下，又增加了对商家身份的认证，这对于需要支付货币的交易来讲是至关重要的。由于设计合理，SET 协议得到了许多大公司和消费者的支持，已成为全球网络的工业标准。

SET 协议比 SSL 协议复杂，因为前者不仅加密两个端点间的单个会话，它还可以加密和认定三方间的多个信息。

安全电子交易规范，为在因特网上进行安全的电子商务提供了一个开放的标准。SET 主要使用电子认证技术，其认证过程使用 RSA 和 DES 算法，因此，可以为电子商务提供很强的安全保护。可以说，SET 规范是目前电子商务中最重要的协议，它的推出大大促进了电子商务的繁荣和发展。SET 建立一种能在因特网上安全使用银行卡进行购物的标准。安全电子交易规范是一种为基于信用卡而进行的电子交易提供安全措施的规则，是一种能广泛应用于因特网的安全电子付款协议，它能够将普遍应用的信用卡使用起始点从目前的商店扩展到消费者家里，扩展到消费者的个人计算机中。

在一项 SET 交易过程中包括 6 个成员。

(1) 卡用户，卡用户是经发行人认可的支付卡持有者；

(2) 商家，商家是将货物或服务在网上销售的个人或组织。商家通过 Web 站点或电子邮件向卡用户提供货物和服务的相关信息；

(3) 发行人，发行人指参与电子交易的金融机构。发行人其向客服提供支付卡，并负责卡用户的消费债务支付；

(4) 收单人，商家的金融机构，保证商家接受可信的支付卡，并将获得的支付转发给商家。通常收单人可以接受多种信用卡，并为商家核准卡帐号的合法性和信用信息；

(5) 支付网关，这是收单人或指派的第三方所操作的处理商业支付报文的功能。支付网关为了实现核准和支付功能，与 SET 和已经存在的银行卡支付网络相连接。商家在因特网上与支付网关交换 SET 报文，而支付网关与收单人的金融处理系统具有直接或间接的网络连接；

(6) 证书管理机构(CA)，这是向卡用户、商家和支付网关发行 X.509v3 公开密钥证书的一个可信任实体。SET 的成功依赖于完成这个功能可用的 CA 基础设施的存在。按照 CA 的层次结构，参加者不需要由根管理机构来直接担保。

其中，发行人通过安全的网络或其他交流渠道与获得者通信，因此不需要用安全的网络技术。其他 5 部分则需要他们自己的 SET 软件。由于 SET 是一项开放协议，所以任何软件开发者可以为这些机构的任意一方开发兼容的软件，即持卡人软件、商家软件、支付网关软件和认证授权机构软件。

SET 使用综合的密码技术(包括对称密钥加密技术、公钥加密技术与 Hash 函数)以达到安全交易的要求，从而确保交易的安全性和可靠性。虽然多层次的复杂安全技术使所有的五方成员都受益，但很少需要使用者看见它们，并且它们在后台的执行过程是透明的。SET 具有以下特点。

(1) 信息的机密性。在交易信息通过网络传输过程中，SET 保证卡用户的账号和支付信息是安全的。SET 防止商家得到卡用户的信用卡号码，这个信息只对发布银行提供。

(2) 数据的完整性。卡用户对商家的支付信息包括订购信息、个人信息和支付指示等。SET 保证这些信息的内容在传输时不被修改。使用 SHA 散列代码的 RSA 数字签名提供了信息完整性。特定的报文还要使用 SHA 的 HMAC 来保护。

(3) 卡用户账号的鉴别。SET 使得商家能够验证卡用户账号是否合法和有效。为了实现这一目的,SET 使用了 X.509v3 数字证书和 RSA 签名。

(4) 跨平台的操作性。SET 协议使用的协议和信息格式来保证电子交易操作可以在不同的软硬件平台上正常运行。

SET 协议要达到的目标主要有 5 个。

(1) 保证电子商务参与者信息的相互隔离。客户的资料加密或打包后经过商家到达银行,但是商家不能看到客户的账户和密码信息。

(2) 保证信息在因特网上安全传输,防止数据被黑客或被内部人员窃取。

(3) 解决多方认证问题,不仅要对消费者的信用卡认证,而且要对在线商店的信誉程度认证,同时还有消费者、在线商店与银行间的认证。

(4) 保证了网上交易的实时性,使所有的支付过程都是在线的。

(5) 规范协议和消息格式,促使不同厂家开发的软件具有兼容性和互操作功能,并且可以运行在不同的硬件和操作系统平台上。

13.2.2 安全电子交易的工作原理

SET 安全协议的工作原理主要包括以下 7 个步骤。

(1) 消费者利用已有的计算机通过因特网选定的物品,并下电子订单(关于产品属性的字段);

(2) 通过电子商务服务器与网上商场联系,网上商场做出应答,告诉消费者的订单的相关情况(是否改动以及关于购买属性的关键字段);

(3) 消费者选择付款方式,确认订单,签发付款指令(此时 SET 介入);

(4) 在 SET 中,消费者必须对订单和付款指令进行数字签名,同时利用双重签名技术保证商家看不到消费者的账号信息;

(5) 在线商店接受订单后,向消费者所在银行请求支付认可,信息通过支付网关到收单银行,再到电子货币发行公司确认,批准交易后,返回确认信息给在线商店;

(6) 在线商店发送订单确认信息给消费者,消费者端软件可记录交易日志,以备将来查询;

(7) 在线商店发送货物或提供服务,并通知收单银行将钱从消费者的账号转移到商店账号,或通知发卡银行请求支付。

从 1997 年 5 月 31 日 SET 协议 1.0 版正式发布以来,大量的现场实验和实施效果获得了业界的支持,促进了 SET 良好的发展趋势,SET 协议同样存在一些问题,这些问题包括以下几点。

(1) 协议没有说明收单银行给在线商店付款前,是否必须收到消费者的货物接收证书。如在线商店提供的货物不符合质量标准,消费者提出异议,责任由谁承担。

(2) 协议没有担保"非拒绝行为",这意味着在线商店没有办法证明订购是由签署证书的、讲信用的消费者发出的。

(3) SET技术规范没有提及在事务处理完成后，如何安全地保存或销毁此类数据，是否应当将数据保存在消费者、在线商店或收单银行的计算机里。这种漏洞可能使这些数据以后受到潜在的攻击。

针对SET协议存在的问题，可以通过增强认证中心职能的方式进行改进。增强认证中心职能，使其能对电子交易的有效性进行确认。它的增强功能是：一旦交易成功，对有效交易加盖时间戳作为交易有效的证据，并保存至不再需要为止，防止交易双方对交易的有效性进行否认。在交易确认完成之前如果交易双方发生争执，则交易继续可行或取消由CA来仲裁。

在交易中持卡人发往银行的支付指令是通过商家转发的，为了避免在交易的过程中商家窃取持卡人的信用卡信息，以及避免银行跟踪持卡人的行为，侵犯消费者隐私，但同时又不能影响商家和银行对持卡人所发信息进行合理处理的验证，只有当商家同意持卡人的购买请求之后，才会让银行给商家付款，SET协议采用双重签名来解决这一问题。

消费者想要发送订单信息(Order Information，OI)到特约商店，且发送支付命令(Payment Instruction，PI)给银行。特约商店并不需要知道消费者的信用卡卡号，而银行不需要知道消费者订单的详细信息。消费者需要将这两个消息分隔开，而受到额外的隐私保护。在必要的时候这两个消息必须要连接在一起，才可以解决可能的争议、质疑。这样消费者可以证明这个支付行为是根据他的订单来执行的，而不是其他的货品或服务。双重签名的目的在连接两个不同接收者消息，并实现消息的隔离。概括来讲，双重签名要实现两个消息的“连接并隔离着”。

双重签名的实现原理为：首先生成两条消息的摘要，将两个摘要连接起来，生成一个新的摘要(称为双重签名)，然后用签发者的私有密钥加密，为了让接收者验证双重签名，还必须将另外一条消息的摘要一块传过去。这样，任何一个消息的接收者都可以通过以下方法验证消息的真实性。生成消息摘要，将它和另外一个消息摘要连接起来，生成新的摘要，如果它与解密后的双重签名相等，就可以确定消息是真实的。

13.3 数字现金

电子现金(E-Cash)又称为数字现金，是一种以数据形式流通的货币。它把现金数值转换成为一系列的加密序列数，通过这些序列数来表示现实中各种金额的市值，用户在开展电子现金业务的银行开设账户并在账户内存钱后，就可以在接受电子现金的商店购物了。

世界上第一种数字化货币是由被誉为数字货币之父的David Chaum发明并且发行的。他作为数学家、密码学家和电脑专家，于20世纪70年代末开始研究如何制作数字化货币。数字化货币是以电子化数字形式存在的货币，是由0和1排列组合成的通过电路在网络上传递的信息电子流。数字货币比起传统的实际货币即纸币和硬币，有着明显的优点。传统货币有较大的存储风险、昂贵的运输费用、在安全保卫及防伪造等方面都需要很大的投入。而数字化货币相比于信用卡和电子支票等电子货币又不同，它是层次更高、技术含量更高的电子货币，不需要连接银行网络就可以使用，很方便顾客。到1995年底，由于乔姆发明的这种数字化货币使用者越来越多，它竟然被一家叫“马克·吐温”的银行所接受，使它可以和用户账户内真实存款转换。

随后许多人都在这方面做了大量的研究工作，并且提出了许多解决方案。第一个数字现金方案是 Chaum 在 1982 年提出的，他利用盲签名技术来实现，可以完全保护用户的隐私权。1995 年，Stadler 等人提出了公平盲签名的概念，可以用于条件匿名的支付系统。到了 1996 年，Camenisch 和 Frankel 等人提出了公平的离线电子现金的概念。公平电子现金中用户的匿名性是不完全的，它可以被一个可信赖的第三方撤销，从而可以防止利用电子现金的完全匿名性进行的犯罪活动。在数字现金的发展历程中，许多公司做出了自己的贡献，有些虽然失败，但付出了巨大的贡献，例如 DigiCash，而有些吸取了教训，一直到现在发展成为了具有一定影响力的公司，例如 Mondex，PayPal 等。

电子现金在经济领域起着与普通现金同样的作用，对正常的经济运行至关重要。电子现金应具备以下性质。

(1) 独立性。电子现金的安全性不能只靠物理上的安全来保证，必须通过电子现金自身使用的各项密码技术来保证电子现金的安全。

(2) 不可重复花费。电子现金只能使用一次，重复花费能被容易地检查出来。

(3) 匿名性。银行和商家相互勾结也不能跟踪电子现金的使用，就是无法将电子现金的用户的购买行为联系到一起，从而隐蔽电子现金用户的购买历史。

(4) 不可伪造性。用户不能造假币，包括两种情况：一是用户不能凭空制造有效的电子现金；二是用户从银行提取有效的电子现金后，也不能根据提取和支付这些电子现金的信息制造出有效的电子现金。

(5) 可传递性。用户能将电子现金像普通现金一样，在用户之间任意转让，且不能被跟踪。

(6) 可分性。电子现金不仅能作为整体使用，还应能被分为更小的部分多次使用，只要各部分的面额之和与原电子现金面额相等，就可以进行任意金额的支付。

用电子现金来进行网上支付，其流程大致如下。

(1) 客户需要先在其电子钱包软件中储存 E-Cash 硬币，即一定数量的电子现金。

(2) 客户浏览商户的站点，确定欲购物品的品类、数量及价格等。

(3) 客户通过商户的站点递交一份购物表格。

(4) 商家收到订单后，即向客户电子钱包发送支付请求，请求内容包括有订单金额、可用币种、当前时间、商户银行、商户的银行账户 ID 及订单描述等。

(5) 客户钱包将上述信息呈现给客户，请求是否付款。

(6) 客户同意付款，则将从电子钱包中采集与请求金额值相等的硬币。

(7) 在将所要支付给商户的硬币值送给商户之前，须用银行的公用密钥加密。

(8) 商户将接收的硬币值送给银行存入自己的账户。在先送往商户、后送给银行的支付信息中包含有关支付和加密的硬币值的信息。

(9) 在商户存款期间，支付信息与加密硬币一起被送往银行。

(10) 在收到支付信息后，作为存入请求的一部分，商户将其送往银行。客户可以用类似的存入信息格式向银行返回专用硬币。

(11) 在收到有效支付后，商户给用户发送所购商品或收据。

13.4　软商品的传输安全性

硬商品的电子商务已经很成功了。书店、计算机公司以及许多其他的商家允许用户通过因特网浏览和购买商品，并通过传统渠道将商品送到购买者手中。虽然有形商品的批发商是首先向这个新的电子市场投资的人，但是软商品亦即信息的销售却正在显著增加。随着网络的连通性和计算机的应用越来越广泛，这种趋势将会只增不减。例如，已经在因特网上出售的软商品包括数码相片、论文和文档，以及软件模块。

对于既设计软商品又设计硬商品的电子商务系统来说，访问控制和交易鉴别机制是通用的，这些系统已被很好地理解和标准化了。然而，与硬商品不一样的是，电子商务交易不是系统唯一需要保护的部分。人们正在大量开发软商品的安全交付解决方案。通过因特网交付软商品的6种主要电子商务系统如下。

1. 无密码保护

就计算机安全而言，因特网上许多电子商务站点除了能进行交易处理外，没有任何安全措施。在软商品的交付中没有安全性，就等价于在普通Web服务器上的未加密文件，然而这并不意味着可以毫不费劲地访问这个文件。这些文件通常有复杂的名字或路径，或者只是用户购买了它才能访问它。这个方法本质上是靠隐藏来获得安全性的，但当与交易安全性相结合时，它还是可以满足相当程度的要求的。

2. 仅在传输时进行保护

一旦购买行为得到验证后，数据就被加密送到网上传输，在到达用户计算机后，数据就被自动解密。这就是安全套接层(SSL)和传输层安全(TLS)用于保护网上数据传输的机制。

安全套接层是当前使用最广泛的电子商务安全技术。由于SSL既保护交易又保护被传输的数据，因而只需要执行一种安全体系结构。因为已有许多安全的Web服务器和客户程序可以利用，因此可以非常容易和低成本地构建基于Web的安全电子商务网站。当SSL一类的传输安全机制建立在公钥密码学基础上时，该系统就类似于由用户定义的密钥保护的文件，但有两个区别，被加密的变量不存储；用户向销售商发送自己的公钥作为基本用户标识符。

3. 在解密前利用密钥进行保护

当某个用户开始购买时，销售商就会把能解开被预先加密的数据文件的密钥给用户。这种方法的主要优点是，可以允许被加密的销售商数据在不安全的服务器和具有有限风险的公共空间上传送和存储。它的主要缺点是销售商的密钥会在用户之间传播。由于加密文件可被存在许多不同的地方，因而很难撤销对加密文件的访问。一旦销售商的密钥变成众所周知的，那么它的软商品也就不再安全了。

4. 利用用户定义的密钥进行保护

根据用户在购买货物所采用密钥的不同，相应地有两种不同的方法来实现。

当采用公钥密码时，用户可将其公钥发送给销售商。因为这个密钥是公开的，因而无需对它进行安全保护。在购买行为得到证实后,就可使用该公钥加密销售商的数据了。因为只有预期的接收者的私钥才能解密该数据,所以只有预期的用户才能解密销售商的数据。

当采用私钥密码时,加密数据所用的密钥由用户所不愿意泄露的信息组成。例如,使用用户的信用卡和有效期作为密钥来加密数据。如今这种形式的交付系统已变得越来越普遍。通过捆绑式购买,用户共享口令或密钥的可能性就小得多。它还使得通过诸如电子邮件和匿名 FTP 之类的不安全信道交付商品成为可能。

5. 利用用户相关的密钥进行保护

与用户定义密钥的保护方式不同,用户相关密钥保护方式是建立在解密前保护基础之上的一种系统,其中每个用户都有一个不同的、唯一的解密密钥。当利用用户相关密钥保护数据时,只需准备一个加密文档,多个不同的用户就均可进行解密。利用用户相关密钥的密钥保护有两种重要的方式:销售商的数据被预先加密;根据要求对销售商的数据即时进行加密。这两种方式在具体实现时,都要求用户在购买商品之前下载有关的数据。如果销售商的数据是被预先加密的,则系统称为静态用户相关解密系统。如果销售商的数据是动态加密的,则系统称为动态用户相关解密系统。

6. 利用持久权限管理系统的保护

对数据实施连续不间断的保护和权限强制是数据安全业界所追求的目标之一。系统如果一直维护和加强赋予用户的权限,那它可以允许支付机制被完美地集成到其中,且不会限制信息的使用。此外,数据还要能从一个用户传送到另一个用户那里,即使该数据被嵌入到别的文档之中,它仍然被封装在一个起保护作用的安全层中。这使得人们可以在数据的整个生存期自始至终实施安全策略,而不论数据的形式是原始格式的还是其派生的形式。

这类系统非常复杂而且难于实现。他们一方面必须防止数据从其保护层中被抽走,另一方面又要确保预先指定的权限一直在强制性执行。在由他们所保护的数据被破坏之前,持久权限管理系统必须被集成到应用程序和操作系统中。

习　题

1. SSL 记录协议传输的哪些步骤?
2. SET 协议和 SSL 协议的区别是什么?
3. 列举并简单定义 SET 交易各方。
4. 双向签名的定义和目的是什么?
5. 电子现金具有的性质是什么?

参考文献

[1] 中国密码学会组. 中国密码学发展报告 2009. 北京：电子工业出版社，2010.

[2] 博斯. 信息论、编码与密码学. 2 版. 武传坤，李徽，译. 北京：机械工业出版社，2010.

[3] 郑东，李祥学，黄征. 密码学——密码算法与协议. 北京：电子工业出版社，2009.

[4] 斯廷森(Stinson，D. R.). 密码学原理与实践. 3 版. 冯登国，等译. 北京：电子工业出版社，2009.

[5] 三思·科学(第 2 期). 2001.

[6] 福罗赞(Forouzan B A). 密码学与网络安全. 马振晗，贾军保，译. 北京：清华大学出版社，2009.

[7] 胡向东，魏琴芳. 应用密码学教程. 北京：电子工业出版社，2005.

[8] 张焕国，王张宜. 密码学引论. 2 版. 武汉：武汉大学出版社，2009.

[9] 卢开澄. 计算机密码学——计算机网络中的数据保密与安全. 3 版. 北京：清华大学出版社，2003.

[10] 福罗赞. 密码学与网络安全(中文导读英文版). 北京：清华大学出版社，2009.

[11] 谷利泽，郑世慧，杨义先. 现代密码学教程. 北京：北京邮电大学出版社，2009.

[12] 卡哈特. 密码学与网络安全. 2 版. 北京：清华大学出版社，2009.

[13] 何大可. 现代密码学. 北京：人民邮电出版社，2009.

[14] 杨波. 现代密码学. 北京：清华大学出版社，2003.

[15] 赖溪松，肖国镇. 计算机密码学及其应用. 北京：国防工业出版社，2000.

[16] 段钢. 加密与解密. 3 版. 北京：电子工业出版社，2008.

[17] 吴宗成. 密码学与信息安全. 台北：国立台湾科技大学，2006.

[18] 刘玉珍，王丽娜，傅建明. 密码编码学与网络安全：原理与实践. 3 版. 北京：电子工业出版社，2004.

[19] Richard Spillman. 经典密码学与现代密码学. 叶阮健译. 北京：清华大学出版社，2005.

[20] Massey J L. Shift-Register Synthesis and BCH Decoding. IEEE Tran，on Information theory，1969，15(1)：122-127.

[21] 张焕国，刘玉珍. 密码学引论. 武汉：武汉大学出版社，2003.

[22] 冯登国，裴定一. 密码学导引. 北京：科学出版社，1999.

[23] 王衍波，薛通. 应用密码学. 北京：机械工业出版社，2003.

[24] 宋震. 密码学. 北京：中国水利水电出版社，2002.

[25] William Stallings. 密码编码学与网络安全：原理与实践. 2 版. 杨明，胥光辉，等译. 北京：电子工业出版社，2001.

[26] Wenbo Mao. 现代密码学理论与实践. 王继林，伍前红，等译. 北京：电子工业出版社，2004.

[27] 张仕斌，何大可. PKI 安全认证体系的研究. 计算机应用研究，2005，22(7)：127-130.

[28] 孙淑玲. 应用密码学. 北京：清华大学出版社，2004.

[29] 汤惟. 密码学与网络安全技术基础. 北京：机械工业出版社，2004.

[30] 无线安全：看无线网络各类加密模式. 赛迪网，2010-12-21，http://www.v6online.com/html/Network/Security/2010/1221/3425.html.

[31] 张健，任洪娥，陈宇. 基于均匀置乱的图像位置置乱衡量方法. 计算机工程与应用[J]，2010，46(11)：22-25.

[32] 张健，任洪娥，陈宇. 基于均匀置乱与可逆隐藏的双重图像保密算法. 传感器与微系统[J]，2010，29(6)：71-74.

[33] 张健，于晓洋，任洪娥. 基于 Arnold cat 变换的图像位置均匀置乱算法. 计算机应用[J]，2009，29(11)：2960-2963.

[34] 张健，于晓洋，任洪娥. 一种改进的 Arnold cat 变换图像置乱算法. 计算机工程与应用[J]，2009，45(35)：14-17.

[35] 张健，于晓洋. 可抵抗 SPA 分析的 HSBH 改进算法. 光学精密工程[J]. 2008，16(7)：1295-1302.

[36] Jian Zhang，Yu Chen. HSBH Algorithm Based on Chaotic Map[C]. CISP2008：709-711.

[37] 张健，于晓洋. 图像置乱程度衡量方法. 计算机工程与应用[J]，2007，43(8)：134-136.

[38] 张健，于晓洋. 基于 Cat 映射和 Lu 混沌映射的图像加密方案. 电子器件[J]，2007，30(1)：155-157.

[39] 张之津，李胜广，薛艺泽. 智能卡安全与设计. 北京：清华大学出版社，2010.

[40] 王爱英. 智能卡技术(第三版)——IC 卡与 RFID 标签. 北京：清华大学出版社，2009.

[41] 单承赣，单玉峰，姚磊. 射频识别(RFID)原理与应用. 北京：电子工业出版社，2008.

[42] 尼科尔斯(Randall K Nichols). ICSA 密码学指南. 吴世忠，郭涛，译. 北京：机械工业出版社，2004.